虚拟现实技术专业新形态教材

沉浸式数据可视化与可视分析

杜萌 程明智 编著

清华大学出版社
北京

内容简介

全书分4篇，共有11章。第1篇为数据可视化基础，主要阐述数据可视化的基础理论和概念，包括可视化的简史、数据可视化的分类和工作流程、数据的视觉编码和交互设计。第2篇为虚拟现实基础，主要介绍虚拟现实技术的基本概念和开发工具，包括虚拟现实应用与Web端虚拟现实的开发技术。第3篇为沉浸式数据可视化与可视分析，主要介绍沉浸式数据可视化的基础概念、多感知技术以及交互技术。第4篇通过两个具体的应用案例，帮助读者学习并了解沉浸式可视化与可视分析作品的设计方法和开发过程。

本书可以作为虚拟现实、大数据或数字媒体相关专业的专科生、本科生和研究生的选修课程教材，也可以作为其他专业初学者的领路指南，还可以作为沉浸式可视化研究与应用的使用参考。本书讲授虚拟现实沉浸式环境下的数据可视化及可视分析的思维和实现方法，具有一定的创新性和社会效益，希望能为从事大数据可视化、虚拟现实相关工作的研究者提供帮助。

图书在版编目（CIP）数据

沉浸式数据可视化与可视分析 / 杜萌，程明智编著 . — 北京：清华大学出版社，2022.7
虚拟现实技术专业新形态教材
ISBN 978-7-302-60968-1

Ⅰ . ①沉…　Ⅱ . ①杜… ②程…　Ⅲ . ①可视化软件－数据处理－高等学校－教材　Ⅳ . ① TP317.3

中国版本图书馆 CIP 数据核字（2022）第 089054 号

责任编辑： 郭丽娜
封面设计： 常雪影
责任校对： 袁　芳
责任印制： 朱雨萌

出版发行： 清华大学出版社
　网　　址： http: //www.tup.com.cn，http: //www.wqbook.com
　地　　址： 北京清华大学学研大厦 A 座　　**邮　　编：** 100084
　社 总 机： 010-83470000　　**邮　　购：** 010-62786544
　投稿与读者服务： 010-62776969, c-service@tup.tsinghua.edu.cn
　质量反馈： 010-62772015, zhiliang@tup.tsinghua.edu.cn
　课件下载： http://www.tup.com.cn, 010-83470410
印 装 者： 三河市铭诚印务有限公司
经　　销： 全国新华书店
开　　本： 185mm × 260mm　　**印　　张：** 16.25　　**字　　数：** 391 千字
版　　次： 2022 年 8 月第 1 版　　**印　　次：** 2022 年 8 月第 1 次印刷
定　　价： 85.00 元

产品编号：096360-01

丛书编委会

丛书序

近年来信息技术快速发展，云计算、物联网、3D 打印、大数据、虚拟现实、人工智能、区块链、5G 通信、元宇宙等新技术层出不穷。国务院副总理刘鹤在南昌出席 2019 年“世界虚拟现实产业大会”时指出“当前，以数字技术和生命科学为代表的新一轮科技革命和产业变革日新月异，VR 是其中最为活跃的前沿领域之一，呈现出技术发展协同性强、产品应用范围广、产业发展潜力大的鲜明特点。”新的信息技术正处于快速发展时期，虽然总体表现还不够成熟，但同时也提供了很多可能性。最近的数字孪生、元宇宙也是这样，总能给我们惊喜，并提供新的发展机遇。

在日新月异的产业发展中，虚拟现实是较为活跃的新技术产业之一。其一，虚拟现实产品应用范围广泛，在科学研究、文化教育以及日常生活中都有很好的应用，有广阔的发展前景；其二，虚拟现实的产业链较长，涉及的行业广泛，可以带动国民经济的许多领域协作开发，驱动多个行业的发展；其三，虚拟现实开发技术复杂，涉及“声光电磁波、数理化机（械）生（命）”多学科，需要多学科共同努力、相互支持，形成综合成果。所以，虚拟现实人才培养就成为有难度、有高度，既迫在眉睫，又错综复杂的任务。

虚拟现实一词诞生已近 50 年，在其发展过程中，技术的日积月累，尤其是近年在多模态交互、三维呈现等关键技术的突破，推动了 2016 年“虚拟现实元年”的到来，使虚拟现实被人们所认识，行业发展呈现出前所未有的新气象。在行业的井喷式发展后，新技术跟不上，人才队伍欠缺，使虚拟现实又漠然回落。

产业要发展，技术是关键。虚拟现实的发展高潮，是建立在多年的研究基础上和技术成果的长期积累上的，是厚积薄发而致。虚拟现实的人才培养是行业兴旺发达的关键。行业发展离不开技术革新，技术革新来自人才，人才需要培养，人才的水平决定了技术的水平，技术的水平决定了产业的高度。未来虚拟现实发展取决于今天我们人才的培养。只有我们培养出千千万万深耕理论、掌握技术、擅长设计、拥有情怀的虚拟现实人才，我们领跑世界虚拟现实产业的中国梦才可能变为现实！

产业要发展，人才是基础。我们必须协调各方力量，尽快组织建设虚拟现实的专业人才培养体系。今天我们对专业人才培养的认识高度决定了我国未来虚拟现实产业的发展高度，对虚拟现实新技术的人才培养支持的力度也将决定未来我国虚拟现实产业在该领域的影响力。要打造中国的虚拟现实产业，必须要有研究开发虚拟现实技术的关键人才和关键企业。这样的人才要基础好、技术全面，可独当一面，且有全局眼光。目前我国迫切需要建立虚拟现实人才培养的专业体系。这个体系需要有科学的学科布局、完整的知识构成、成熟的研究方法和有效的实验手段，还要符合国家教育方针，在德、智、体、美、劳方面

实现完整的培养目标。在这个人才培养体系里，教材建设是基石，专业教材建设尤为重要。虚拟现实的专业教材，是理论与实际相结合的，需要学校和企业联合建设；是科学和艺术融汇的，需要多学科协同合作。

本系列教材以信息技术新工科产学研联盟2021年发布的《虚拟现实技术专业建设方案（建议稿）》为基础，围绕高校开设的“虚拟现实技术专业”的人才培养方案和专业设置进行展开，内容覆盖专业基础课、专业核心课及部分专业方向课的知识点和技能点，支撑了虚拟现实专业完整的知识体系，为专业建设服务。本系列教材的编写方式与实际教学相结合，项目式、案例式各具特色，配套丰富的图片、动画、视频、多媒体教学课件、源代码等数字化资源，方式多样，图文并茂。其中的案例大部分由企业工程师与高校教师联合设计，体现了职业性和专业性并重。本系列教材依托于信息技术新工科产学研联盟虚拟现实教育工作委员会诸多专家，由全国多所普通高等教育本科院校和职业高等院校的教育工作者、虚拟现实知名企业的工程师联合编写，感谢同行们的辛勤努力！

虚拟现实技术是一项快速发展、不断迭代的新技术。基于虚拟现实技术，可能还会有更多新技术问世和新行业形成。教材的编写不可能一蹴而就，还需要编者在研发中不断改进，在教学中持续完善。如果我们想要虚拟现实更精彩，就要注重虚拟现实人才培养，这样技术突破才有可能。我们要不忘初心，砥砺前行。初心，就是志存高远，持之以恒，需要我们积跬步，行千里。所以，我们意欲在明天的虚拟现实领域领风骚，必须做好今天的虚拟现实人才培养。

周明全

2022年5月

前　言

随着数字经济的高速发展，生活中的数据无处不在，其数量与复杂性远超人们的理解与想象，数据分析不再只是科学家与专业分析师的工作，而是与每个人都息息相关。数据可视化与可视分析作为数据分析的关键技术，能够帮助人类通过交互进行数据呈现与决策支持。

在数据可视化领域，沉浸式数据可视化与可视分析作为一种跨学科领域和新的应用业态，将数据可视化、可视分析、虚拟现实与人机交互等技术结合，正在被越来越多的学者与开发者重视、研究。同样，在虚拟现实领域，随着“元宇宙”概念的提出及其应用的推广，将数据可视化与可视分析应用于沉浸式环境也已成为一个新型的研究和应用热点。沉浸式数据可视化与可视分析技术能为数字化特点显著、数据无处不在的虚拟世界提供更具吸引力的数据呈现与分析应用方式，更好地支持数据理解和决策。

由于虚拟现实及数据可视化的应用发展迅速，产业界对相应的专业人才需求迫切，各职业院校及本科院校纷纷在计算机类专业大类下增设虚拟现实相关专业方向。2018 年和 2019 年，教育部分别增设了虚拟现实应用技术专科专业、虚拟现实技术本科专业，此举得到了各类高校的积极响应，目前已经开设虚拟现实应用技术专业的学校有数百所之多。在人才培养过程中，将虚拟现实与数据可视化技术相结合的专业课程建设及应用研究逐渐被提上日程，但是目前市面上尚没有一本适用的教材，导致相应课程很难开设。

本书从研究者的视角创造性地将虚拟现实与数据可视化和可视分析结合起来，以期填补国内教材在这一领域的空白，同时能对虚拟现实、大数据、数字媒体相关专业或专业方向人才培养质量的提升起到促进作用。本书面向不同专业的青年大学生和社会从业者，为初学者提供向导，也为沉浸式数据可视化与可视分析领域的研究者与应用者提供参考。

本书共有 11 章，分为 4 篇，即数据可视化基础、虚拟现实基础、沉浸式数据可视化与可视分析和应用案例。第 1 篇（第 1~3 章）主要介绍相关的理论与基础概念。第 1 章介绍可视化的意义与简史、数据可视化的分类与工作流程。第 2 章基于数据与数据分析，阐述了视觉感知与认知、视觉编码的基本理论。第 3 章介绍了不同数据特性的数据可视化基本视图及基本的交互方法，使读者对数据可视化与可视分析的基本原理有较全面的了解。第 2 篇（第 4~6 章）主要介绍虚拟现实技术与开发工具。第 4 章从基本概念、发展历史、应用分类、开发工具、硬件设备等方面介绍了虚拟现实技术。第 5 章以 Unity 引擎为例，阐述了虚拟现实应用开发的相关技术，包括界面与场景设计、交互功能实现和项目发布。第 6 章主要介绍 Web 端虚拟现实应用的相关概念以及基于 Three.js 的虚拟现实应用开发技术。第 3 篇（第 7~9 章）与第 1 篇中的章节一一对应。第 7 章介绍了沉浸式环境下的数

据可视化基本原理、沉浸式环境的特点、3D 感知与呈现以及应用开发所面临的技术挑战。第 8 章介绍了基于多感官通道编码的设计框架、映射原理和基于多感知技术的沉浸式可视分析系统。第 9 章主要阐述沉浸式数据可视化的界面设计原理，包括基础与进阶两个层次，以及多人协同的交互技术。第 4 篇（第 10 、11 章）通过基于 Unity 和 Three.js 的两个应用开发案例，介绍沉浸式数据可视化应用的设计过程、开发方法及最终呈现效果。

本书由北京印刷学院新媒体学院的部分师生共同编写。程明智教授全程参与了本书的结构讨论以及若干章节的编写与审校，为本书的出版做出了极大贡献。程明智教授团队中 2019—2021 年在读的研究生均参与了书稿的准备、讨论、初始排版和内容审校。书中的应用案例均为团队成员原创作品，但由于篇幅限制，部分案例未能全部展示。为清晰起见，在此按贡献大小列出各章的作者：第 1 章主要由王佳祺、杜萌编写；第 2 章主要由田晓璇、杜萌编写；第 3 章主要由阮若琳、吴璇、鲁伟丹、杜萌编写；第 4 章主要由吴瑞琪、张灵睿、程明智编写；第 5 章主要由程琪、田林果、程明智编写；第 6 章主要由岳学行、李宗泽、程明智编写；第 7~9 章主要由杜萌编写；第 10 章主要由田晓璇、程明智编写；第 11 章主要由岳学行、程明智编写。特别感谢鲁伟丹、司芳慧，她们为全书设计并绘制插图。

在编写本书时，编著者们参考了浙江大学陈为教授出版的《数据可视化》《大数据可视分析方法与应用》和《数据可视化的基础原理与方法》，也参考了澳大利亚莫纳什大学金 · 马里奥特（Kim Marriott）等人出版的《沉浸式分析》（*Immersive Analytics*），还参考了许多网络作者的研究成果，在此一并致谢。另外，感谢清华大学出版社虚拟现实技术专业新形态教材建设委员会为本书出版给予的鼓励、关心与支持。

由于编著者编写水平有限，书中难免存在疏漏之处，敬请广大读者批评、指正。若有任何建议，欢迎致信编者。

编　者

2022 年 6 月

目　录

第1篇　数据可视化基础

第 2 篇 虚拟现实基础

第 3 篇 沉浸式数据可视化与可视分析

第4篇 应用案例

第 1 篇

数据可视化基础

数据可视化不是简单的 Excel 图表，更不是单纯的数据分析。数据可视化的应用在人类生活中无处不在，只要有数据就可将数据可视化，例如股票的 K 线图、网上商场“双十一”的交易量大屏展示、医院里的生命体征监测仪和心电图，这些都是生活中的数据可视化应用，甚至人们经常使用的地图导航都是经纬度数据以及轨迹路线数据可视化的应用。这些数据如果仅以表格和文本的形式展示，是难以让人快速理解的，而数据之间的关系以及蕴含的深层意义更是肉眼无法迅速反应和直接观测的。因此，“To see the unseen（看见不可见的事物）”是数据可视化的重要意义。本篇将从数据可视化基础、数据与视觉编码、界面与交互设计三方面介绍数据可视化的理论与方法，也为第 3 篇沉浸式数据可视化与可视分析的讲述做铺垫。

第 1 章 数据可视化简介

1.1 可视化的意义

在计算机科学领域，可视化将不可见或者难以直接显示的数据转换为可以感知的图形、符号、颜色、纹理等，增强数据识别效率，传递有效信息[1]。可视化对应两个英文单词：visualize 和 visualization。前者 visualize 是动词，表示生成符合人类感知的图像，通过可视元素传递信息。后者 visualization 是名词，表示使某物或某事可见的动作或事实，使原本不可见的事物在人脑中形成可感知心理图像的过程或能力。数据可视化是一种关于数据属性和变量的视觉表现形式的科学技术。

可视化的意义在于帮助人们更好地分析数据。信息的质量很大程度上依赖于其表达方式，数据可视化对罗列数字组成的数据中所蕴含的意义进行分析，使分析结果可视化。其实数据可视化的本质就是视觉对话。数据可视化将技术与艺术完美结合，借助图形化的手段，清晰有效地传达信息。一方面，数据赋予可视化以价值；另一方面，可视化增加了数据的灵性，两者相辅相成，帮助人们从信息中提取知识、从知识中获取价值。精心设计的图形不仅可以提供信息，还可以通过强大的呈现方式增强信息的影响力，吸引人们的注意力并使其保持兴趣，这是纸质表格和电子表格无法做到的。可视化为读者更好地展现事物的全貌，很多讨论所涉及的主题都包括多个元素，其中一个元素会影响多个其他元素，如果不采取可视化，则无法看到全貌，也无法进行真正的讨论。可视化帮助读者增强理解，便于读者与信息对话和交流，简化信息的复杂性。可视化的作用体现在多个方面，如揭示想法或关系，形成论点或意见，观察事物演化的趋势，总结或积聚数据，资料存档和汇整，寻求真相和真理，传播知识和探索性分析数据等。

1.2 可视化简史

可视化的历史可谓悠久，通常，我们将可视化的历史分为“前计算机时代”和“后计算机时代”。如图 1.1 所示，在前计算机时代，绘制可视化图表和信息图主要采用手绘的

形式；而到了后计算机时代，更多的是利用计算机进行图表绘制。本节将基于 2004 年之前的可视化史进行简要举例，2004 年以后的可视分析将在本书 1.3.4 小节中阐述。

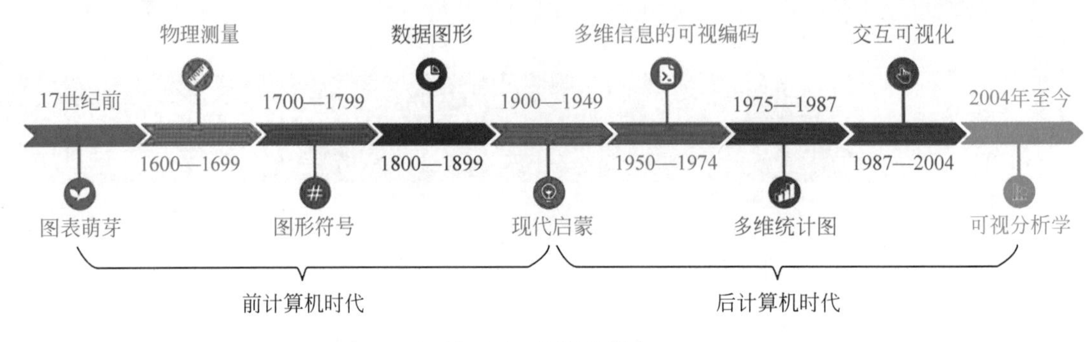

图 1.1　可视化简史

1.2.1　图表萌芽

17 世纪以前，图表表达还处于萌芽时期，主要形式是地图。大约公元前 366 年出现了人类历史上第一幅城市交通图，如图 1.2 所示。这张图显示了整个罗马世界，交通信息被绘在羊皮纸上，展示了从维也纳到意大利再到迦太基的地理信息。

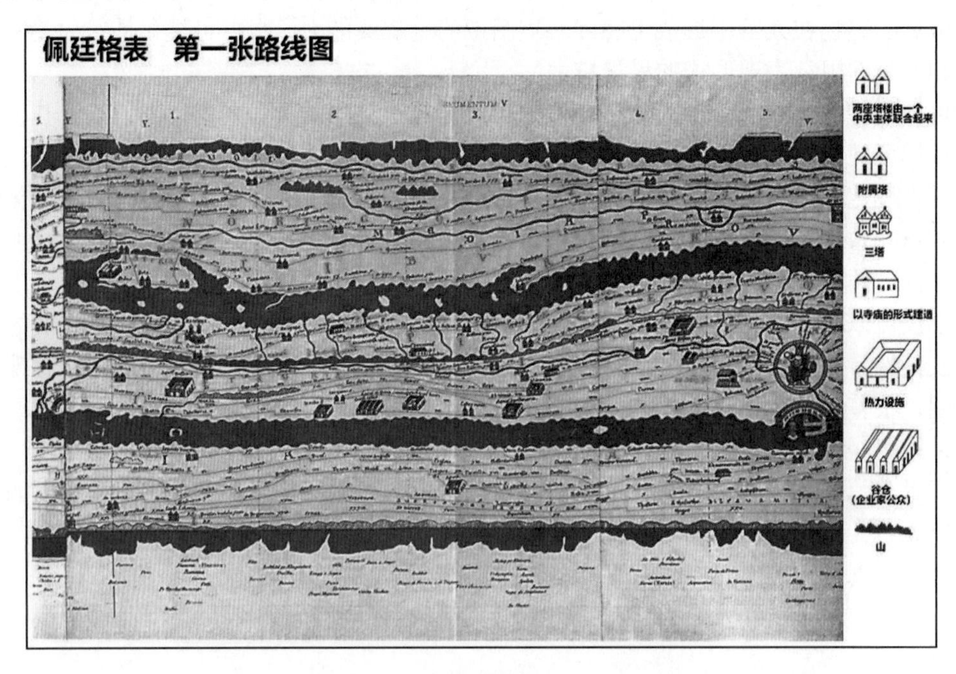

图 1.2　人类历史上第一幅城市交通图（图片来源于网络）

1569 年 8 月，墨卡托（Mercator）出版的世界地图是第一张真正意义上的世界地图，开创了地理学史上的新篇章。墨卡托发明了圆柱投影，用于在地图上描绘地球，以保持横线的直线性，地图上的直线在对照指南针时可以转换为恒定方位线，非常适合海上航行使用。这张图很受欢迎，并且方便打印，到目前为止仍是人类最常见的世界地图投影。墨卡托投影的地图缺点在于和现实差别太大，变形严重。在墨卡托投影的地图上，变形最严重的就是非洲和格陵兰岛地区。

到了 16 世纪，用于精确观测和测量物理量的技术和仪器得到了很好的发展。人类产生了直接捕获图像并将数学函数记录在表格中的初步想法，这些便是可视化图表萌芽的开始。

1.2.2 物理测量

物理测量理论在 17 世纪有了巨大的发展。解析几何的兴起、测量误差的理论和概率论的诞生、人口统计学的形成与完善，以及政治版图的发展为数据可视化奠定了基础。17 世纪末，数据可视化方法所需的基本要素已经具备，一些具有重大意义的真实数据、理论以及视觉表现方法的出现，使人类开启了可视化思考新模式，因此可以将 17 世纪视为可视化史的开端。

1626 年，克里斯托弗·施纳（Christopher Scheiner）画出了表达太阳黑子随时间变化的图，如图 1.3 所示，这张图在一个视图上同时展示多个小图序列，是邮票图表法的雏形。

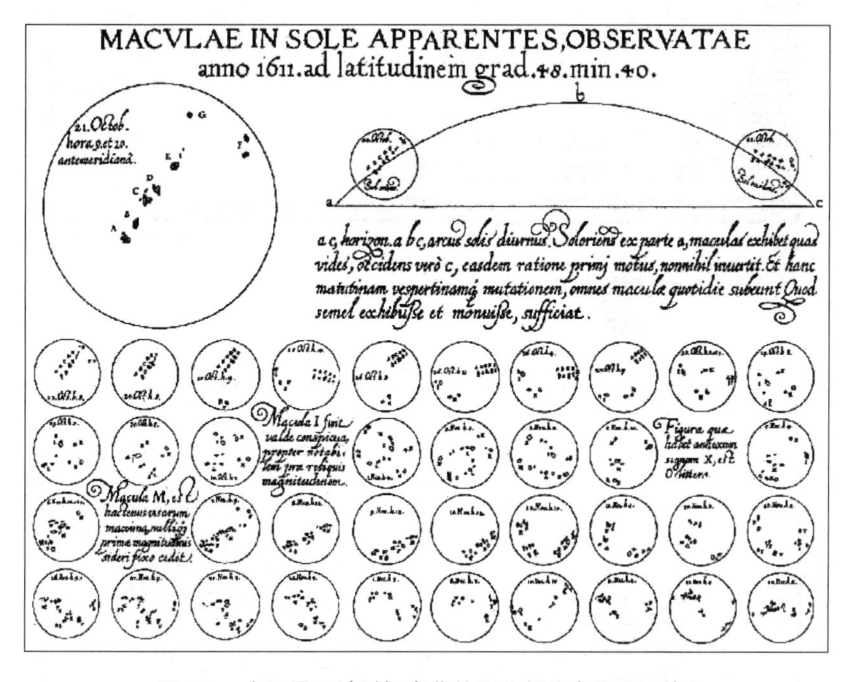

图 1.3 太阳黑子随时间变化的图（图片来源于网络）

1686 年，埃德蒙·哈雷（Edmond Halley）绘制了迄今已知的第一个气象图显示了主流的风场分布，这也是向量场可视化的鼻祖。

1.2.3 图形符号

到了 18 世纪，社会和科技进步使数据价值开始被人们重视，人们不再满足于只在地图上展示几何图形，抽象图形和函数图形的功能被大大扩展，因此许多崭新的数据可视化形式在这个世纪里诞生。

18 世纪是统计图形学的繁荣时期，其奠基人威廉·普莱费尔（William Playfair）发明的折线图、柱状图、饼状图，构成了当今数据可视化的核心要素。图 1.4 所示的柱状图展示了苏格兰与欧洲和新世界各个地区的贸易。通过柱状图的方式显示数据，可以一目了然地看到苏格兰与爱尔兰的紧密经济联系，以及与俄罗斯的贸易不平衡。图 1.5 所示的折线图展示了丹麦与挪威 1700—1780 年的贸易出口序列。图 1.6 所示的饼图用于展示局部与整体的关系，该图显示了土耳其各地区疆土所占比例。

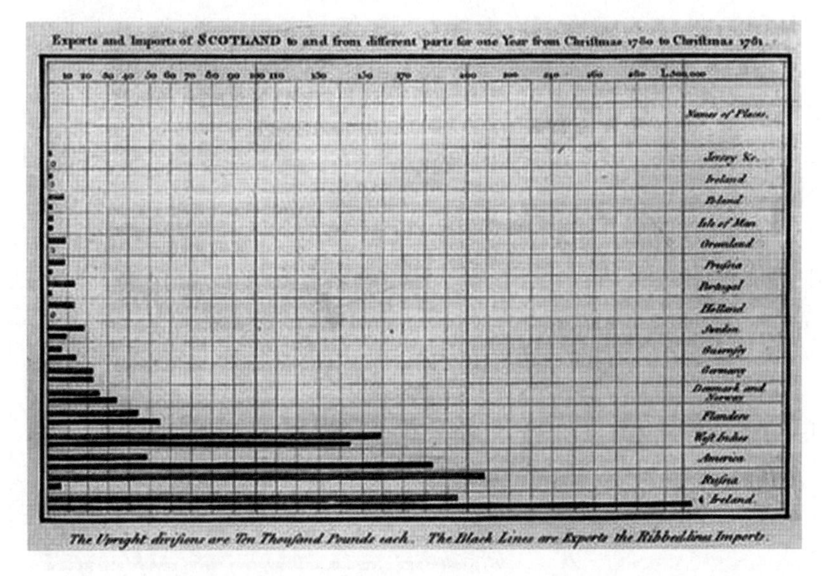

图 1.4　苏格兰与欧洲和新世界各个地区的贸易图（图片来源于网络）

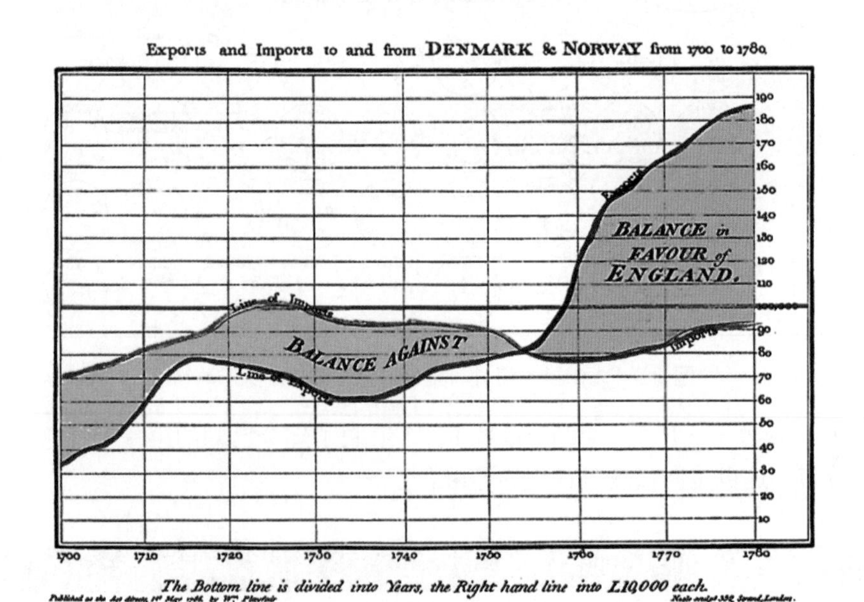

图 1.5　丹麦与挪威于 1700—1780 年的贸易出口序列图（图片来源于网络）

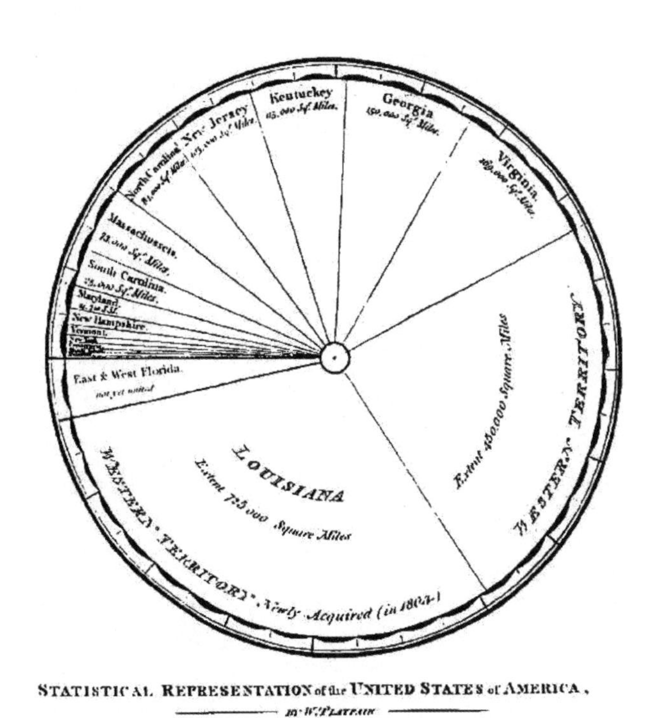

图 1.6　使用饼图显示土耳其各地区疆土所占比例（图片来源于网络）

随着工艺设计的完善，统计图形和主题制图的种类日益丰富，包括柱状图、饼图、直方图、折线图、时间线、轮廓线等。在专题制图学中，制图从单一地图发展为全面的地图集，描绘了涉及各种主题（经济、社会、道德、医学、身体等）的数据，同时演化出了可视化思考的新方式。

1.2.4　数据图形

19 世纪中期,可视化快速发展的所有条件已经具备。人们认识到数字信息对社会计划、工业化、商业和运输的重要性在日益提高，欧洲各地开始建立官方的国家统计局。

1854 年约翰·斯诺（John Snow）在《伦敦暴发的霍乱病例群》图中使用点图映射了当年的宽街霍乱疫情，如图 1.7 所示。他还使用了统计数据来说明水源质量与霍乱病例之间的联系，结果表明该疾病是通过受污染的水传播的，而不是以前认为的通过空气传播。斯诺的研究是公共卫生和地理历史上的重大事件，它被认为是流行病学的创始事件。

弗洛伦斯·南丁格尔（Florence Nightingale）不仅是受人尊敬的现代护理学创始人，也是一位才华横溢的数学家，是统计学图形表示的先驱。1857 年，弗罗伦斯·南丁格尔主动申请，自愿担任战地护士。她率领 38 名护士抵达前线，在战地医院服务。她竭尽全力排除各种困难，仅用半年左右的时间就将伤病员的死亡率下降到 2.2%，战争结束后，南丁格尔回到英国，被人们推崇为民族英雄。她以 Playfair 的思想为基础，绘制了极坐标面积图 Coxcomb，并将图表插入自己的许多出版物中。图 1.8 所示为东方军队士兵死亡原因图，该图表按月描绘了克里米亚战争期间士兵死伤的相关原因，每个扇形的面积代表了

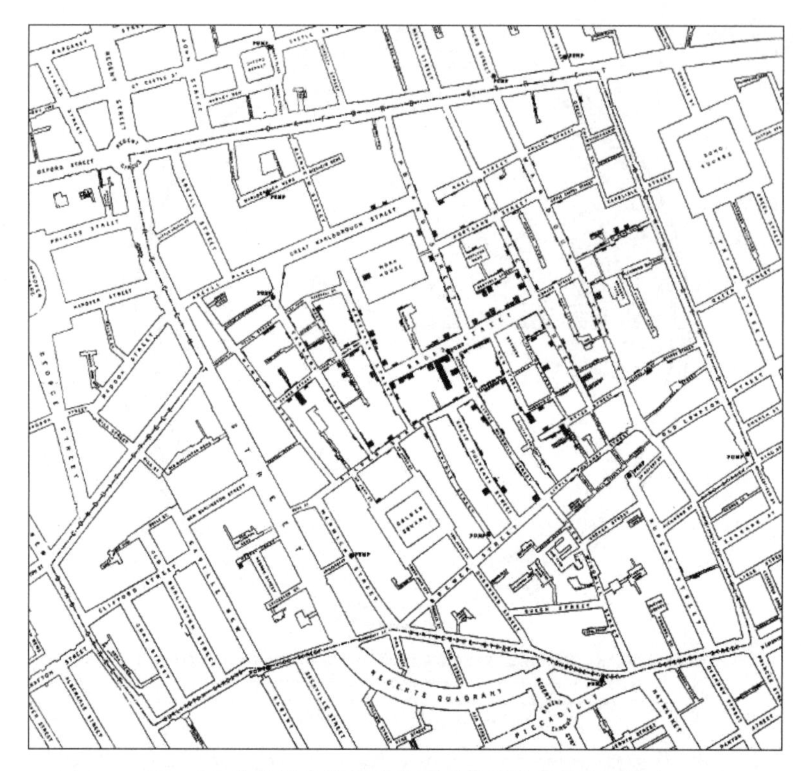

图 1.7　伦敦暴发的霍乱病例群（图片来源于网络）

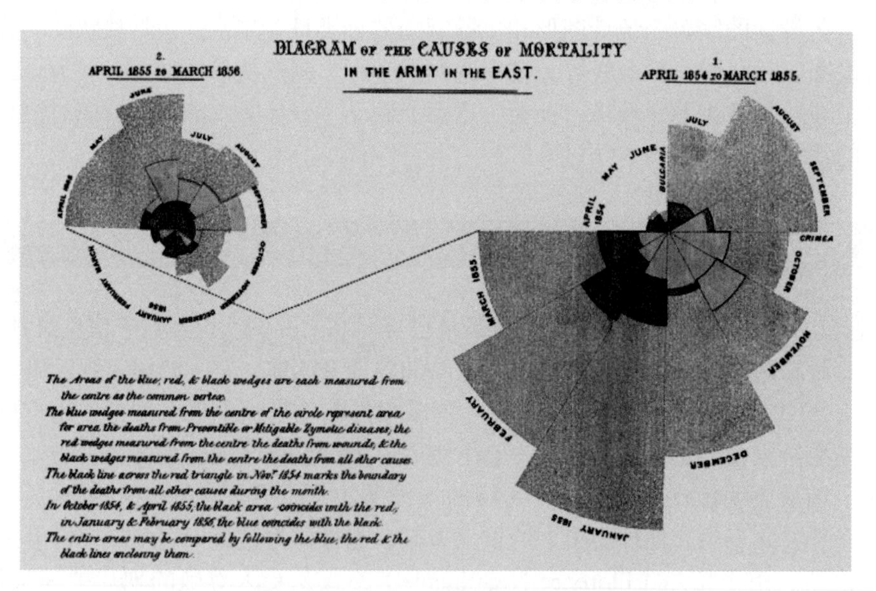

图 1.8　东方军队士兵死亡原因图（图片来源于网络）

统计数据的大小。

1869 年查尔斯·约瑟夫·米纳德（Charles Joseph Minard）发布的拿破仑 1812 年东征俄罗斯事件的流图，被誉为有史以来最好的数据可视化，如图 1.9 所示。他的流图呈现了拿破仑军队的位置、行军方向、军队分散和重聚的时间地点以及减员等信息。

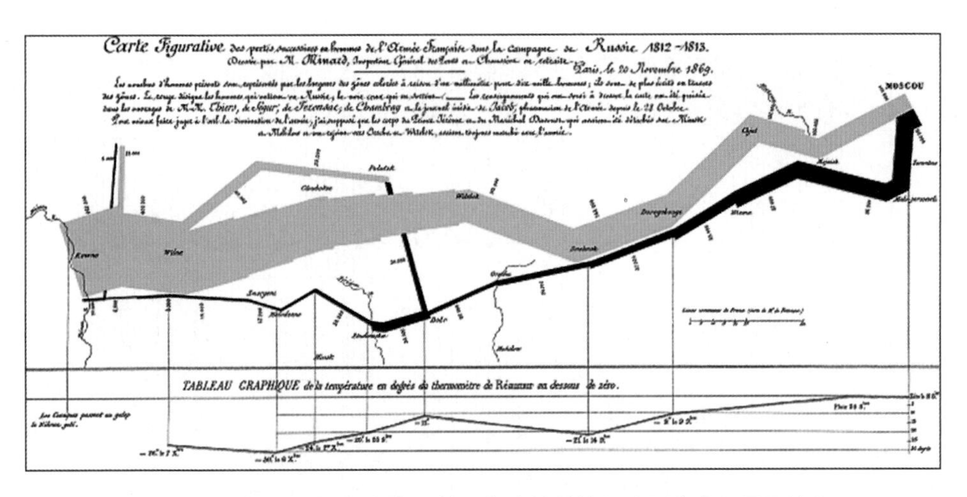

图 1.9　拿破仑 1812 年东征俄罗斯事件的流图（图片来源于网络）

1879 年路易吉·佩罗佐（Luigi Perozzo）绘制了三维人口金字塔立体图，如图 1.10 所示，该图以实际数据为依据（瑞典人口普查，1750—1875 年）。此图与之前出现的可视化形式有一个明显的区别，即开始使用三维形式，并使用彩色表示数据值之间的区别，提高了视觉感知。

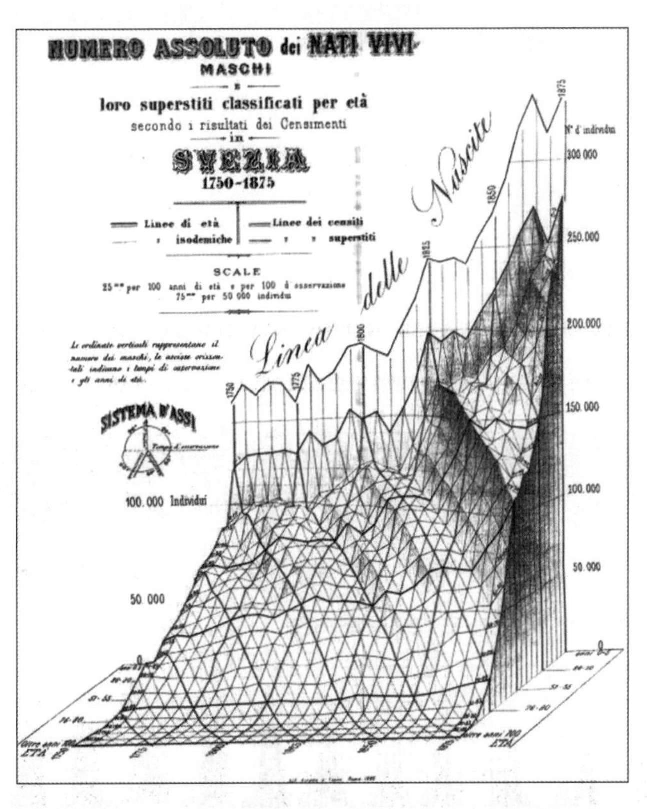

图 1.10　三维人口金字塔立体图（图片来源于网络）

1885 年法国工程师伊布里（Ibry）绘制的火车时刻表（见图 1.11），显示了从巴黎到里昂这一路线上火车的行驶速度，并且此绘制方法一直沿用至今。

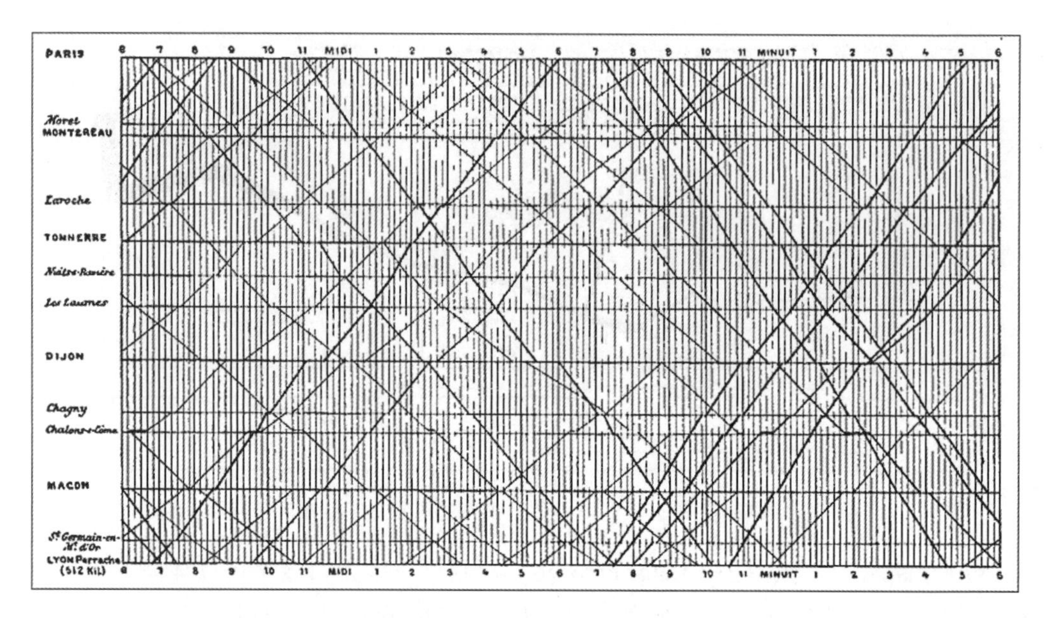

图 1.11　显示行驶速度的火车时刻表（图片来源于网络）

1.2.5　现代启蒙

如果说 19 世纪初是统计图形和专题制图的“黄金时代”，那么 20 世纪初则可称为可视化的“现代黑暗时代”。这一阶段少有图形创新，直到 20 世纪 30 年代中期，社会科学中用于量化的统计模型的兴起，这一局面才有所扭转。

1904 年曼努德（Manuder）绘制了蝴蝶图，如图 1.12 所示，该图研究了黑子随时间的变化，验证了太阳黑子的周期性并对未来黑子的变化进行了预测。

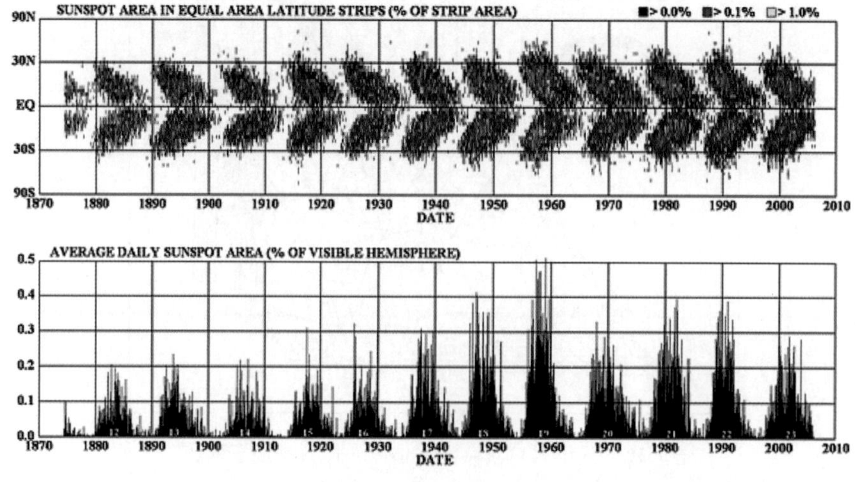

图 1.12　蝴蝶图——展示了黑子随时间的变化（图片来源于网络）

图 1.13 所示为 1933 年绘制的伦敦地铁线路图，该地铁线路图出版后迅速为乘客接受，并成为今日交通线路图的一种主流表现形式。

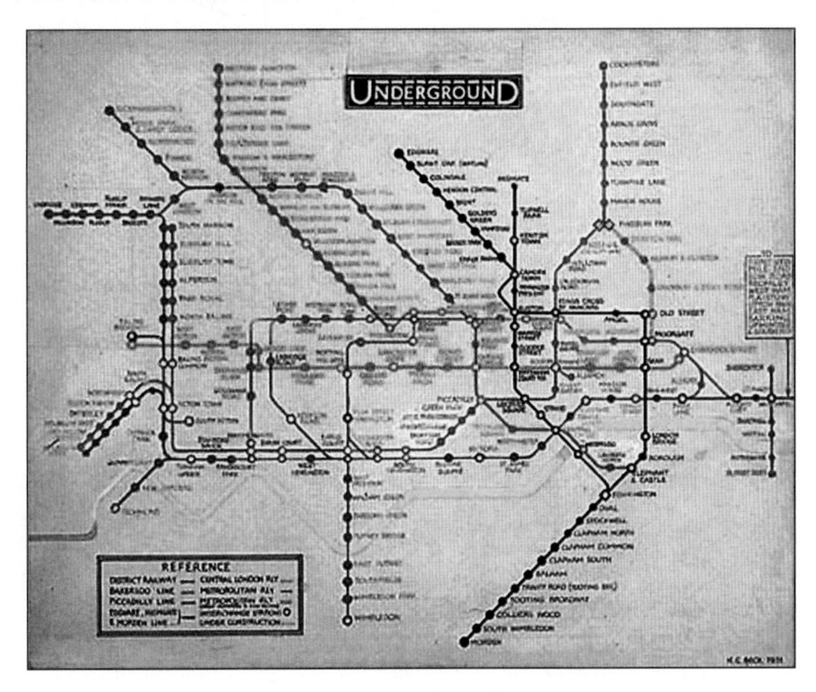

图 1.13　1933 年绘制的伦敦地铁线路图（图片来源于网络）

此外，统计应用的发展唤醒了可视化，数理统计把数据可视化变成了科学，世界大战和随后的工业及科学发展衍生的对数据处理的迫切需求把这门科学运用到了各行各业。

1.2.6　多维信息的可视编码

现代电子计算机的诞生是一个划时代的事件。计算机的出现彻底改变了数据分析工作[2]。到 20 世纪 60 年代晚期，大型计算机已广泛应用于西方的大学和研究机构中，使用计算机程序绘制数据可视化图形逐渐取代了手绘图形。高分辨率的图形和交互式的图形分析，提供了手绘时代无法实现的表现能力。

1971 年出现了不规则多边形“星图”形态的表达。“星图”可直观地展示高维多元数据，查看哪些变量具有相似的值、哪些变量在数据集内得分较高或较低、变量之间是否有异常值。图 1.14 所示为美国城市犯罪率星图。

1973 年出现了神奇的卡通脸谱图——切尔诺夫脸谱（Chernoff Faces），如图 1.15 所示。该图用脸谱来分析多维度数据，即将 P 个维度的数据用人脸部位的形状或大小来表征。脸谱图分析法的基本思想是由 15~18 个指标决定脸部特征。若实际资料变量更多，则多出的变量将被忽略；若实际资料变量较少，则脸部有些特征将被自动固定。统计学曾给出了几种不同的脸谱图的画法，而对于同一种脸谱图的画法，将变量次序重新排列，得到的脸谱的形状也会有很大不同。

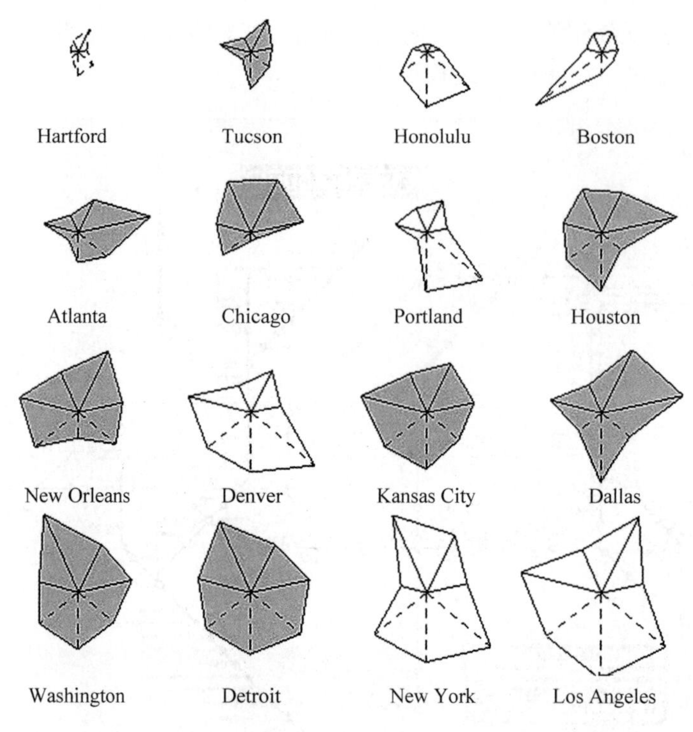

图 1.14　美国城市犯罪率星图（图片来源于网络）

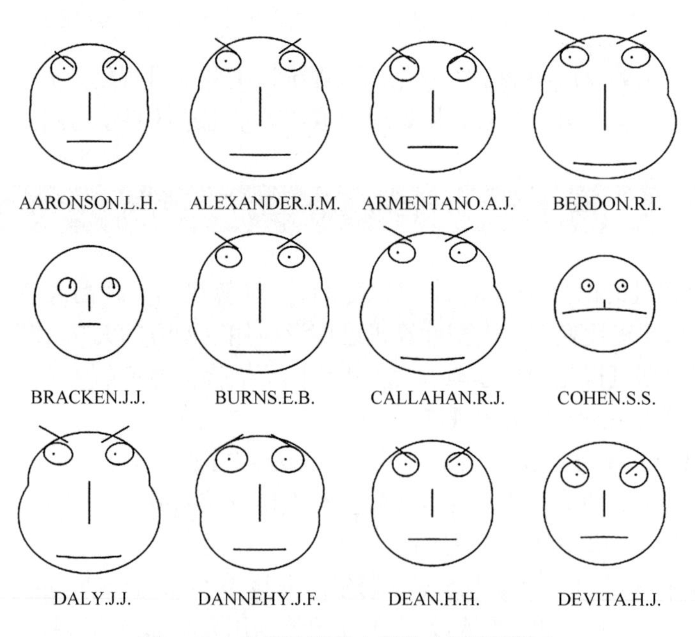

图 1.15　卡通脸谱图（图片来源于网络）

1.2.7　多维统计图

各种计算机系统、计算机图形学、图形显示设备、人机交互技术的发展激发了人们对可视化的研究热情。随着数据密集型计算器登上舞台，对数据分析和呈现的更高需求也不断被激发。

1981 年乔治 · W. 弗纳斯（George W. Furnas）绘制的鱼眼视图，是一种新的绘图方式，这种方式可以在大量信息中为感兴趣的区域提供焦点和更多细节，同时以较少的细节保留周围环境。图 1.16 所示为美国华盛顿特区中部的鱼眼视图。

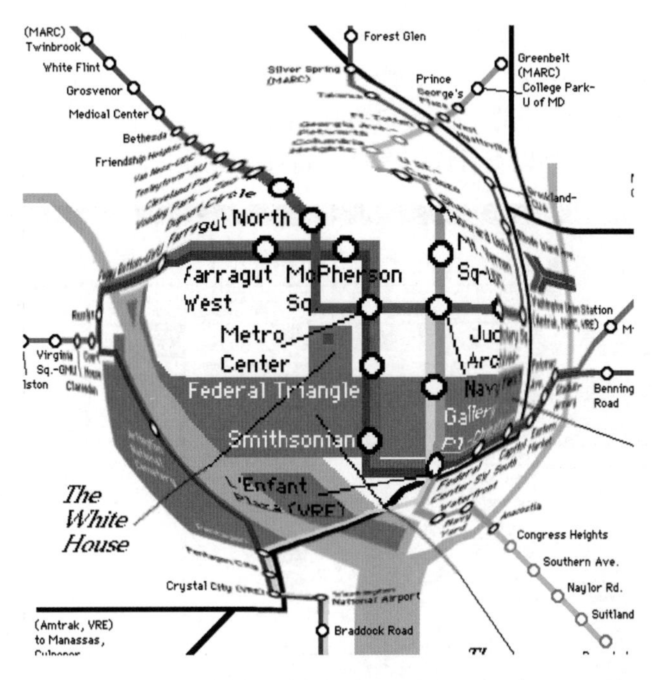

图 1.16　美国华盛顿特区中部的鱼眼视图（图片来源于网络）

1985 年阿尔弗雷德 · 因塞尔伯格（Alfred Inselberg）发明了高维多元数据的平行坐标图，如图 1.17 所示。

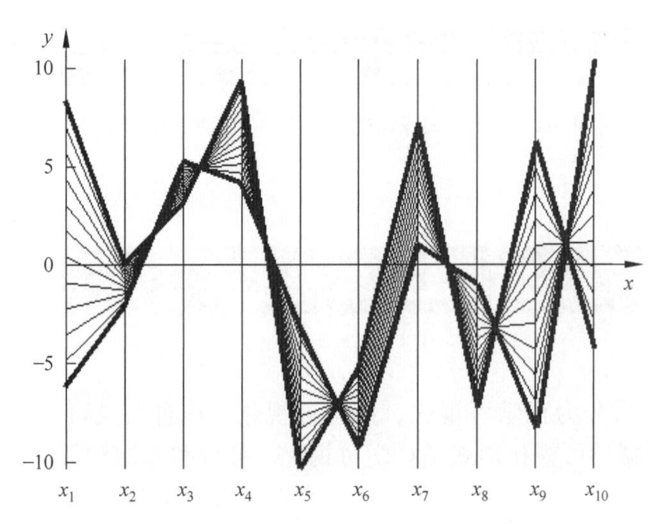

图 1.17　高维多元数据的平行坐标图（图片来源于网络）

1.2.8 交互可视化

交互式可视化必须具有与人类交互的方式，如通过单击按钮、移动滑块以及足够快的响应时间来显示输入和输出之间的真实关系。1987 年，美国国家科学基金会首次召开有关科学可视化的会议，会议报告正式命名并定义了科学可视化，认为可视化有助于统一计算机图形学、图像处理、计算机视觉、计算机辅助设计、信息处理和人机界面的相关问题。

20 世纪 80 年代末，视窗系统的出现使得人们能够直接与信息进行交互。

1994 年，施乐公司设计的桌面表格可以用于查看大表的焦点和上下文，如图 1.18 所示，用户可以扩展行或列以查看详细信息，同时保留周围的上下文。

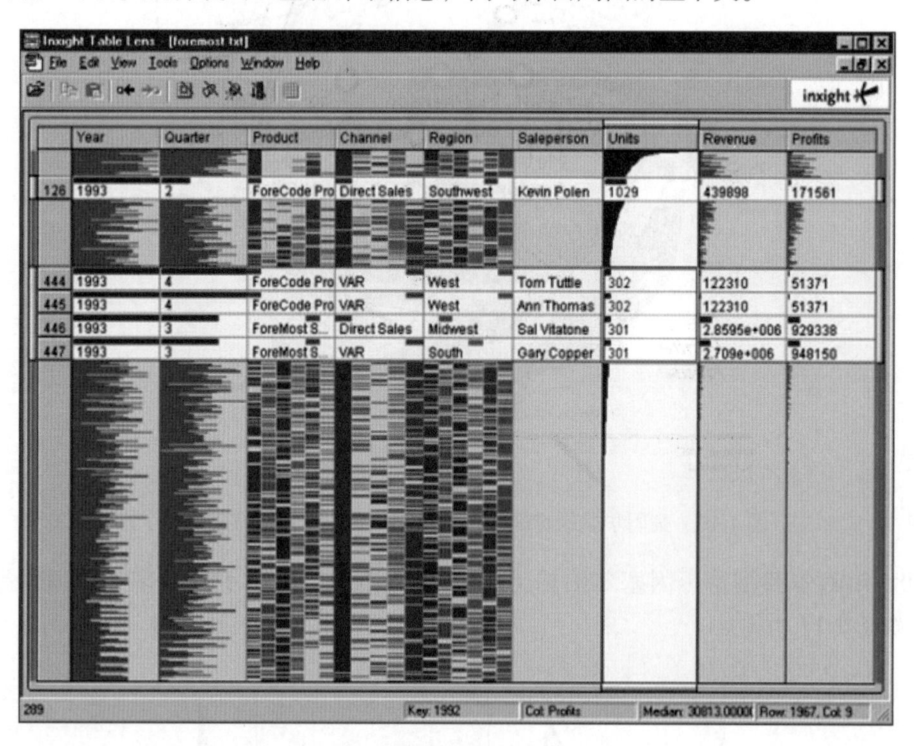

图 1.18 施乐公司设计的桌面表格（图片来源于网络）

1.3 数据可视化的分类

数据可视化通常分为科学可视化、信息可视化、信息图及可视分析。工程数据和测量数据等科学数据的可视化形式是科学可视化，抽象和非结构数据的可视化形式是信息可视化，类似海报的展示信息的形式是信息图，关于数据分析的可视化形式是可视分析。

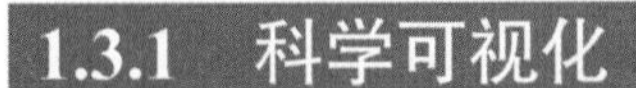

1.3.1 科学可视化

科学可视化主要面向科学和工程领域数据，如空间坐标和几何信息的三维空间测量数据、计算机仿真数据、医学影像数据等，重点探索如何以几何、拓扑和形状特征来呈现数据中蕴含的规律。人们通常需要对数据和模型进行解释、操作与处理，旨在发现其中的模式、特点、关系、演化规律及异常情况等。科学可视化采用的数据通常是基于物理数据或模型，带有空间信息和几何信息的三维测量数据。

1.3.2 信息可视化

信息可视化的处理对象是非结构化、非几何的抽象数据，如文本、图表、层次结构、地图、软件、复杂系统等。其核心挑战是针对大尺度高维复杂数据如何减少视觉混淆对信息的干扰，关键问题是在有限的空间中以直观的方式传达大量信息。图 1.19 所示的词云为信息可视化中较为常用的一种可视化方法。

1.3.3 信息图

信息图可以将数据、信息或者知识集中展现在一张图上。图 1.20 所示为信息图与数据可视化的关系，二者有交集，即数据可视化的一个表现形式是信息图，除此以外还包含其他的表现形式；而信息图也不包含于数据可视化，信息图可以使用数据可视化及其他形式进行信息呈现。信息图主要利用详细准确的解释去表达复杂且庞大的信息，其设计表现为化繁为简，常见于地图、标志、文件档案、新闻或教程文档。制作信息图的目的主要在于将需要传达的信息、数据或知识以图像的方式表现出来，将这些内容可视化，使其一目了然。这些内容的图形可能由信息所代表的事物所组成，也有可能是由简单的点、线、面等基本图形组成。图 1.21 所示是获得 2020 年（第 13 届）中国大学生计算机设计大赛二等奖的作品《纸上谈“情”——更有温度的新冠肺炎疫情数据》，该信息图表现了部分新冠肺炎疫情信息。

图 1.19 词云

图 1.20 信息图与数据可视化的关系

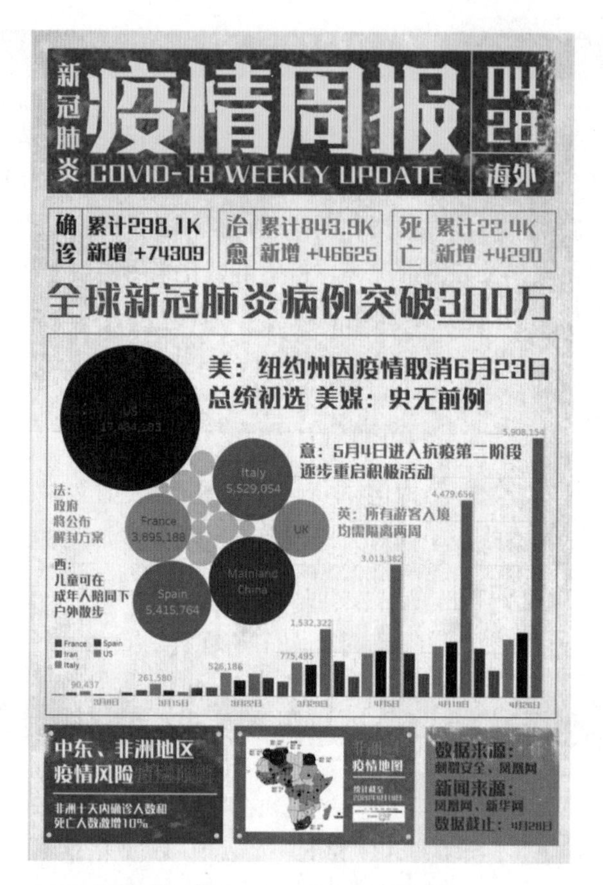

图 1.21　海外疫情数据信息图

1.3.4　可视分析

近年来，随着人工智能的兴起，人们逐渐发现在某些方面机器比人做得更好。所以将可视化与分析进行结合，产生了一个新的学科：可视分析学。随着计算机硬件的升级，现有可视化已难以应对海量、高维、多源的动态数据的分析挑战，需要综合可视化、图形学、数据挖掘理论与方法，研究新的理论模型，辅助用户从大尺度、复杂、矛盾的数据中快速挖掘出有用数据，做出有效决策。可视分析学是一门以可视交互界面为基础的分析推理科学，它结合了人机交互、可视化与数据挖掘，目的是解决需要人参与和理解的多种决策问题。数据分析的任务通常是定位、识别、区分、分类、聚类、分布、排列、比较、内外连接比较、关联、关系等。可视分析降低了数据理解的难度，突破了常规统计分析的局限性。图 1.22 所示的可视分析大屏设计融合了资产动态图、资产名称、所属类型、所属单位、所属系统等图表，将原页面所有信息以可视化图表的形式清晰明了地展示在大屏上。图表采用不规则的“川”字形设计，布局生动灵活，页面内容充实、丰富，“川”字中间为 IP 地址 3D 地球可视化，地球两侧分别为各一种具体信息的可视化图表，图表类型包括桑基图、词云图等。

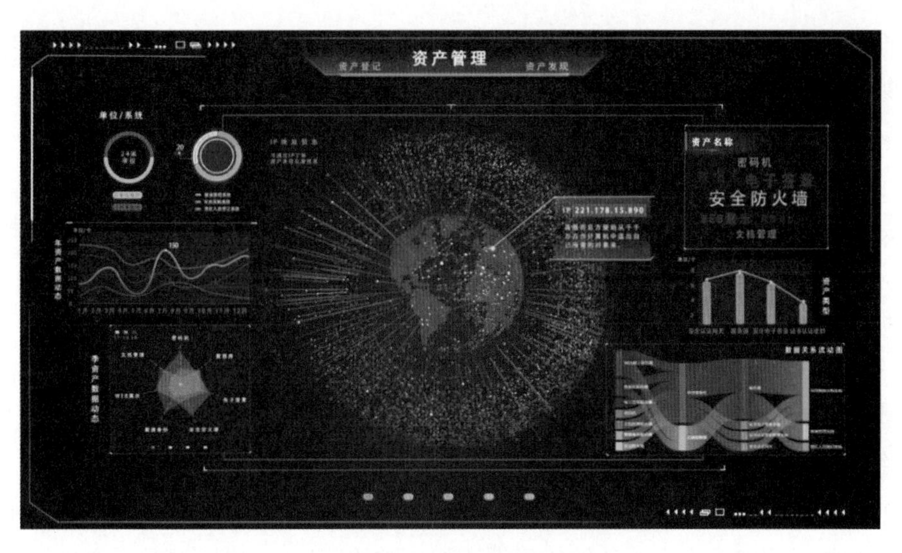

图 1.22 可视分析大屏

1.4 数据可视化的工作流程

数据可视化工作主流程的各模块之间，并不是单纯的线性连接，任意两个模块之间都存在联系。例如，数据采集、数据处理和变换、视觉编码和人机交互方式的不同，都会产生不同的可视化结果，用户通过对不同的可视化结果进行感知，又会有新的知识和灵感产生。

图 1.23 所示为可视化的工作步骤：首先采集数据；接着进行数据处理，得到符合要求并方便用户操作的数据，这个过程包括变换、清洗、去噪、筛选等步骤；然后针对数据选择特定的可视编码方式；再通过可视化技术、人机交互技术呈现出预想的可视化视图；最终的可视化能够被用户感知，并允许用户识别数据的特征和模式、进行分析决策。下面对数据可视化主流程中的几个关键步骤逐一进行说明。

数据采集　数据处理 变换、清洗、去噪、筛选　可视编码 映射　可视化呈现 人机交互　用户感知 特征、模式、分析、决策

图 1.23 可视化的工作步骤

1.4.1 数据采集

数据采集是数据分析和可视化的第一步，数据采集的方法和数据质量，很大程度上决

定了数据可视化的最终效果。数据采集的分类方法有很多，从数据的方法上看，可以分为线上采集和线下采集。

1. 线上采集

线上采集的数据主要是Web数据和APP数据。Web数据通常是基于网络爬虫技术，将互联网上相关数据自动化、系统化地提取出来，并将它们以指定格式存放在数据库中，同时，一些网站或第三方平台上也会提供API接口供用户访问，以此来调取相关数据。APP数据主要使用埋点技术，即开发人员手动在程序中写代码实现埋点，通过用户进行某些操作（如单击、浏览等）后，相应事件被触发，后台就可以采集该事件的相关信息，上传到服务器，从而获取APP用户数据。

2. 线下采集

线下采集的数据主要分为物理数据和主观性数据两种。物理数据是指用户在现实世界中产生的数据，例如，手机的各类传感器（如指纹传感器），可以记录用户指纹解锁或支付行为；手机的陀螺仪可以通过角动量守恒原理记录角速度，进而用于手机导航等。主观性数据的采集一般包括问卷调查、用户访谈等形式。问卷调查是目前广泛采用的线下数据采集形式，根据调研目的设计问卷，并采用抽样方式确定调查样本进而获取数据。用户访谈是用户研究中常用的数据采集形式，通过运用有目的、有计划、有方法的口头交谈方式，从用户那里了解到事实情况，进而获取用户意见数据。

1.4.2 数据处理

数据处理是进行数据可视化的前提条件，包括数据预处理和数据挖掘两个过程。一方面，前期的数据采集得到的数据不可避免地含有噪声和误差，数据质量较低；另一方面，数据的特征、模式往往隐藏在海量的数据中，需要通过进一步的数据挖掘才能提取出来。

通常可视化开发者收集到的数据可能存在一些问题。例如，数据收集存在错误、遗漏值，或者数据对象的一个或多个属性值缺失，导致数据收集不全；数据不一致，收集到的数据明显不合常理，或者多个属性值之间互相矛盾；存在一些重复值，即数据集中包含完全重复或几乎重复的数据。

正是因为有以上问题的存在，直接对采集的数据进行分析或可视化，得出的结论往往会误导用户做出错误的决策。因此，对采集到的原始数据进行数据清洗和规范化，是数据可视化流程中不可缺少的一环。

在大数据时代，用户所采集到的数据通常具有4V特性：Volume（大量）、Variety（多样）、Velocity（高速）、Value（价值）。如何从高维、海量、多样化的数据中挖掘出有价值的信息来支持决策？除了需要对数据进行清洗、去除噪声外，还需要依据业务目的对数据进行二次处理。常用的数据处理方法包括降维、数据聚类和切分、抽样等统计学和机器学习中的方法。

1.4.3 可视编码

对数据进行清洗、去噪，并按照业务目的进行数据处理之后，接下来就到了可视编码环节。可视编码是整个数据可视化流程的核心，是指将处理后的数据信息映射成可视化元素的过程。可视化元素由三部分组成：可视化空间、视觉标记、视觉通道。

首先，数据可视化的显示空间通常是二维的。三维物体的可视化，通过图形绘制技术解决了在二维平面上显示的问题，如 3D 环形图、3D 地图等。其次，视觉标记是数据属性到可视化几何图形元素的映射，用于代表数据属性的归类。根据空间自由度的差别，标记可以分为点、线、面、体四种类型，分别具有 0 个、1 个、2 个、3 个自由度。例如，我们常见的散点图、折线图、矩形树图、三维柱状图分别采用了点、线、面、体这四种不同类型的标记。最后，视觉通道是数据属性的值到标记的视觉呈现参数的映射，通常用于展示数据属性的定量信息。常用的视觉通道包括标记的位置、大小（长度、面积、体积等）、形状（三角形、圆、立方体等）、方向、颜色（色调、饱和度、亮度、透明度等）等。

视觉标记、视觉通道是视觉编码元素的两个方面，二者的结合可以完整地对数据信息进行可视化表达，从而完成可视化映射这一过程。

1.4.4 可视化呈现

可视化的目的是反映数据的数值、特征和模式，并以直观、易于理解的方式将数据背后的信息呈现给目标用户，辅助其做出正确或更优的决策。但是通常我们面对的数据是复杂的，数据所蕴含的信息是丰富的。如果在可视化过程中没有对数据进行组织和筛选，而是全部机械地摆放出来，那么不仅会让结果画面显得特别臃肿和混乱，缺乏美感，而且会模糊重点，分散用户的注意力，降低了用户单位时间获取信息的能力。

在可视化作品中常见的交互方式有以下四种：①滚动和缩放，当数据在设备上无法完整展示时，滚动和缩放是一种非常有效的交互方式，如显示地图、折线图的信息细节等，但是，滚动与缩放的具体效果，除了与画面布局有关系外，还与具体的显示设备有关；②颜色映射的控制，一些可视化的开源工具会提供调色板，如 D3，用户可以根据自己的喜好进行可视化图形颜色的配置；③数据映射方式的控制，这是指用户对数据可视化映射元素的选择，一个数据集是具有多组特征的，提供灵活的数据映射方式给用户，方便用户按照自己感兴趣的维度去探索数据背后的信息；④数据细节层次控制，如隐藏数据细节，点击才出现。

1.4.5 用户感知

可视化的结果只有被用户感知后，才可以转化为知识和灵感。用户在感知过程中除了被动接受可视化的图形外，还通过与可视化各模块之间的交互主动获取信息。如何让用户更好地感知可视化的结果，将结果转化为有价值的信息来指导决策？这里涉及的影响因素

非常多，如心理学、统计学、人机交互等多个学科的知识。

1.5 本章小结

本章具体内容包括可视化的概念和意义、可视化的发展历程、数据可视化的分类以及数据可视化的工作流程。其中重点内容包括可视化的发展历程，即八个阶段的演变：图表萌芽、物理测量、图形符号、数据图形、现代启蒙、多维信息的可视编码、多维统计图，以及交互可视化。数据可视化的分类、数据可视化的工作流程既是本章的重点也是难点。读者应对科学可视化、信息可视化、信息图和可视分析这四个分类的区别与联系深入理解并掌握。数据可视化的工作流程包括数据采集、数据处理、可视编码、可视化呈现以及用户感知五个步骤，读者在学习时可以对比实际案例或通过自己实际操作练习来加深理解并掌握。

本章作为第 1 篇的开篇章节，让读者对数据可视化有一个基本的了解，方便读者对后续第 3 篇内容的理解。

参考文献

[1] 陈为，沈则潜，陶煜波，等. 数据可视化 [M]. 北京：电子工业出版社，2013.

[2] 知乎用户 miao 君. 数据可视化经历了怎样的发展历程？[EB/OL]. https://www.zhihu.com/question/23077930[2021-12-27].

第2章 数据与视觉编码

2.1 数据基础与数据分析

2.1.1 数据属性

数据是符号的集合，是表达客观事物的未经加工的原始素材，图形、符号、数字、字母都是数据的不同形式。数据也可以看作数据对象和其属性的集合，这些属性可以被看作变量、值域、特征或特性，如人的身高、体重、体温等。

数据的分类与信息和知识的分类相关。从关系模型角度来看，数据可以分为实体和关系两部分：实体是可视化的对象；关系定义了该实体与其他实体之间的关系结构和模式。实体和关系可以配备属性，如性别可以看作人类的属性。实体、关系和属性形成了关系型数据库的基础。

数据属性可以分为离散属性和连续属性：离散属性的取值来自有限或可数的集合，如电话号码、等级、文档单词等；连续属性则对应于实数域，如温度、高度和湿度等。在数值测量和计算表示时，实数表示的精度受限于所采用的数据类型（例如，单精度浮点数采用 32 位，而双精度浮点数采用 64 位）。

数据集是数据的示例，常见的数据集的表达形式有以下三类。

- 数据记录集。数据记录由一组包含固定属性值的数据元素组成，主要有三种形式：数据矩阵、文档向量表示和事务处理数据。
- 图数据集。图是一种非结构化的数据结构，由一组节点和节点之间的加权边组成。常见的图数据有世界航线图、化学分子式等。
- 有序数据集。有序数据集是具有某种顺序的数据集。常见的有序数据集包括空间数据、事件数据、顺序数据和基因测序数据等。

2.1.2 数据预处理

通常来说，数据获取的手段有实验测量、计算机仿真与网络数据传输等。传统的数据获取方式以文件输入 / 输出为主。数据的多样性导致了不同的数据语义表述，这些差异来自不同的安全要求、不同的用户类型、不同的数据格式、不同的数据来源。数据获取后，通常需要进行预处理。常见的数据元操作如下。

- 合并。将两个以上（包括两个）的属性或对象合并为一个属性或对象。合并操作能够有效简化数据，改变数据尺度，减小数据的方差。
- 采样。采样是统计学的基本方法，也是对数据进行选择的主要手段，在对数据的初步探索和最后的数据分析环节中经常使用。如果采样结果大致具备原始数据的特征，那么这个采样是具有代表性的。最简单的随机采样可以按照某种分布方式随机从数据中等概率选择数据项。采样也可以分层进行，先将数据全集分为若干份，再在每一份中随机采样。
- 降维。维度越高，数据集在高维空间的分布越稀疏，从而减弱了数据集的密度和距离的定义对数据聚类和离群值检测等操作的影响。将数据维度降低有助于解决维度灾难，减少数据处理的时间和内存消耗，也能更有效地进行数据可视化，同时有助于降低噪声或消除无关特征。数据降维常规做法有主元分析、奇异值分解等数据挖掘方法。
- 特征子集选择。从数据集中选择部分数据属性值可以消除冗余、与任务无关的特征。特征子集选择可达到降维的效果，但不破坏原始的数据属性结构。
- 特征生成。该方法可以在原始数据集基础上构建新的属性，新的属性通常能够反映数据集的重要信息。常用的三种特征生成方法是特征抽取、将数据应用到新空间、基于特征融合与特征变换的特征构造。
- 离散化与二值化。将数据集根据其分布划分为若干个子类，形成对数据集的离散表达，称为离散化。将数据值映射为二值区间，是数据处理中常见的做法。将数据映射到 [0,1] 区间称为归一化。
- 属性和变换。将某个属性的所有可能值一一映射到另一个空间的做法称为属性变换，如指数变换、取绝对值等。

2.1.3 数据挖掘

数据挖掘是指设计特定算法，从大量的数据集中探索发现知识或模式的理论和方法，是知识工程学科中知识发现的关键步骤。面向不同的数据类型可设计不同的数据挖掘方法，如数值型数据、文本数据、关系型数据、流数据、网页数据和多媒体数据等。

数据挖掘的定义有多种。直观的定义是通过自动或半自动的方法探索、分析数据，从大量的不完全的、有噪声的、模糊的、随机的数据中，提取隐含在其中的、人们事先不知道的、潜在有用的信息和知识的过程。数据挖掘不是数据查询或网页搜索，它融合了统计、数据库、人工智能、模式识别和机器学习理论中的思想，特别关注异常数据、高维多元数据、异构和异地数据的处理等具有挑战性问题。

基本的数据挖掘任务分为两类：一类基于某些变量预测其他变量的未来值，即预测性方法（如分类、回归、偏差检测）；另一类以人类可解释的模式描述数据（如聚类、概念描述、关键规则发现、序列模式挖掘）。在预测性方法中，对数据进行分析的结论可构建全局模型，基于这种全局模型可预测目标属性的值。描述性任务的目标是使用能反映隐含关系和特征的局部模式对数据进行总结。

数据挖掘的主要方法有以下几种。

- 分类，一种预测性方法。给定一组数据记录（训练集），每个记录包含一组标注其类别的属性。分类算法需要从训练集中获得一个关于类别与其他属性值之间的关系的模型，继而在测试集上应用该模型，得到模型的精度。通常一个待处理的数据集可以分为训练集和测试集两个部分，训练集用于构建模型，测试集用于验证。
- 聚类，一种描述性方法。给定一组数据点以及彼此之间的相似度，将这些数据点分为多个类别，并满足以下条件：同一类的数据点彼此之间的相似度大于与其他类数据点的相似度。聚类技术的关键是在划分对象时不仅要考虑对象之间的距离，还要对划分出的类所具有的某种内涵进行描述，以避免某些传统技术的片面性。
- 概念描述，一种描述性方法。概念描述是指对某类数据对象的内涵进行描述，并概括这类对象的有关特征。概念描述分为特征性描述和区别性描述两种，特征性描述用来描述某类对象的共同特征，区别性描述用来描述不同对象之间的区别。

图 2.1 展示了分类、聚类和概念描述三种方法的区别。

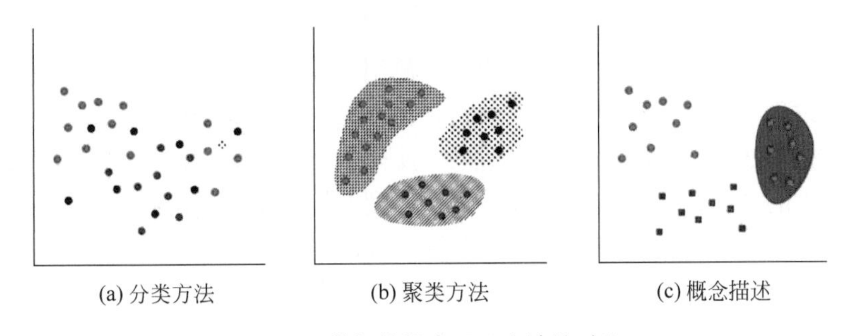

图 2.1　数据挖掘中不同方法的对比

- 关联规则挖掘，一种描述性方法。关联规则描述是指在一个数据集中一个数据与其他数据之间的相互依存性和关联性。数据关联是指数据库中存在一类重要的、可被发现的知识，若两个或者多个变量的属性值之间存在某种规律性，则称为关联。关联可以分为简单关联、时序关联、因果关联。关联规则挖掘是指从事务、关系数据中的项集合对象中发现频繁模式、关联规则、相关性或因果结构。
- 序列模式挖掘，一种描述性方法。针对具有时间或顺序上关联性的时序数据集，序列模式挖掘就是挖掘相对时间或其他模式出现频率高的模式。
- 回归，一种预测性方法。在统计学上，回归是研究一个随机变量对另一组变量的相依关系的分析方法。其中，线性回归是一种利用数理统计的回归分析，来确定两个或者两个以上变量之间线性关系的分析方法。
- 偏差检测，一种预测性方法。大型数据集中具有的异常值或离群值，称为偏差。偏差包含潜在的知识，如分类中的反常实例、不满足规则的特例等。偏差检测的基本方法是寻找观测结果与参照值之间有意义的差别。

2.1.4 可视数据挖掘与可视分析

简单地说，数据挖掘是指从大量的数据中识别出有效的、新颖的、潜在有用的、最终可理解的规律和知识。而信息可视化将数据以形象直观的方式展现，让用户以视觉理解的方式获取数据中蕴含的信息，图 2.2 将数据挖掘与信息可视化进行了对比。

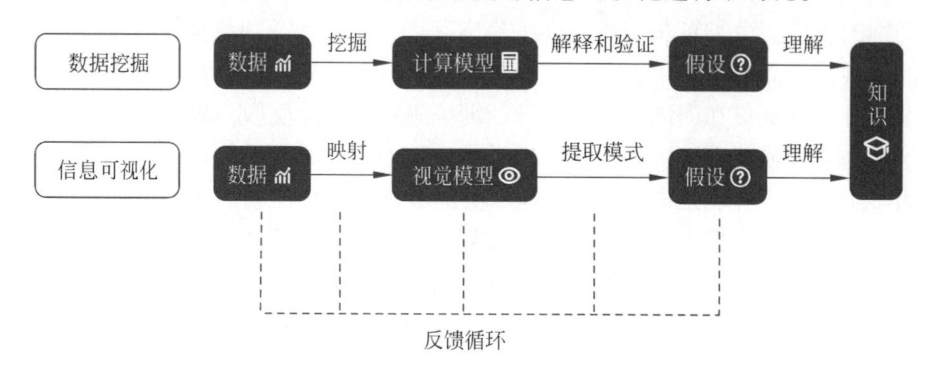

图 2.2　数据挖掘与信息可视化的流程对比

随着数据挖掘和可视化两种数据探索方式的飞速发展，两者的关系变得愈发密切，其在数据分析和探索方面融合的趋势越来越明显，因此数据挖掘领域衍生出一种称为“可视数据挖掘”的技术。可视数据挖掘的目的在于使用户能够参与对大规模数据集的探索和分析，并在参与过程中搜索感兴趣的知识。同时，在可视数据挖掘中，可视化技术也被应用于呈现数据挖掘算法的输入数据和输出结果，使得数据挖掘模型的可解释性得以增强，从而提高数据探索的效率。可视数据挖掘在一定程度上解决了将人的智慧和决策引入数据挖掘过程这一问题，使人能够有效地观察数据挖掘算法的结果和一部分过程。可视数据挖掘技术能够增强传统数据挖掘任务的效果，如聚类、分类、相关度检测等。

可视数据挖掘通常只是简单地在操作步骤上结合可视化与数据挖掘，效用不足以解决大数据的所有问题。相比于在输入 / 输出步骤上引入可视化，更为完善的方法是结合可视化与数据处理的每个环节，这种思路成为“可视分析”这一新型探索式数据分析方法的理论基础。

可视分析是一门基于交互式的可视化界面进行分析和推理的学科 [1]。它将人类智慧与机器智能联结在一起，使人类独有的优势在分析过程中能够充分发挥。人类可以通过可视化视图与机器进行交流，高效地将海量信息转换为知识并进行推理。

除了可视化视图，可视分析系统中的核心要素还有交互。利用交互，用户可以获得与系统互动的能力，并基于此操作视图、理解数据，完成人与机器之间的信息交流。Yi 等人 [2] 将交互归纳为七个类别，包括选择（Selection）、导航（Navigation）、重配（Reconfigure）、编码（Encode）、抽象 / 具象（Abstraction/Elaboration）、过滤（Filtering）、关联（Connection）。以下是对这些交互方式具体的解释说明。

1. 选择

由于可视分析系统中的数据往往量大且复杂，用户需要一种交互方式，可以支持他们标记自己感兴趣的内容，并实时跟踪这些部分的变化情况。通过鼠标单击高亮显示所选内容，是这种交互方式最常见的交互手段。

2. 导航

导航中有三种最基本的交互动作：缩放、平移和旋转。缩放可以帮助用户放大或缩小视图，使视点靠近或远离某个位置；平移允许用户将视点向上、下、左、右等方向移动；旋转支持用户将视点的方向绕着轴线翻转适当的角度。

3. 重配

通过重配，用户可以重新排列视图，改变观察数据的视角。例如，基于力引导布局的节点链接图支持用户调整节点位置，使视图随着鼠标的牵引而改变。

4. 编码

编码即通过交互来改变可视化中的视觉编码。因此，改变颜色编码、改变形状、调整大小等操作都属于编码。

5. 抽象 / 具象

使用抽象 / 具象交互方式，用户可以获取更细粒度或回溯到更粗粒度的数据细节。在常见的可视化视图设计中，旭日图常常会用到这种交互方式。

6. 过滤

类似于使用 SQL 语句查询数据库并返回过滤后的结果，过滤交互可以为用户提供带有约束条件的信息查询结果。

7. 关联

当用户期望展示数据对象之间的关联关系或展示与选定数据对象相关的隐藏数据项时，就需要用到关联交互。关联交互常用于多视图联动（Coordinated Multiple Views，CMV）。典型的例子是，在一个视图上选择某些数据对象后，其他与之关联的视图都会联动地展示出相关结果[3]。

2.2 视觉感知与认知

2.2.1 感知与认知

在可视化与可视分析过程中，用户是所有行为的主体，通过视觉感知器官获取可视信息、编码并形成认知，在交互分析过程中获取解决问题的方法。在这个过程中，感知和认知的能力直接影响着信息的获取和处理进程，进而影响对外在世界环境所做出的反应。

人的视觉分为低阶视觉和高阶视觉。一方面，人工智能的发展使计算机已经能够部分模拟低阶视觉，当然在高阶视觉方面仍然力不从心；另一方面，人类视觉对于以数字、文本等形式存在的非形象化信息的直接感知能力远远落后于对于形象化的视觉符号的理解。例如，人们需要顺序地浏览一份数字化报表，才能获悉某一商品各个月份的销量，在这一过程中还需要占用一定的大脑记忆存储空间。采用柱状图的方式可视化销量数据，用户可以快速直观地获得各个月份销量的对比和变化趋势。数据可视化技术正是一种将数据转换为易为用户感知和认知的可视化视图的重要手段。这个过程涉及数据处理、可视化编码、可视化呈现和视图交互等流程，每一步骤的设计都需要根据人类感知和认知的基本原理进行优化。

1. 感知

感知是指客观事物通过感觉器官在人脑中的直接反映。人类感觉器官如眼、鼻、耳，以及遍布全身的神经末梢等产生的视觉、嗅觉、听觉、触觉等便是一些感知能力。

视觉感知是指客观事物通过人的视觉器官在人脑中形成的直接反映。人类的视觉感知器官是最灵敏的器官，它感知外在事物的效率和效果都优于其他感知器官，如听觉器官和嗅觉器官[4]。

视觉感知的过程：第一步是视觉感觉，在有光线的基础上，让人或物体的影像在没有加工的情况下直接投影到人的大脑中；第二步是视觉选择，我们的大脑从众多视觉信息中将有意义的部分剥离出来，这是一个从刺激、注意到选择的过程。视觉刺激包括物理刺激和社会刺激两种。其中，物理刺激既包括图形、文字、颜色、样式等直观刺激，也包括质量、作用、效果方面的刺激；社会刺激是指社会集体对于个体行动的规范标准，是社会发展趋势对个人产生的作用。视觉注意分为主动注意和被动注意，主动注意是人自主的活动行为，主体自身意识的强烈程度代表了注意的大小；被动注意指的是受到外部环境的刺激形成的一种视觉反应。

2. 认知

认知是指个体对感觉信号接收、检测、转换、简化、合成、编码、存储、提取、重建、概念形成、判断和问题解决的信息加工处理过程，是个体理解和解释所见事物的活动[5]。认知心理学将认知过程看作由信息的获取、编码、存储、提取和使用等一系列认知阶段组成的按一定程序进行信息加工的系统。信息获取指的是感觉器官接收来自客观世界的刺激，通过感觉的作用获得信息；编码则是为了利于后续认知阶段的进行；存储是指信息在大脑里的保存；信息提取是指依据一定的线索从记忆中寻找并获取已经存储的信息；信息使用是指利用提取的信息对信息进行认知加工。在科学领域中，认知是包含注意力、记忆、产生和理解语言、解决问题，以及进行决策的心理过程[4]。

视觉认知是把通过视觉器官接收到的信息加以整合、解释、赋予意义的心理活动，是关于怎样理解和解释所观察到的客观事物的过程。视觉认知首先是由视觉器官接收信息，然后将感觉变为知觉，将知觉进行整合。视觉感知是视觉认知的基础和前提，视觉认知融入了感觉、知觉、注意、记忆、理解、判断、推理等因素。

视觉认知的过程：人的视觉认知过程是一种“自下而上”的被动处理过程。例如，给观察者看一张方向盘的图片，再看一张轮胎的图片，观察者的眼睛会检测这些图片的特征。这些特征经过大脑处理后会让观察者感知到这是汽车的局部，甚至可以想象到这是哪一品牌的汽车。这种处理方式是从一些小的感官信息中建立起来的。

2.2.2 格式塔理论

“格式塔”一词来源于德语，其字面意思是统一的图案、图形、形式或结构。格式塔心理学是 20 世纪 20 年代德国心理学家在研究似动现象的基础上创立的，旨在理解我们的大脑是如何以整体形式而不是个体元素感知事物的。格式塔理论是心理学中为数不多的理性主义理论之一。它强调经验和行为的整体性，反对当时流行的构造主义元素学说和行为主义。格式塔心理学认为，整体不等于部分之和，意识不等于感觉元素的集合，行为不等于反射弧的循环。

格式塔理论总结了视觉感知的基本原则，这些原则已经成为设计师进行图形设计的基础。格式塔理论是数据可视化技术必须要用到的，也是交互设计的理论基础之一，下面介绍格式塔理论的视觉原则。

1. 简单性原则（Simplicity）

人们对于一个复杂的对象进行感知时，只要没有特定的要求，通常倾向于把对象看作有组织的、简单的规则图形，将复杂的视觉信息转变为更简单、更有对称性、更容易理解、更有意义的东西。简单性原则表明，我们的大脑往往以最简单的形式感知一切事物。如图2.3所示，一般人倾向于将图中左侧的图形理解为两个正方形，而不是中间和右侧的两个形状。

2. 图形与背景关系原则（Figure-ground）

图形与背景关系原则有助于解释设计中的哪一个元素被视为图形，哪一个元素被视为背景。图形是视觉焦点元素，而背景则是图形背后的底板。大脑通常认为构图中最小的物体是图形，而更大的物体是背景。跟凹面元素相比，凸面元素与图形的关联更多些。我们在看图时感知到的图形是根据大脑的感知得出的结论。如图2.4所示，如果以黑色为背景，则我们的大脑会认为白色叉子是图形；如果以白色为背景，则我们的大脑会认为三个酒瓶是图形。图中酒瓶的放置形成了一个叉子的错觉，如果将葡萄酒和与其他食品的图形放在一起则会传达出明确的广告信息。

图2.3 简单性原则举例

图2.4 图形与背景关系原则举例

3. 接近性或邻近原则（Proximity）

接近性或邻近原则即当视觉元素在空间中的距离相近时，人们倾向于将它们归为一组。

如图 2.5 所示，左图中圆点排列无序，观察者很难将其归类为一组或几组；中间图中的正方形很容易被观察者归为四列；右图为联合利华的标志，该标志是由 25 个小图标组成的，对于联合利华来说每一个图标都有一定的象征意义，但由于这些小图标彼此紧密排列，观察者很容易将这些小图标视为字母“U”的一部分。

图 2.5　接近性或邻近原则举例

4. 相似原则（Similarity）

当事物的形状、大小、颜色、强度等物理属性比较相似时，很容易将这些事物组合起来构成一个整体，人们在观察它们时会根据相似性进行感知分组。也就是说，如果元素彼此相似，人脑会将这些元素视为一个群组。在图 2.6 中，我们的大脑会感知左边的图形是由多种颜色的圆圈组合而成的，而不是感知单独的圆圈，相同颜色的圆圈组成了大小不一的矩形、正方形；对于右图，我们的大脑更容易将其中的实心圆归为一类，将空心圆归为一类，因此会将其看作按行排列的图形。

5. 连续原则（Continuity）

人们在观察事物的时候会很自然地沿着物体的边界，将不连续的物体视为连续的整体。如图 2.7 所示，人们的视觉焦点会沿着散点分布形成连续的曲线，大脑会将图中的两组散点感知为两条交叉的曲线。

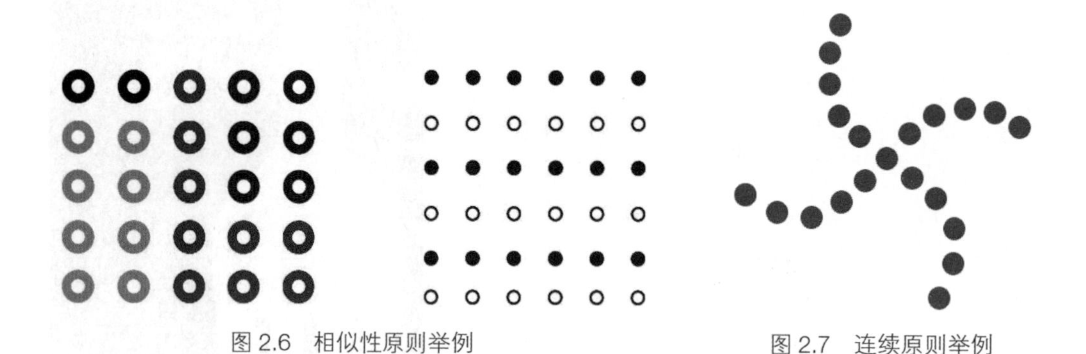

图 2.6　相似性原则举例

图 2.7　连续原则举例

6. 闭合原则（Closure）

有些视觉元素可能是不完整的或者不闭合的，但我们大脑的视觉系统会自动把空白部分填满形成封闭的空间，从而将其感知为完整的物体而不是分散的图形。只要物体的形状足以表征物体本身，人们就很容易将其感知为一个整体。如图 2.8 所示，左图是 IBM 公司的图标，我们很容易将涂色线条之间的空白部分忽略，而将其看作完整的字母；右图的空白部分很容易被感知为一个正方形，尽管它缺了四个角。

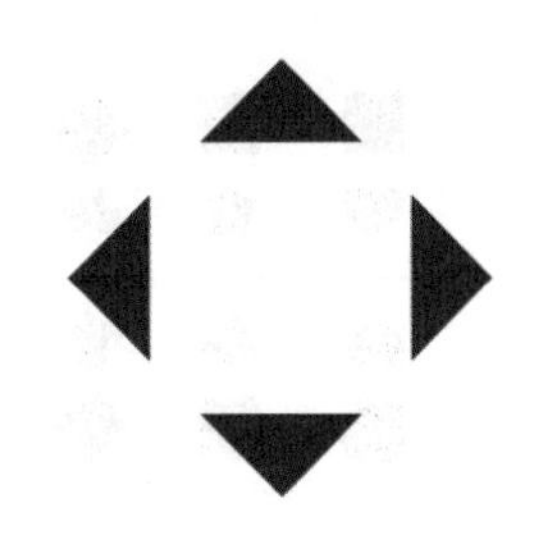

图 2.8　闭合原则举例

7. 共方向原则（Common Fate）

共方向原则也称为共同命运原则。如果一个对象中的一部分都向相同的方向运动，那么这些共同移动的部分容易被感知为一个整体。该原则与接近性原则和相似性原则相像，与我们的视觉系统在感知事物时倾向于给对象分组有关，一起运动的物体会被感知为属于同一组或者彼此相关。如图 2.9 所示，左图中浅绿色点和向上的箭头构成一种圆点向上移动的感觉，因此我们的大脑会将其分为一类；右图中，人眼很容易将中间的一行字“Data speaks louder than anything else.”识别出来。

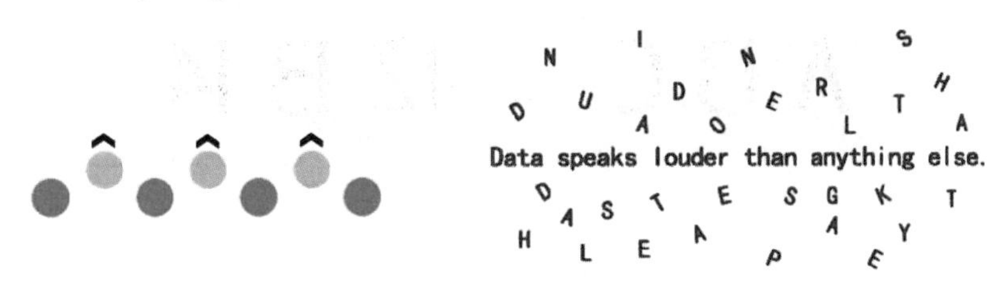

图 2.9　共方向原则举例

8. 好图原则（Good Figure）

好图原则指的是人眼一般会自动将物体按照简单、规则、有序的元素排列方式进行识别。这就是说，我们识别世界的时候通常会消除复杂性和不熟悉性，采用最简化的形式去识别，这样有助于对物体识别的理解。如图 2.10 所示，图中展现了对奥运五环的两种识别方式：左图是圈套在一起的五个圆环，右图是割裂的五个圆环，通常人们会倾向于按照左图的方式识别，而不是直接描述为特殊的几个形状。

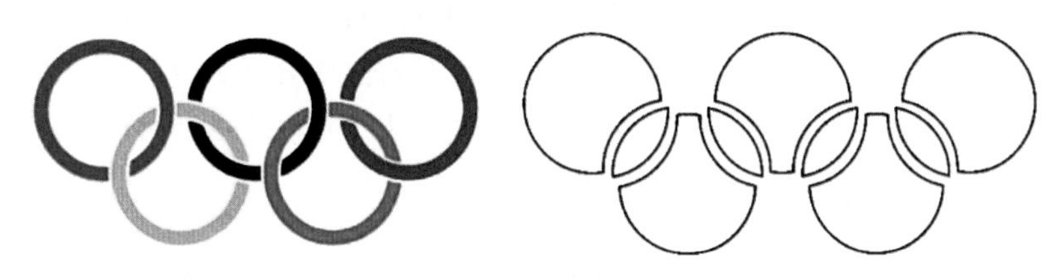

图 2.10　好图原则举例 [5]

9. 对称性原则（Symmetry）

对称性原则是指人的意识倾向于将物体识别为关于某点或者某轴对称的形状。如图 2.11 所示，左图中的元素可以拆分为上下两组，这两组图形关于中间的轴对称；右图为正态分布曲线，该曲线关于最高点所在的垂直轴对称。

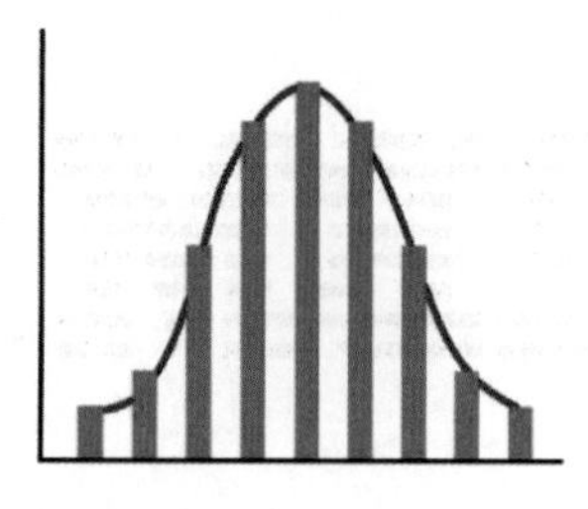

图 2.11　对称性原则举例

10. 经验原则（Past Experience）

经验原则是指在某些情况下，视觉感知与过去的经验有关。如果两个物体看上去距离相近，或者时间间隔小，那么它们通常被识别为同一类。如图 2.12 所示，左右两图中分别将同一个形状放置在两个字母和两个数字之间，而人眼对它们的感知分别是字母 B 和数字 13。

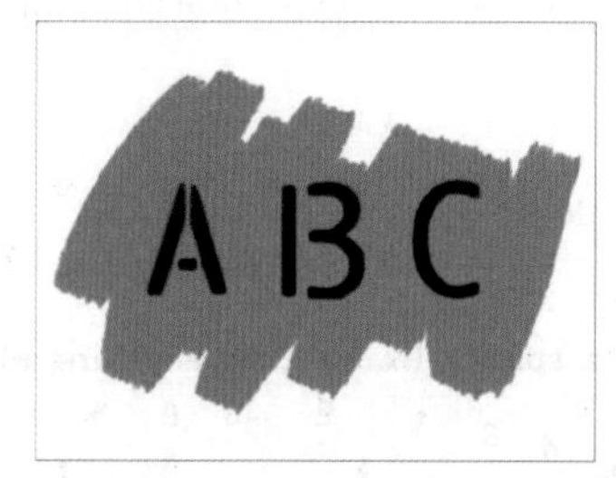

图 2.12　经验原则举例 [5]

2.3　视觉标记与视觉通道

可视化编码是信息可视化的核心内容，是将数据信息映射成可视化元素的技术，其通常具有表达直观、易于理解和记忆等特点。数据通常包含属性和值，类似地，可视化编码也由两方面组成:（图形元素）视觉标记和用于控制标记的视觉特征的视觉通道，前者是数据属性到可视化元素的映射，用于直观地代表数据的性质分类；后者是数据的值到标记的视觉表现属性的映射，用于展现数据属性的定量信息。两者的结合可以完整地对数据信息进行可视化表达。

2.3.1　视觉标记

视觉标记通常是一些几何图形元素，如点、线、面、体。视觉标记可以根据空间自由度进行分类，比如点具有零自由度，线、面、体分别具有一个、二个和三个自由度。图 2.13 展示了点、线、面三种视觉标记。视觉通道与标记的空间维度之间是相互独立的，视觉通道用于控制标记的视觉特征。

图 2.13　可视化表达的视觉标记示例

2.3.2　视觉通道

视觉通道用于控制标记的视觉特征，通常可用的视觉通道包括标记的位置、大小、形状、方向、色调、饱和度、亮度等。图 2.14 展示了可视化表达的视觉通道，从左到右视觉通道依次是位置、大小、形状和色调。视觉通道在控制视觉标记的视觉特征的同时，也蕴含着对数据的数值信息的编码。人类感知系统则将视觉标记的视觉通道通过视网膜传递到大脑，由大脑处理并还原其中包含的信息。

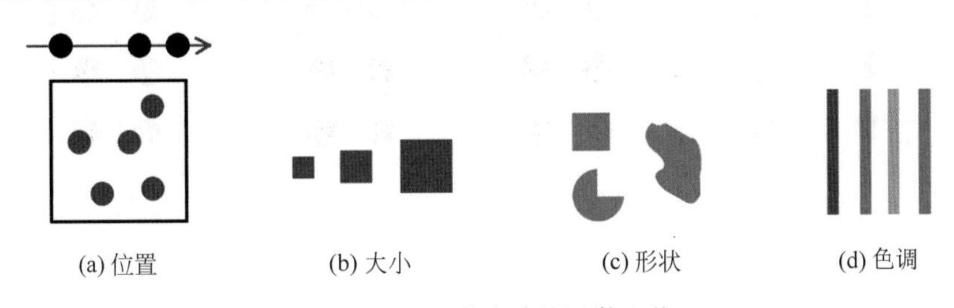

图 2.14　可视化表达的视觉通道

图 2.15 所示为一个应用视觉标记和视觉通道进行信息编码的简单例子。在图 2.15（a）中，单个属性的信息可以用垂直方向的位置进行编码，每个等宽矩形的高度编码对应属性的数量大小，水平方向不同的位置可以表示另一个不相关属性，通过此种表示方法可以获得条形图的可视化表达。在图 2.15（b）中，散点图的可视化表达方式是利用水平和垂直的位置来控制点在二维空间中的具体位置，以此编码数据信息。但空间位置并不是唯一可用的视觉通道，视觉通道的元素还有大小、形状等，给图 2.15（b）赋予其他视觉通道，如图 2.15（c）和图 2.15（d）所示，可以编码第三个和第四个独立的属性。图 2.15 所示的例子都是用一个视觉通道编码一个数据属性，多个视觉通道同样也可以表示同一个数据属性。虽然这种做法更容易让用户接受可视化中包含的信息，但由于可视化设计过程的视觉通道有限，这种做法可能会导致视觉通道被消耗完而无法编码其他属性。所以在可视化设计的过程中需要认真考虑视觉通道的使用方法。

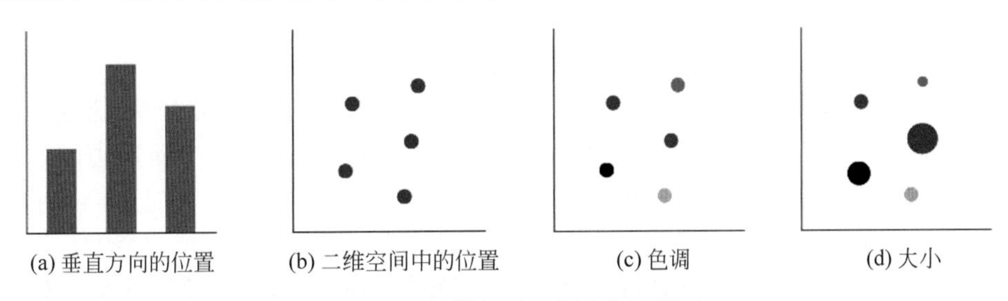

图 2.15　视觉通道的表达应用举例

视觉通道的类型共有三种：分类、定量、分组。人类感知系统在获取周围信息时，存在两种最基本的感知模式：第一种感知模式得到的信息是关于对象本身的特征和位置，对应的视觉通道类型为定性或分类，即描述对象是什么或在哪里；第二种感知模式得到的信息是关于对象某一属性在数值上的程度，对应的视觉通道类型为定量或定序。例如，形状是一种典型的定性视觉通道，即人们通常会将形状分辨成圆形、三角形或交叉形，而不是描述成大小或长短。反过来，长度是典型的定量视觉通道，用户习惯于用不同长度的直线描述同一数据属性的不同值，而很少用它们描述不同的数据属性，因为长线、短线都是直线。视觉通道的第三种类型是分组。它通常用来描述多种标记的组合。最基本的分组通道是接近性。根据格式塔原则，人类的感知系统可以自动地将相互接近的对象理解为属于同一组。在图 2.16（a）中，八个圆点被分为左右两组而不是孤立的八个点或者并列的四行。分组通道还包括相似性、连接性和包括性等，如图 2.16（a)、(b)、(c）所示。

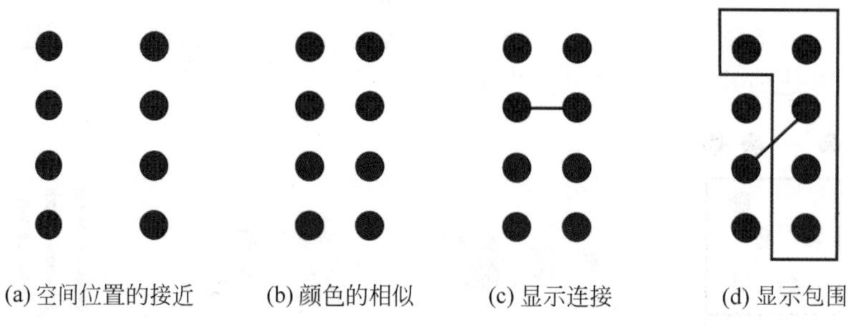

图 2.16　分组的视觉通道 [5]

从方法学上而言，定性的视觉通道适合编码分类的数据信息，定量或定序的视觉通道适合编码有序的或者数值型的数据信息，而分组的视觉通道则适合对存在联系的分类的数据属性进行分组，从而表现数据的内在关联性。

视觉通道的表现力和有效性可以指导可视化设计者挑选合适的视觉通道，对数据信息进行完整且具有目的性的展现。图 2.17 展示了三种视觉通道的表现力排序，其中对于分类的数据表现型从强到弱依次是位置、色调、形状、图案；对于分组的数据表现型从强到弱依次为包含、连接、相似、接近；对于定量的数据表现型从强到弱依次为坐标轴的位置、长度、角度、面积、亮度或饱和度、纹理密度。

当然这些顺序仅代表了通常情况，根据实际使用情况，各个视觉通道的表现力顺序也会相应改变。

人类感知系统对于不同的视觉通道具有不同的理解与信息获取能力，因此可视化设计者应该使用高表现力的视觉通道编码重要的数据信息，从而使得可视化的用户在更短的时间内更加精确地获取数据信息。

表现力判断标准主要有以下四个方面：①精确性，主要描述了人类感知系统对可视化的判断结果与原始数据的吻合程度。②可辨性，视觉通道可以具有不同的取值范围，如何调整取值使得用户能够区分该视觉通道的两种或多种取值状态，便是视觉通道的可辨性问题。③可分离性，是指在同一个可视化结果中，一个视觉通道的存在可能会影响用户对另外视觉通道的正确感知，从而影响用户对可视化结果的信息获取。④视觉突出，是指在很短的时间内（200~250ms），人们可以仅仅依赖感知的前向注意力直接发觉某一对象与所

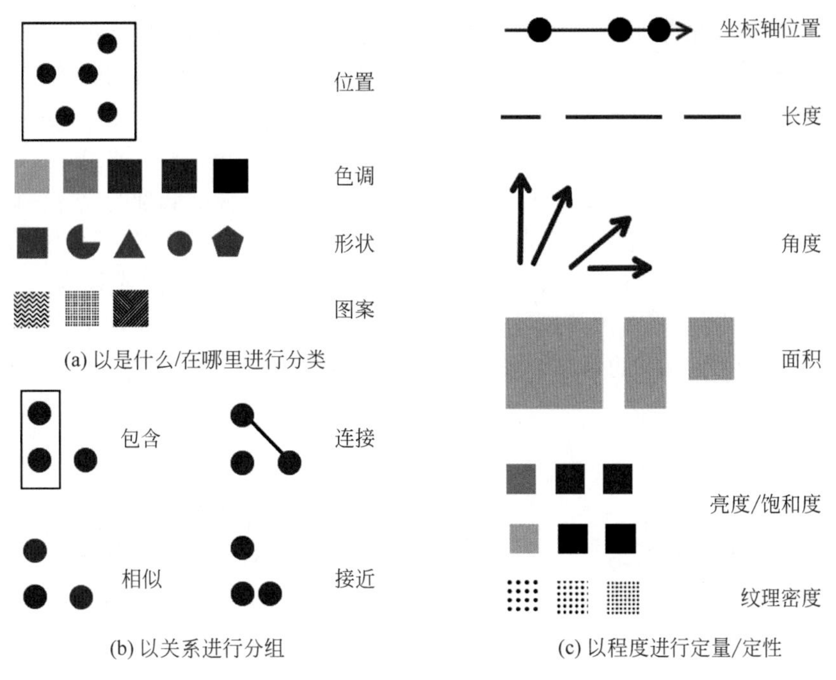

图 2.17 视觉通道的表现力排序

有其他对象的不同。视觉突出的效应使得人们对特殊对象的发现所需要的时间不会随着背景对象数量的变化而变化。

在可视化设计中，相同的数据属性可使用不同的视觉通道进行编码，然而由于各个视觉通道特性的差异，当可视化结果呈现给用户时，被用户的感知与认知系统处理，用户获取的信息不尽相同。下面是各个视觉通道的一些特性。

（1）平面位置：既可以用于编码分类的数据属性，又可用于编码定序的或定量的数据属性。另外，对象在平面上的接近性也可用于编码分组的数据属性。水平位置和垂直位置属于平面位置的两个可以分离的视觉通道。受真实世界中重力效应的影响，垂直位置比水平位置具有略高的优先级，即在相同条件下，人们更容易分辨出高度的差异。位置关系能够帮助解释数据间的关系，如数据是否主要集中在某一范围、数据分布是否符合一定的统计规律、数据之间是否表现出特定的趋势等。

（2）颜色：在所有视觉通道中，颜色是最复杂的，也是可以编码大量数据信息的视觉通道之一，因此在可视化设计中也最常用。从可视化编码的角度对颜色进行分析，可以将颜色分为亮度、饱和度和色调三个视觉通道。其中，亮度适合编码有序的数据，然而需要注意的是亮度通道的可辨性较低，一般情况下，在可视化中使用的可辨的亮度层次应少于6个。饱和度也是一个适合编码有序数据的视觉通道。作为一个视觉通道，饱和度与尺寸视觉通道之间存在非常强烈的影响，在小尺寸区域上区分不同的饱和度要比在大尺寸区域上困难得多。和亮度一样，饱和度识别的精确性也受对比度的影响。色调非常适合编码分类的数据属性，并且提供了分组编码的功能。然而色调和饱和度都存在与其他视觉通道相互影响的问题。一般情况下，由于色调属于定性的视觉通道，因此色调具有比亮度和饱和度更多的可区分层次。在信息可视化设计中，配色方案关系到可视化结果的信息表达和美

观性。好的配色方案能带给用户愉快的体验，有助于激发用户的兴趣，进一步探索可视化所包含的信息；反之，则会造成用户对可视化的抵触。设计者可以借用一些软件工具辅助配色方案的设计，如 ColorBrewer 配色系统（官网链接 http://colorbrewer2.org/）。

（3）尺寸：定量 / 定序的视觉通道，适合编码有序的数据属性。长度是一维的尺寸，面积是二维的尺寸，体积是三维的尺寸。由于高维的尺寸蕴含了低维的尺寸，因此，在可视化设计过程中，应尽量避免同时使用两种不同维度的尺寸来编码相同的数据属性。

（4）角度：可用于分类的或有序的数据属性编码。角度即方向或斜度，在其定义域内并非是单调的，即不存在严格的增或减顺序。图 2.18 中对不同角度进行了举例，其中图 2.18（a）适合编码有序的数据，图 2.18（b）适合编码分类的数据，图 2.18（c）适合编码数据的发散性。

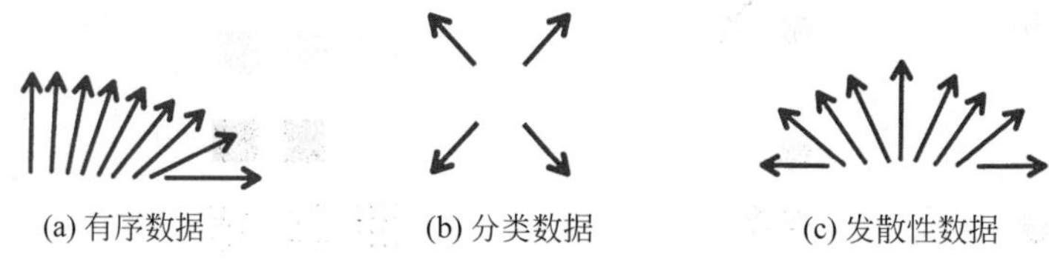

图 2.18　斜度示意图

（5）形状：对于人类复杂的感知系统来说，形状的范围很广泛。一般情况下形状属于定性的视觉通道，因此仅适合编码分类的数据属性。图 2.19 所示为不同车型之间千瓦和每升千米数的关系和比较，图中用不同的形状表示不同的车型，人们能直观地区分出不同类别数据的分布。

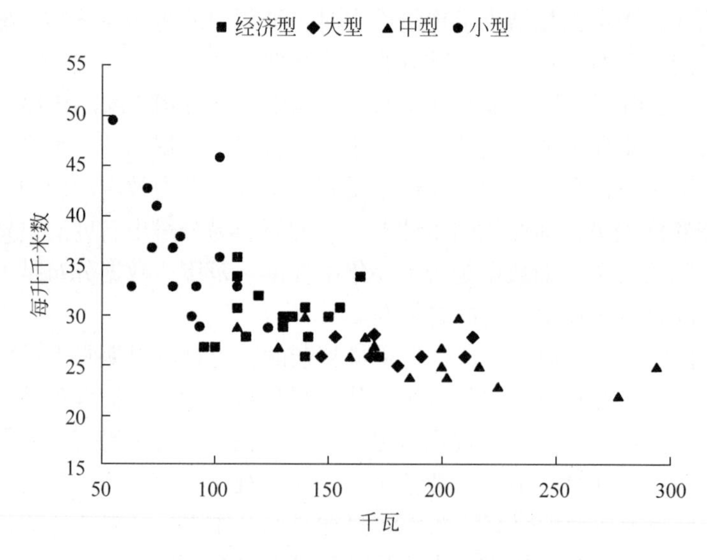

图 2.19　不同形状表示不同类别[5]

（6）纹理：十多种视觉变量的组合，包括形状（组成纹理的基本元素）、颜色（纹理中每个像素的颜色）、方向（纹理中形状和颜色的旋转变化）。纹理通常用于填充多边形、区域或者表面。图 2.20 所示为二维平面中几种纹理的例子，这些纹理具有不同的形状或者方向，可用来表示不同种类的数据。

 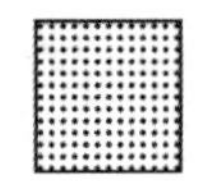    

图 2.20 不同纹理举例

（7）动画：可用于可视化表达。动画形式的视觉通道包括图形的运动方向、运动速度和闪烁频率等。其中，运动方向可以编码定性的数据属性，运动速度和闪烁频率通常用来编码定量的数据属性。由于动画可能会完全吸引用户的注意力，因此在突出可视化视觉效果时，用户可能会很难观察到非动画的视觉通道。所以在可视化设计过程中，设计者要慎重考虑动画带来的不利影响。

2.4 本章小结

本章首先对数据处理与数据挖掘的内容进行了简要阐述，并基于视觉感知和认知的原理对视觉编码与映射的方式进行了总结。其中数据的属性既是重点也是难点，初学者往往需要通过大量的练习才能掌握不同的数据属性。数据预处理与数据挖掘是大数据分析的基础，而可视数据挖掘与可视分析则是将数据分析技术与可视化结合的重要内容。此外，本章还介绍了视觉感知与认知的原理与格式塔理论的几个原则，这是可视化设计者需要掌握的基础理论，也是本章的第二个重点内容。视觉标记以及视觉通道是本章的难点，本部分内容旨在帮助读者在进行可视化时选取更合适的视觉映射方式，读者应通过大量的图片进行训练，以提高读图能力。

参考文献

[1] COOK K A, THOMAS J J. Illuminating the path: the research and development agenda for visual analytics[R]. Pacific Northwest National Lab.(PNNL), Richland, WA (United States), 2005.

[2] YI J S, KANG YA, STASKO J. Toward a deeper understanding of the role of interaction in information visualization[J]. IEEE Transactions on Visualization and Computer Graphics, 2007, 13(6): 1224-1231.

[3] Pddpd. 可视分析简明指南 [EB/OL]. https://zhuanlan.zhihu.com/p/258975805?utm_source=wechat_session [2022-01-11].

[4] 朱晓峰 . 数据可视化导论 [EB/OL]. https://wenku.baidu.com/view/7713447e6bdc5022aaea998fcc22bcd127ff42e6.html [2022-01-11].

[5] 陈为 , 沈则潜 , 陶煜波，等 . 数据可视化 [M]. 北京：电子工业出版社，2013.

第3章

数据可视化的方法与交互方式

3.1 数据可视化的基本方法

3.1.1 高维多元数据可视化

如果数据对象具有多个独立属性和多个相关属性，则称它为高维多元数据（Multidimensional Multivariate Data）。其中高维（Multidimensional）是指数据有多个独立的属性，多元（Multivariate）是指数据有多个相关的属性。高维多元数据是数据同时具有独立和相关属性时相对科学、准确的描述。但是，多数情况下并不能判断数据属性之间是否相互独立，所以通常统称为高维多元数据。本节主要介绍几种表达高维多元数据的可视化方法。

1. 图标法

1）雷达图

雷达图（Radar Chart）又称星形图（Star Plots）、网络图、蜘蛛图、蜘蛛网图、不规则多边形、极坐标图或 Kiviat 图。雷达图是轴径向排列，相当于平行坐标图。图 3.1 所示

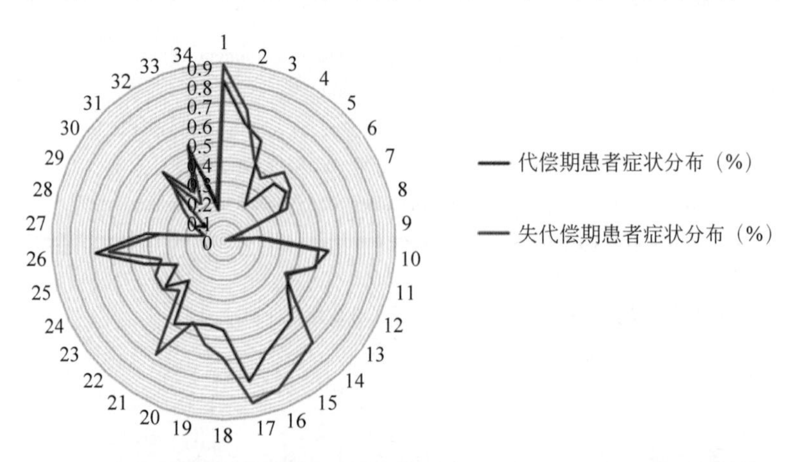

图 3.1　265 例糖尿病、肾病、肾功能不全患者 34 项症状分布雷达图[1]

为 265 例糖尿病、肾病、肾功能不全患者的 34 项症状分布雷达图。

由于人类视觉对形状和大小识别的敏感性，雷达图在对不同数据对象进行比较时，往往更容易和高效。雷达图提供了一种比较紧凑的数据可视化方法，在数据维度增加时需要在圆形区域内显示更多的坐标，但是总面积并不变。

2）Chernoff Faces

赫尔曼·切尔诺夫（Herman Chernoff）提出了一种与雷达图类似的独特的高维多元数据可视化方法 Chernoff Faces（切尔诺夫脸型）[2]，不同的是它表示数据对象时采用了模拟人脸的图标，不同的属性可以映射为脸的大小、眼睛大小等人脸的不同部位和结构。图 3.2 展示了使用 Chernoff Faces 可视化美国各州犯罪率数据的例子，其中脸的宽度表示强奸案的发生率，脸的长度表示谋杀案的发生率等。

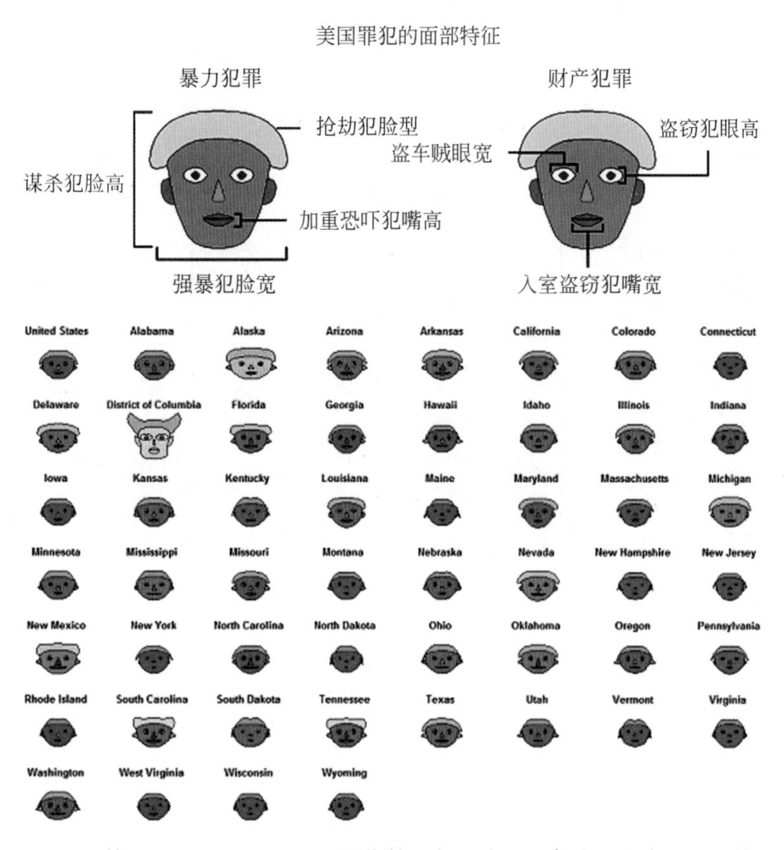

图 3.2 使用 Chernoff Faces 可视化美国各州的犯罪率（图片来源于网络）

2. 空间映射法

1）散点图及散点图矩阵

散点图将抽象的数据对象映射到由直角坐标系表示的二维空间，其坐标位置可以有效地揭示两个数据属性之间的关系，反映分布特征。

坐标点的分布，可通过两组数据构成多个坐标点来考察、判断两个变量之间是否存在某种关联或总结坐标点的分布模式。序列在散点图中显示为一组点，点在图表中的位置表示值，图表中的不同标记表示类别。比较跨类别的聚合数据通常用散点图。

2）表格透镜

表格透镜（TableLens）方法是基于传统的使用表格呈现高维多元数据的方法（如Excel等软件）的一种扩展。通常每个数据对象由一行表示，每列表示一个属性。但表格透镜方法将这些数值用水平横条或者点表示，没有将数据在每个维度上的值直接列出。从空间方面来说，点和横条占用得极少，因此大量的数据和属性就可以显示在有限的屏幕空间中。表格透镜允许用户选择显示某个数据对象的实际数值,还可对行(数据对象)和列(属性)进行排序，因此数据在每个属性上的分布和属性之间的相互关系，表格透镜都可以清晰地呈现。

3）平行坐标

展示高维多元数据的另一种有效方法是平行坐标法（Parallel Coordinates）。这种方法采用相互平行的坐标轴且每个坐标轴代表数据的一个属性，因此每个数据对象分别对应一条穿过所有坐标轴的折线。图3.3所示为环境污染程度平行坐标可视化结果。

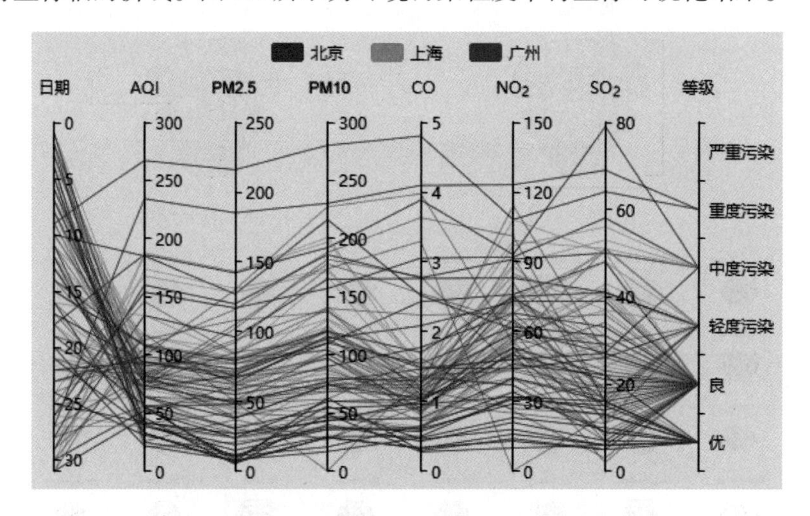

图3.3　环境污染程度平行坐标可视化结果

4）径向布局

星形坐标（Star Coordinates）和RadViz是两种常见的空间映射可视化方法。这两种布局虽然视觉效果不错，但其坐标轴的映射比较复杂，不如平行坐标直观。

星形坐标常常用在一些聚类或分类的发现、探索与分析中，能保留高维多元数据集的一些聚类或其他模式。星形坐标支持轴的伸缩和旋转这两种交互操作。用户通过这些交互，能合并或拆分不同的聚类，也能看到哪些属性（轴）对数据的聚类有较多或较小的影响。

RadViz可视化可以帮助用户观察点簇聚类结构，是一种在径向上做数据处理的布局。图3.4所示为一组模拟数据的RadViz可视化结果。

3. 基于像素图的方法

在有限的屏幕空间里显示海量的数据是高维多元数据可视化面临的一个主要挑战。基于像素图的方法将单个像素作为可视化的基本显示单元，能够更好地利用屏幕空间资源。

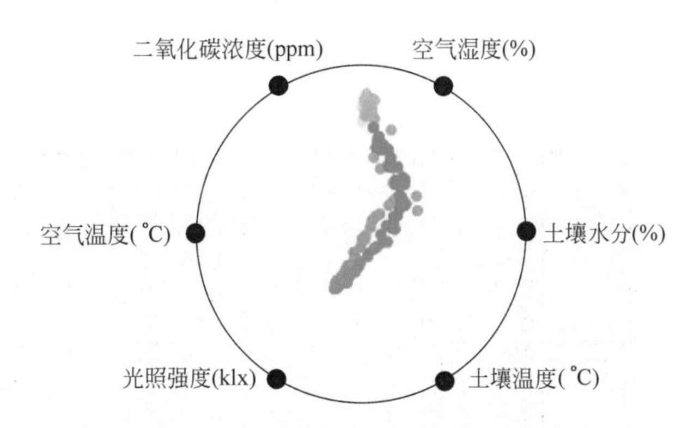

图 3.4 一组模拟数据的 RadViz 可视化结果

存储在大规模数据库中的高维多元数据可通过密集型的不同颜色的像素显示表达。如图 3.5 所示，每个高维多元数据点由一系列像素组成的矩形来表示，颜色编码数据值，每个像素代表一个属性。像素图（Pixel Chart）是按照一定的布局策略（如顺序布局或螺旋式布局）将所有矩形排列在二维空间，以生成整个像素块的方法。其可视化效率极大地依赖于颜色的使用，颜色编码方法可以揭示数据集的分布规律。

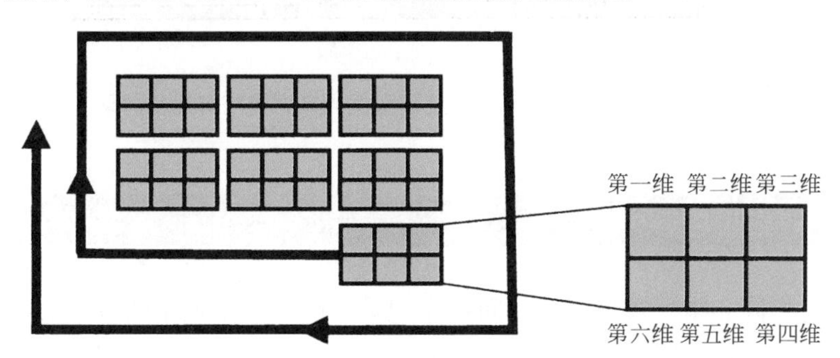

图 3.5 基于像素图的高维多元数据可视化[3]

影响可视化有效性的重要因素还有数据元素在空间中的布局，且像素的颜色由相应的颜色属性值决定。此外，像素柱状图采用的布局方式是按某一属性值对数据对象分组，这种布局借鉴了马赛克图（Mosaic Plot）的可视化方法。泰坦尼克号乘客的统计数据如表 3.1 所示，采用马赛克图方法对空间进行剖分，可视化结果如图 3.6 所示。按照船舱等级、性别、年龄、是否获救的顺序，获救与否用不同的颜色表示（绿色表示获救，蓝色表示未获救）。可以发现，男性船员遇难的人数最多，一等舱和二等舱的儿童获救率远高于三等舱的儿童。

表 3.1 泰坦尼克号乘客的统计数据

船舱等级	成人				儿童			
	获救者		未获救者		获救者		非获救者	
	男性	女性	男性	女性	男性	女性	男性	女性
一等舱	57	140	118	4	5	1	0	0
二等舱	14	80	154	13	11	13	0	0
三等舱	75	76	387	89	13	14	35	17
船员舱	192	20	670	3	0	0	0	0

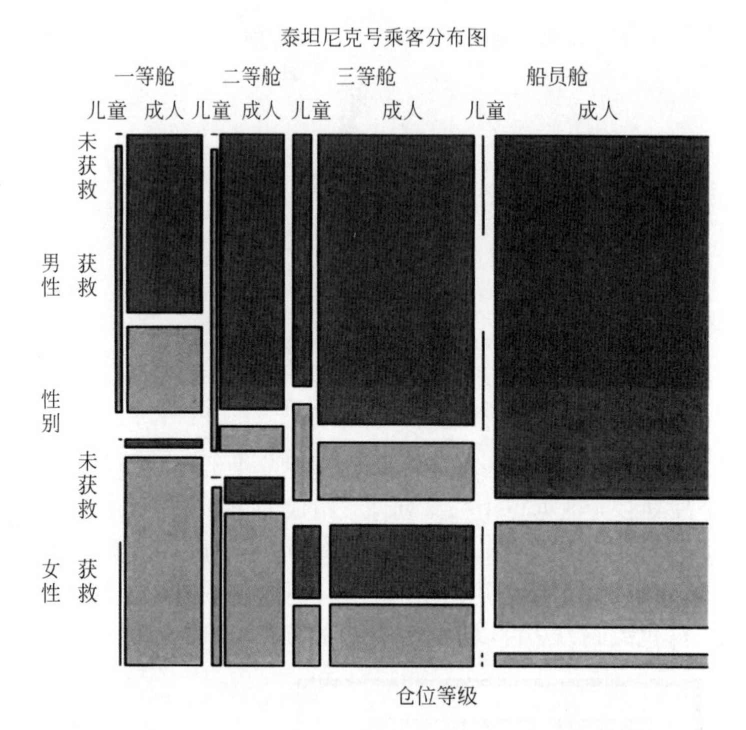

图 3.6　泰坦尼克号遇难乘客统计数据的马赛克图可视化结果

3.1.2　时序数据可视化

时序数据是指同一指标数据列按时间顺序记录。同一数据列中的各个数据必须是同口径的，且具有可比性。时序数据可以是时期数，也可以是时点数。时间序列分析的目的是通过找出样本内时间序列的统计特性和发展规律性，构建时间序列模型，进行样本外预测。

1. 时序数据可视化的三个维度

时序数据的可视化设计空间涉及表达、比例尺和布局三个维度，时序数据可视化在这三个维度上常用的可视化设计方法如图 3.7 所示。表达维度决定如何将时间信息映射到二维平面上，可选的映射方式包括线性、径向、表格、螺旋形、随机等，这个维度决定了时序数据以什么样的形式展现在可视化结果中。比例尺维度决定以怎样的比例将时序数据映射到可视化结果中，如对数比例尺和连续比例尺。布局维度决定以什么样的布局方式对时序数据进行排布。通过组合三个维度上的不同方法，就可以得到不同的时序数据可视化结果。

2. 时序数据模型

时序数据模型按照其数据组织形式，可以分为单值模型和多值模型。

1）单值模型

对于单值模型的数据，一条监测记录只对应一个指标。如表 3.2 所示，每行数据为一条监测记录，每条记录只能反映一个监测指标的信息。

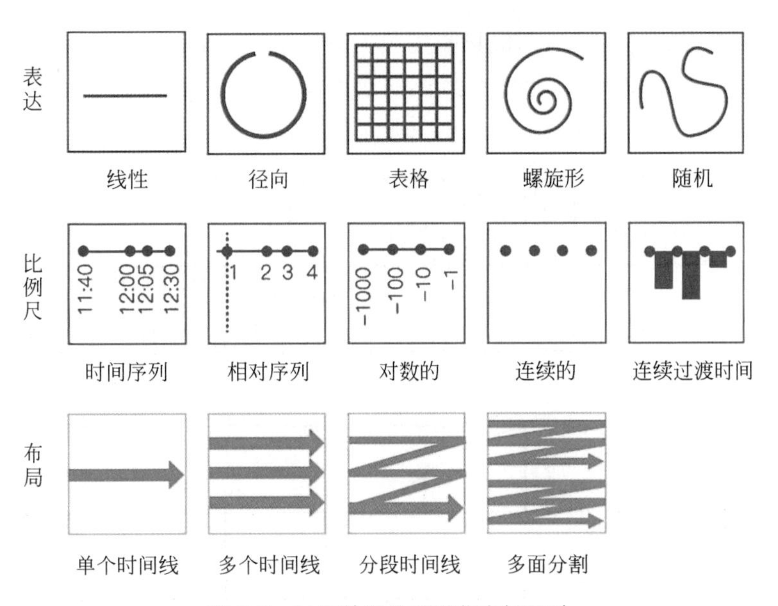

图 3.7　时序数据的可视化空间设计

表 3.2　单值模型

度　量	时　间　戳	标　签		属性值
		服务器	城市	
处理器	2017-09-27T16:55:01Z	服务器 1	杭州	0.1
存储器	2017-09-27T16:57:01Z	服务器 2	上海	0.2

2）多值模型

对于多值模型的数据，一条监测记录对应多个指标。如表 3.3 所示，每行数据为一条监测记录，每条记录可以反映不同监测指标的信息。

表 3.3　多值模型

时　间　戳	标　签		度　量	
	服务器	城市	处理器	存储器
2017-09-27T16:55:01Z	服务器 1	杭州	0.1	0.2
2017-09-27T16:57:01Z	服务器 2	上海	0.2	0.3

单值模型数据和多值模型数据在表示形式上可以相互转化：多值模型可以用多个单值模型来表示；多值模型也可以退化为只记录一项指标的单值模型。因此在实际应用中，有关时序数据的问题，利用单值模型和多值模型都可以解决。但是两种模型在具体实现上存在一些差异，需要根据实际的业务场景进行选择。

3. 时序数据的处理

时序数据在实际业务需求中需要进一步处理，一般包括降采样、插值、聚合三种方式。下面将分别解释这三种处理方式。

1）降采样

时序数据是一组连续的数据，理论上来说，给定任意一个时刻都能查询到与其对应的值，但是在存储数据的时候，计算机只能按照一定精度进行采样，存储离散的数值。

降采样的示意图如图 3.8 所示。在具体的业务场景中，一般不需要很高的精度，比如查看一年内股票的走势，将精度下降到以天为单位不仅能满足需求，也能提高处理速度。

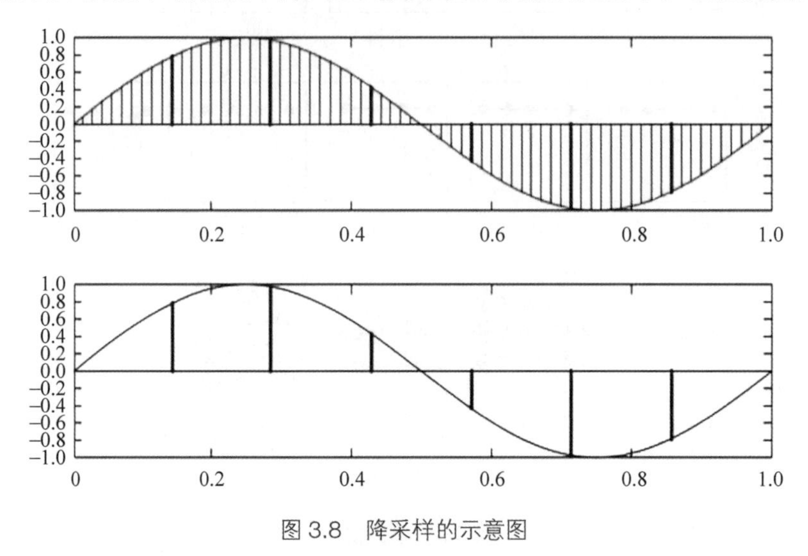

图 3.8 降采样的示意图

2）插值

时序数据可能会因为采样精度和存储过程中的错误丢失部分业务数据，这些丢失的数据可以利用时序数据的特点对其插值来近似获取。图 3.9 所示为利用线性插值来计算时间点为 x 的监测值。

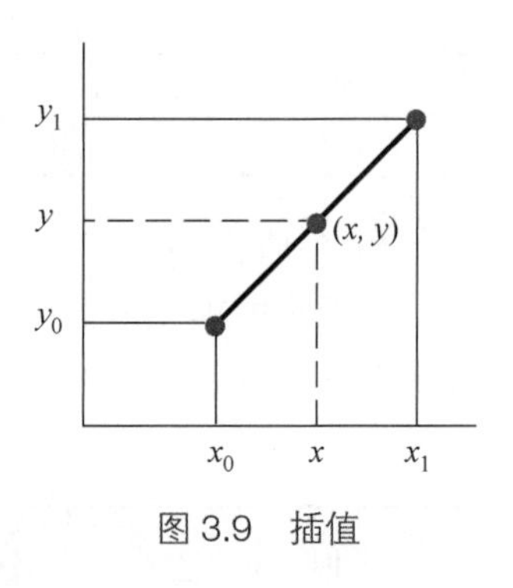

图 3.9 插值

3）聚合

在很多场景中需要对时序数据进行聚合处理，常用的聚合方法有求和、求均值、计数、求最大值、求最小值等。时序数据库聚合和普通数据库聚合不同之处在于前者聚焦的是抽象的时间线。如图 3.10 所示，不同的时间线可以由不同的监测项或者同一监测项的不同标签按时间序列抽象得出，聚合后可以得到新的时间线。

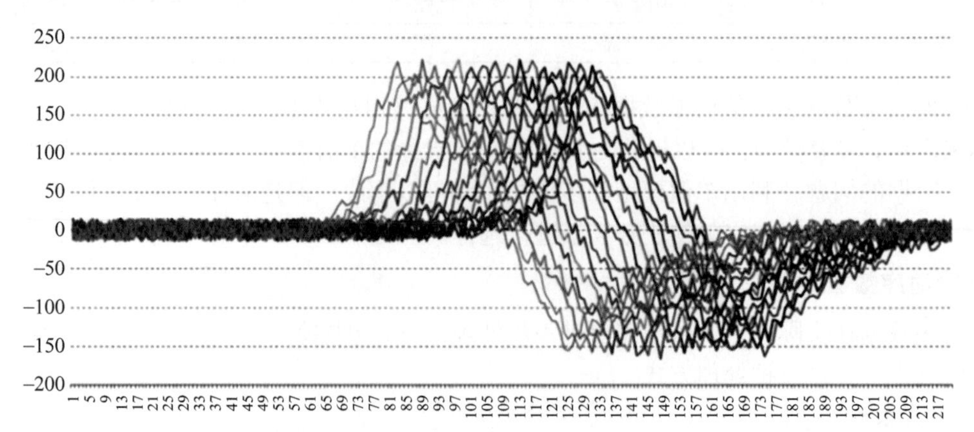

图 3.10 聚合

3.1.3 地理空间数据可视化

地理空间数据可视化涉及科学计算可视化、制图、图像分析、信息系统以及提供视觉探索、分析、综合和地理空间数据表示的理论、方法和工具。地理空间数据可视化的数据类型包括点数据、线数据、区域数据，下面分别对这三种数据类型进行解释。

1. 点数据

点数据描述的对象是地理空间中离散的点，这些点不具备大小尺寸，具有经度和纬度的坐标，如学校、加油站等就是点数据。点数据根据坐标直接用标记标识在地图上，是可视化点数据最直接的方法，点不仅占据的空间小，可以显示较多的信息，而且符合人们的看图习惯。但不足的是，对于海量数据来说，点数据会出现重叠，导致屏幕利用率低，布局不均匀。

通过合理的布局算法和绘制算法可以减少重叠。如利用地图划分区块，显示每个区块中的统计信息。图 3.11 中的高度图显示了均匀划分的区块中的统计信息。

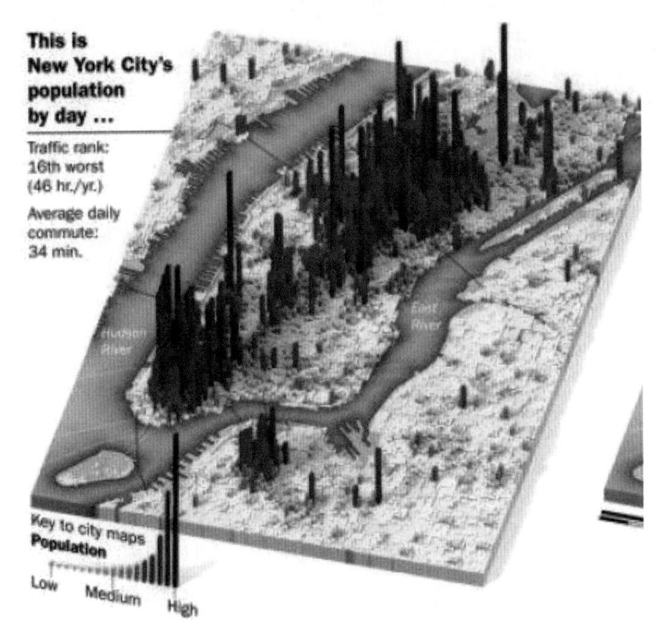

图 3.11　高度图显示均匀划分的区块中的统计信息（图片来源于网络）

2. 线数据

线数据通常是指连接地图上两个或更多地点的线段或者路径，如地铁线路、公交线路等两点之间的地理距离便是线数据的长度属性。不同属性可以通过线条的类型、颜色、宽度等通道映射。图 3.12 展示了美国 235 个城市间的 2101 条航线，读者可以看到航线密集处的集束效果。

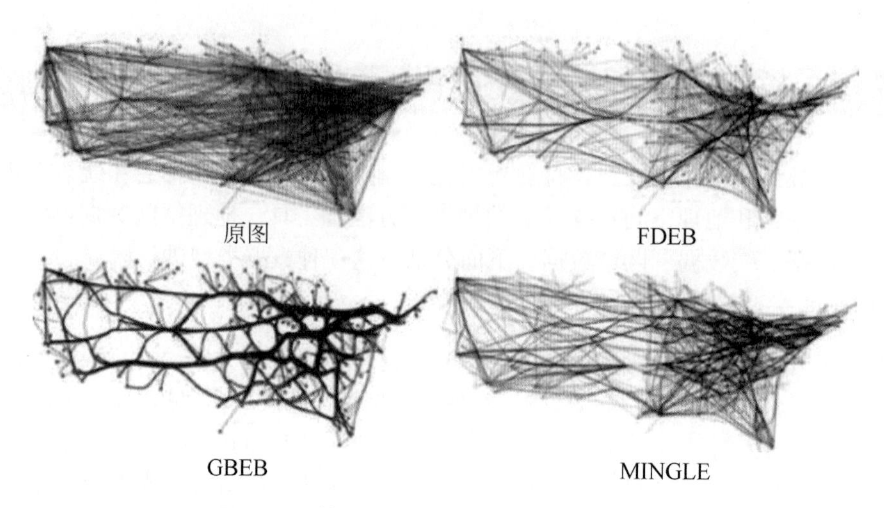

图 3.12　美国 235 个城市间的 2101 条航线

3. 区域数据

区域数据是指以一定的地理区域为单位的数据，如地区统计数据等。假设数据的属性在一个区域内部平均分布，那么一个区域就可以用同一种颜色来表示其属性，这种可视化方法便是 Choropleth 地图（地区分布图、分区统计图）可视化。如果使用颜色来表现数据内在的模式，颜色的恰当选择便显得尤为重要。

3.1.4　层次和网络数据可视化

1. 层次数据

层次数据着重表达个体之间的层次关系，是一种常见的数据类型。层次关系在现实世界中无处不在，主要表现为包含和从属两类。例如，地球有七大洲，每个洲（南极洲除外）包含若干国家，而每个国家又划分为若干行政区域。同样，在机构或社会组织里，也存在着分层的从属关系。

层次结构在人们组织和认知信息时也经常被用到，如计算机文件系统中的文件和目录。层次结构在人们进行记忆和思维发散时，能发挥很大的辅助作用。图 3.13 展示的思维导图，可以将与其相关的一系列主题全部发散地列举出来。采用多层级的结构可以对个体进行分类，这也是图书文献、物种发展史、分类学等学科的核心。例如，在生物分类学中，有域、界、门、纲、目、属、种等层级，在不同层级的分类单位中还有子分类和母分类的关系。例如，猿人是一个人种，它的母分类是人属，再往上依次是灵长目、四足总纲、脊索动物门、动物界和真核域。

除包含和从属关系之外，逻辑上的承接关系也可以用层次结构表示。

2. 网络数据可视化

网络数据包括人、事、物，是一种用来描述实体间关系的非线性结构，由节点（Nodes）

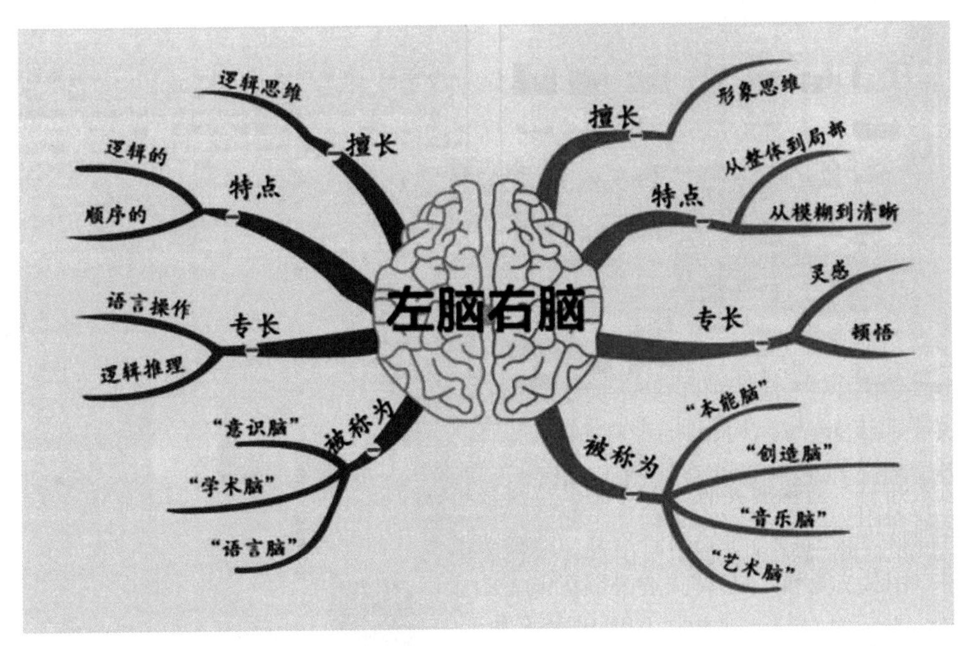

图 3.13 思维导图

和边（Edges）构成，有时也称为图数据。例如，城市之间的道路连接、人与人之间的关系、科研论文之间的引用都组成了网络。网络数据可视化常用相邻矩阵法、节点-链接法两种方法。

1）相邻矩阵法

相邻矩阵法的特点是节点之间的直接关系表达显著，简单易用，规避了边的交叉。使用该方法进行可视化时，可以将数值映射到色彩空间，也可以直接使用数值矩阵。例如，$N \times N$ 矩阵代表 N 个节点，矩阵内的位置（i, j）表达了第 i 个节点和第 j 个节点之间的关系。图 3.14 所示为法国作家维克多 · 雨果（Victor Hugo）的小说《悲惨世界》里的人物图谱。

2）节点-链接法

节点-链接法显式地表达了事物之间的关系，可以帮助人们快速建立事物之间的联系，容易被用户理解、接受。其用节点表示对象、用线（或边）表示关系的节点-链接（Node-Link）是最自然的可视化布局表达。图3.15所示为节点-链接图可视化表达示例。节点-链接图还适用于地铁线路图的表达，同时也适用于关系型数据库的模式表达，因此节点链接图是网络数据可视化的首要选择。图的方向性、连通性、平面性等各种属性会对网络数据的可视化布局算法产生影响。

在实用性和美观性上，尽量避免边交叉是节点-链接布局首先要遵循的原则。还有一些其他的可视化原则，例如，节点和边尽量均匀分布，可视化效果整体对称，边的长度与权重相关，网络中相似的子结构的可视化效果相似等。这些原则既能保证可视化的美观效果，也能减少对用户的误导。例如，直觉上人们认为较短的边意味着关系密切，如果两个点之间用较长的边连接，则表示关系不紧密。

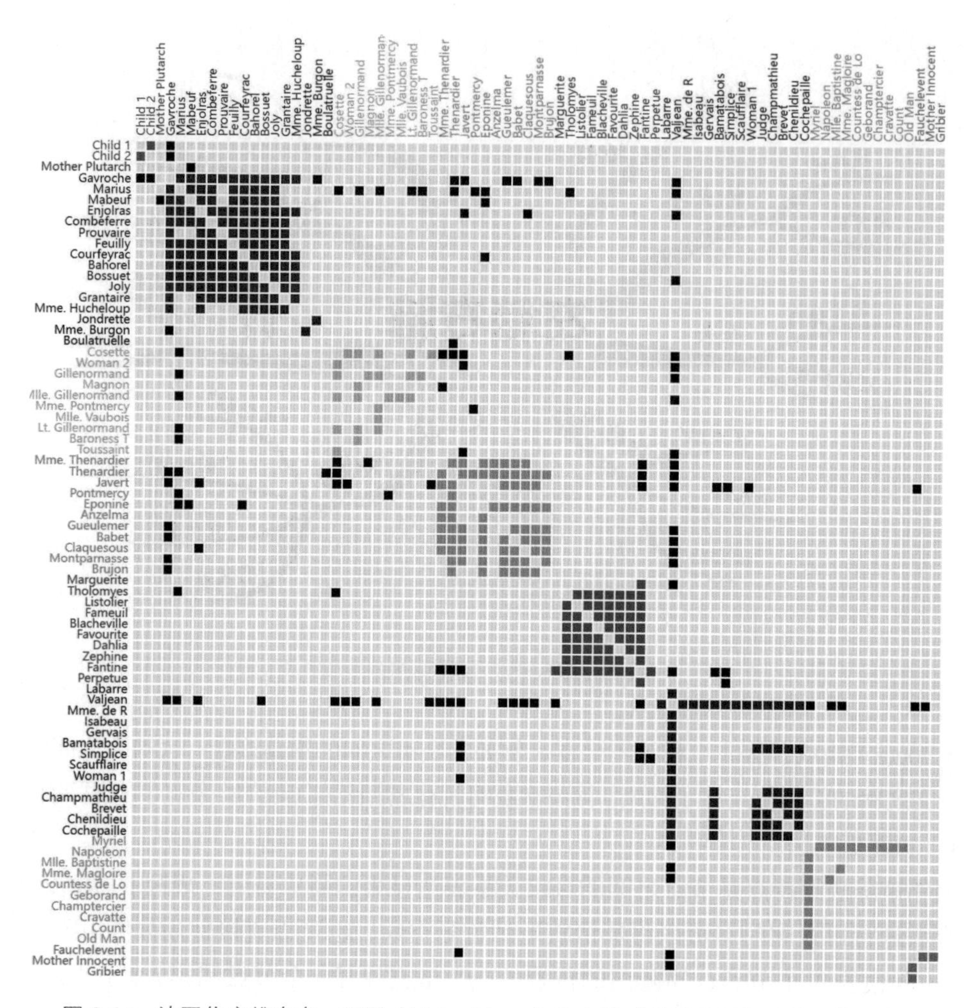

图 3.14　法国作家维克多·雨果（Victor Hugo）的小说《悲惨世界》里的人物图谱

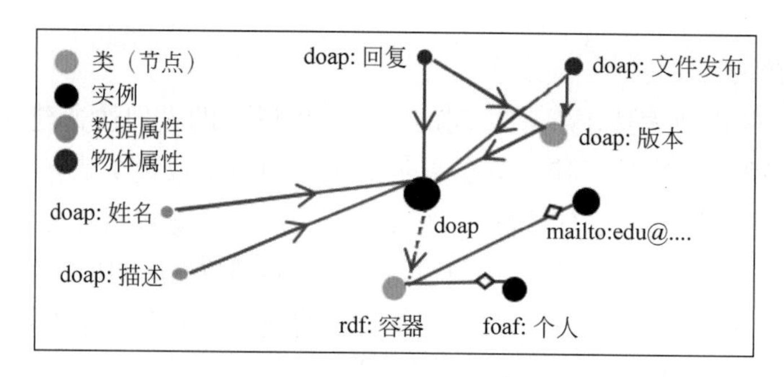

图 3.15　节点-链接图可视化表达示例 [4]

3.1.5　跨媒体数据可视化

媒体（Media）也称为媒介，是信息的载体，也是人与人之间进行信息交流的中介。多媒体（Multimedia）是计算机系统中一种人机交互式信息交流和传播的媒体，其组合了两种或两种以上媒体，是多种信息载体的表现形式和传递方式，其涉及的媒体种类有直接作用于人类感官的文字、语音、图像、视频。例如，语言、文字、书刊、报纸、电报、广播、电话、电视等就是社会生活中通常所说的“传播媒体”，它们是传递信息的手段、方式或载体。而在网络空间中，使用超链接（Hyperlink）构成的全球信息系统就是超媒体（Hypermedia）。对多媒体和超媒体的研究是计算机智能信息处理的重要内容。本节将重点介绍多媒体类型数据（除文本以外）的可视化方法。

1. 图像可视化

目前数字化图像的增长速度和规模是空前的。图像适用于表现如明暗变化、场景复杂、轮廓色彩丰富等含有大量细节的对象，在大量的图像集合中可视化图像数据可以帮助用户更好地发现一些隐藏的特征模式。

在多媒体计算机出现之前，将两幅图像通过两台幻灯机投影进行比较是艺术领域最常见的教学方法之一。目前，在数字设备上运行软件可支持上千或数万张图像以网格的形式显示。根据图像的源信息将其按二维阵列形式排列生成可视化结果，称为图像网格（Image Grid），也称为混合画（Montage）。Picassa、Adobe Photoshop 和 Apple Aperture 等图像处理软件都提供了此项功能。如图 3.16 所示，Cinema Radux 将一整部电影表达成一幅混合画，每行表示电影中的 1 分钟，由 60 帧构成，左图混合画的内容为电影 *The French Connection* 概览，右图的混合画是用 3214 张图片记录的因纽特人在阿拉斯加捕鲸的过程。图片之间的色调变化与影片中故事的演进和场景的变换相关，因此左右两图呈现出不同的颜色。对于任何包含时间信息的媒体数据集合来说，这种排列方式都是一种有效的可视化探索方式。

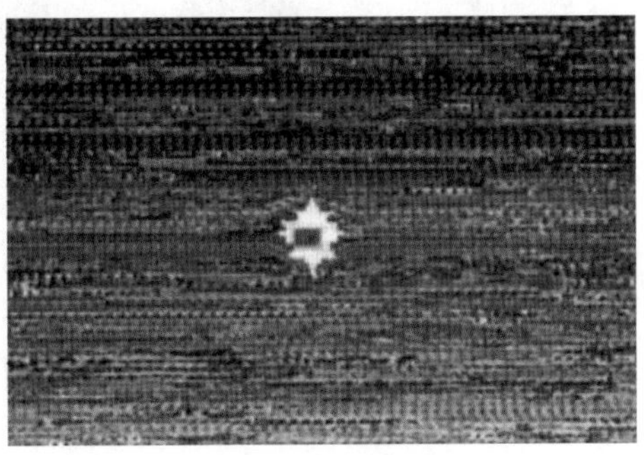

图 3.16　图像网格示例

2. 声音可视化

声音（Sound）是一种物理信号，能触发听觉。音频（音调）、音量、空间位置、速度等都是声音的属性。语音（Voice）是人类语言的口头沟通产生的声音。音乐（Music）是一种艺术形式，是由声音和无声的时序信号构成的有组织的声音的集合。音乐旨在传达某些信息或情绪。音乐可视化可以通过音乐的各种属性，如音色、节奏、力度、和声、质感与和谐感揭示其内在的结构和模式。

音乐实时播放的响度和频谱的可视化往往与声乐可视化联系在一起，其范围涵盖了从收音机上简单的波形显示到多媒体播放器软件中动画影像的呈现。实际上音乐可视化的典

型代表是五线谱，它用蝌蚪符表达音律，如图 3.17 所示。

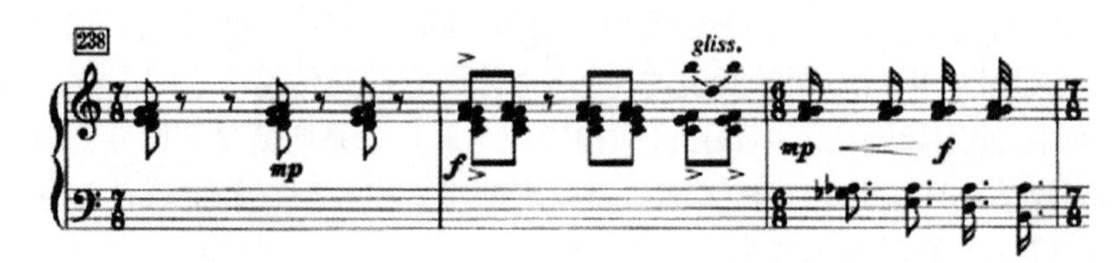

图 3.17　五线谱图

以音乐为基础生成一段动画，与音乐的播放同步并实时产生，就可称为音乐可视化。在信息时代，音乐媒体播放工具通常都有音乐可视化功能。一般来说，音乐频谱的变化和响度是可视化所使用的输入属性。图 3.18 用可视化展示了音乐特性，其中绿色表示和声，红色表示节奏，蓝色表示音质。

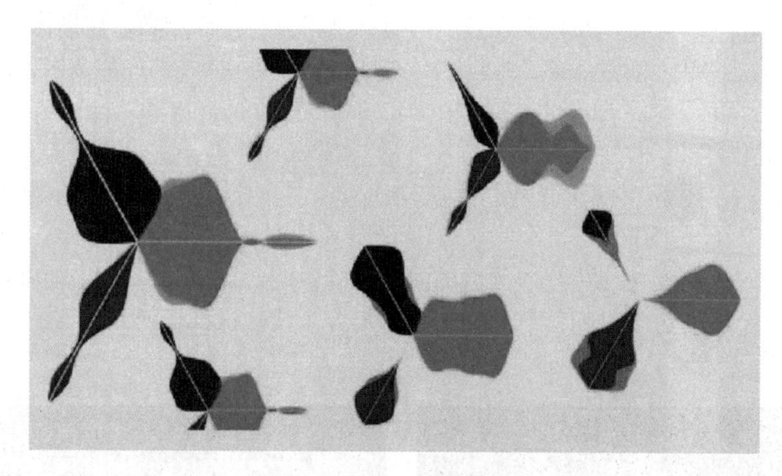

图 3.18　音乐特性可视化

3. 视频可视化

在日常生活中，数字摄像机、视频监控、网络电视等都很常见，视频的获取和应用日益普及，存储和观看视频流通常采用线性播放模式。但是在一些特殊的应用中，需要对大量视频数据进行分析，逐帧线性播放视频既耗时又耗资源。例如，在对安保工作中可疑物的检测过程中，视频处理算法仍然难以有效地自动计算视频流中复杂的特征。此外，使用视频自动处理算法通常会产生大量的误差和噪声，得出的结果很难直接用于决策支持，因此需要人工干预。视频数据分析主要的任务便是帮助使用者快速准确地从海量视频中获取有效信息，而视频可视化恰好能为此提供非常有效的辅助。

视频可视化首先是从原始视频数据集里提取有意义的信息，然后采用适当的视觉表达形式传达给用户。图 3.19 所示为一个视频可视化的示例。可视化设计针对不同类别的视频需要考虑多个不同方面，例如，①是否存在可以计算、浏览、探索视频内容的工具；②处理的视频类别特点与其他类别特点的区别，为了更好地浏览或者探索视频，如何充分利用这些线索；③使用优化的方法浏览、探索并可视化视频的核心内容。视频可视化的方法主要分为视频摘要和视频抽象两类。从大量视频中抽取用户感兴趣的关键信息，把数据信息编码到视频中是视频摘要，其可以对视频进行语义增强，帮助用户理解视频；将视频中的宏观结构信息、关键信息或者变化趋势有机地组织起来，并映射为可视化图表是视频抽象，它可以帮助观察者快速有效地理解视频流。

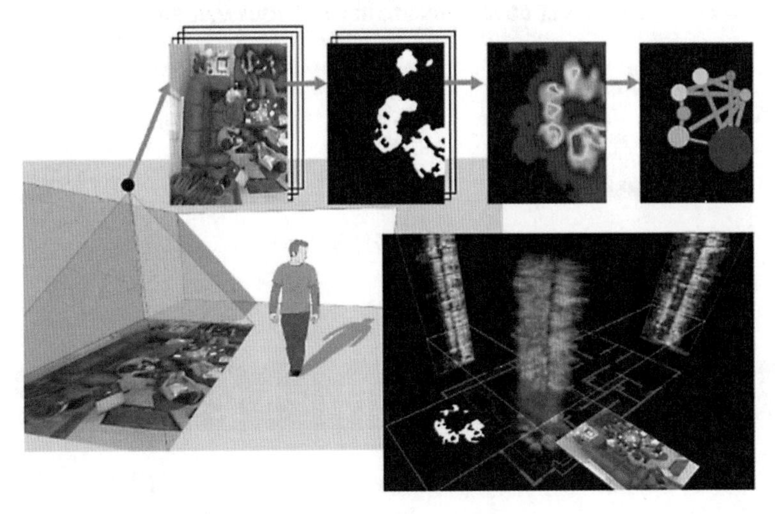

图 3.19 视频可视化示例 [5]

4. 超媒体与跨媒体可视化

随着互联网的兴起，文本页面中逐渐增加了网络链接、标志等新型符号，从而扩展形成了超文本技术。多媒体技术随着时代的发展也在蓬勃发展，超文本技术的管理对象也扩展到多媒体，形成了超媒体。超文本和多媒体的集合可称为超媒体。

信息在不同媒体之间的分布与互动称为跨媒体（Cross-media），它至少包含两层含义：一是指通过学习、推理及其他智能型操作，实现从一种媒体类型到另一种媒体类型的跨越；二是指信息在不同媒体之间的整合与交叉传播。

科学家可以通过跨媒体数据探索自然科学和社会科学。例如，谷歌（Google）推出了“谷歌流感趋势”项目，谷歌搜索可以通过人们输入的关键词来预测流感在特定区域暴发的可能性。与美国疾病预防控制中心提供的报告对比显示，谷歌这一项目对疾病追踪的精确率达到了 97%~98%。另有学者可以基于单位时间中的微博数量以及评分的正负比例预测出大众心情和电影票房。加拿大不列颠哥伦比亚疾病控制中心的学者通过对基因组测序并和社交网络分析相结合，对一种神秘结核病的潜在暴发进行了疫情预警，还确定了该疾病的超级传播者。斯坦福大学的研究人员通过无线传感器记录人们在现实社会中的行踪，并通过数学模型来模拟流感等疾病的传播途径。麻省理工学院（MIT）启动了现实挖掘（Reality Mining）项目，通过对 10 万多人手机的短信、通话和空间位置等信息进行处理，来提取人们行为的时空规则性和重复性。

美国雅虎公司制作了一个关于电子邮件交互的可视化工具，该可视化工具首先展现世界地图，底部显示的是当前电子邮件的总流量，电子邮件发出的地理位置由动态泡泡实时显示，电子邮件的数量由泡泡大小表示。最近 5 分钟内最热的前 10 个关键词采用堆叠图方法展现，单击关键词，可以显示更多的统计信息。图 3.20 所示为该可视化工具中对垃圾邮件进行筛选后的统计情况。

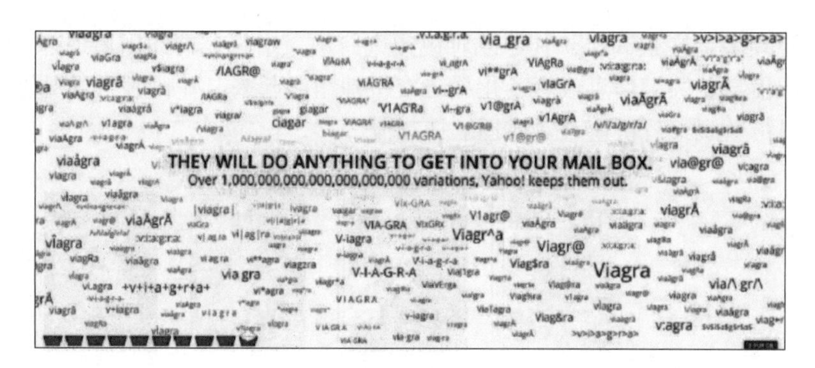

图 3.20　垃圾邮件筛选可视化

3.2　数据可视化的基本交互方式

可视化系统中采用的交互方式通常为某种特定的可视化任务设计，本节将详细介绍数据可视化系统中的六种交互方式：选择、导航、重配、过滤、概览与细节、焦点与上下文。

3.2.1　选择

选择（Selection）是数据可视化中一种常见的交互方式，用来帮助用户标记感兴趣的数据项或区域，以便跟踪其特征和变化情况。当可视化视图中出现过多的数据项时，用户难以追踪其感兴趣的数据项或区域，通过选择操作，突出显示数据项，用户便可以轻而易举地跟踪相应的数据项。常见的选择方式根据操作成本可分为鼠标悬停选择、单击选择和刷选 / 框选三种。

鼠标悬浮选择适用于交互延时较短、需要重新渲染的元素较少的情况。当鼠标悬浮在目标数据项上方时，通过改变其映射方式、弹出标签等方式来突出或显示数据信息。在某交易记录的可视分析系统中，当鼠标悬浮选择代表交易的某一个元素时，该次交易的地点、内容和交易时间将会以弹出标签的方式显示，如图 3.21 所示；当鼠标移出该元素时，该标签也会随之消失。

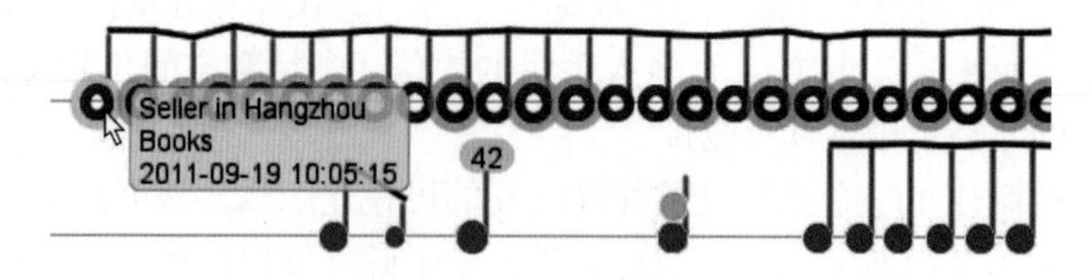

图 3.21　含弹出标签的交易记录可视分析系统 [6]

单击选择针对需要重新渲染大量可视元素、需要查询或计算大量数据、交互延迟较长的情况。常见操作为当单击选择某一数据项时，可视化视图中实时地改变其映射方式或显示数据项的详细属性。图 3.22 所示为 Dust & Magnet 系统中的选择功能，图中显示了该系统中的标记功能，当 Magnets 属性被操纵时，它可以将数据项可视化为移动的点。用户可以通过单击标记数据项，被标记的数据项（图中的 KS1114、KS2085 和 KS1103）显示为红色，即使重新排列数据项，用户仍然可以很轻松地跟踪和识别感兴趣的数据项的位置等信息。

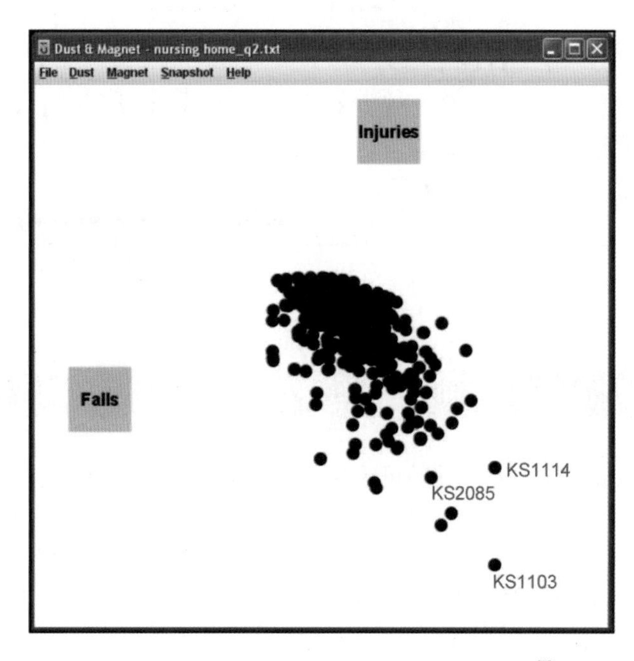

图 3.22　Dust & Magnet 系统中的标记功能[7]

刷选和框选操作能够提供比用户输入选择条件更加直观和方便的操作，允许用户选择多个数据项或感兴趣的数据区域。这种交互方式往往伴随着元素的过滤和计算。

选择是后续操作的前置动作，用户在进行下一步的观察和分析之前需要选择数据项，以方便后续操作。选择交互并不是一种单独的交互方式，需要与其他的交互方式结合使用。

在实际的可视化系统应用中，选择交互通常会遇到以下两个问题。

（1）视觉混乱：当可视化系统中的数据量过于庞大时，数据项的叠加会在视图上产生严重的视觉混乱。对于这个问题，现阶段的主要解决方式为将堆叠的区域放大，加大重叠元素之间的距离以消除遮挡。

（2）视觉遮挡与杂乱：进行选择后出现的提示性信息（如上文提到的标签），会在视图上产生遮挡，造成视觉遮挡与杂乱。可选择的解决方式为运用偏心标签（Excentric Labeling）技术将其拓展，图 3.23 展示了 Life Lines 中的偏心标签应用，它能保证即使在事件重叠的情况下，焦点中的所有时间都能被标记。在图 3.23 中，聚焦区域（即时间范围）显示为矩形，并且不使用连接线，标签背景为深黄色，在视觉上更加突出。偏心标签在用户鼠标接触到数据点之前不可见，标签显现时，采用名称描述每个数据点，可视地连接数据点和标签，最后为标签排序，依次显示数据点的信息。

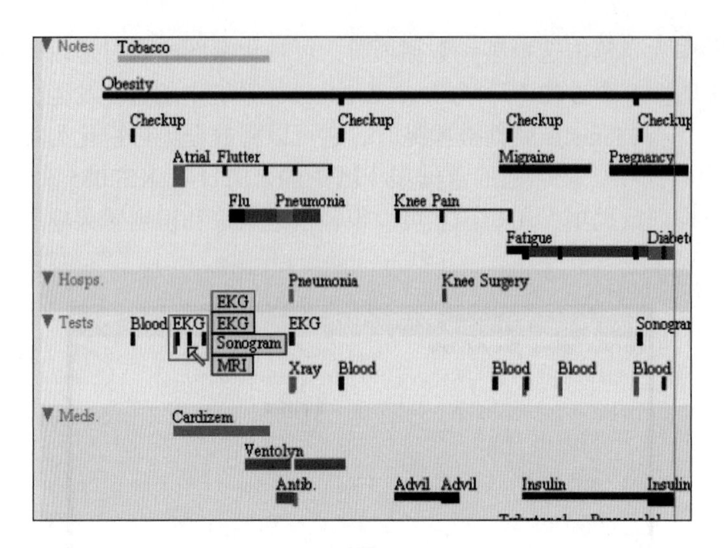

图 3.23　Life Lines 中的偏心标签应用

3.2.2　导航

导航（Navigation）是一种常见的可视化系统交互方式。当可视化的数据空间较大时，视图中通常只能显示从选定视点出发可见的局部数据，并通过改变视点的位置观察其他部分的数据，这种交互方式就是导航。在三维数据场可视化中，导航相当于在物理空间中移动视点，是观察整个空间的有效手段。在信息可视化领域，导航被拓展到更为抽象的数据空间中，如树、图、网络、图表等不包含明确空间信息的数据，在这些抽象的空间中移动视点同样能有效进行交互浏览。

在可视化系统中，导航利用以下三个基本动作实现调整视点位置、控制视图内容的目的。

（1）缩放（Zooming）：使视点靠近或远离某个平面。从空间感知上说，靠近会展示更少的内容，但展示的对象会变大；反之，缩小则能够展示更多的内容，而展示的对象会变小。

（2）平移（Panning）：使视点沿着与某个平面平行的方向移动，或向上向下，或从一侧到另一侧。

（3）旋转（Rotating）：使视点方向的虚拟相机绕自身轴线旋转。

传统可视化系统主要是通过超链接的方式进行导航，导航栏中的元素通过简单的文字总结出一部分数据的基本特征，允许用户通过单击超链接进一步对这部分数据进行探索。但是这种导航方式的主要缺点是用户交互不够连续，容易丢失数据探索的上下文信息。对于可视化系统，传统的导航方式有很大的局限性，当可视化空间中的数据项过多时，无法仅仅通过以上操作快速寻找目标数据项。

除了上述弊端，用户在视点移动和场景变换时，能否正确感知自己在数据空间中的位置，从而观察到若干场景并在大脑中综合成对整个数据的感知，这是导航交互面临的最大挑战。为了解决上述问题，现有研究已经在导航交互方面做出了许多创新，下面简单介绍。

（1）在场景转换中使用渐变动画实现场景的切换感知。图 3.24 为 Link Sliding 技术，该技术利用节点-链接图中的拓扑结构和动画技术实现了一种观察网络数据的导航技术；

通过将运动约束为单一路径来简化控制任务，用户需要像在电线上滑动珠子一样，沿着链接向目标节点滑动链接光标。只有当路径急剧弯曲时，用户才需要改变鼠标移动的方向，除此之外，只需沿路径的正切方向移动鼠标，就可以在两个节点之间滑动。视图页会跟随鼠标光标自动平移，使鼠标保持在屏幕上的初始位置。为了在这个过程中为用户提供额外的上下文内容,视图的缩放级别也会随之调整。图 3.24 截取了 Link Sliding 技术的初始状态，当用户按住开始节点上的鼠标按钮，周围就会出现一个表示选择半径的灰色圆圈，鼠标光标可以在节点的选择半径内自由移动。链接光标显示最近的链接，在鼠标通过选择半径时被选中，以帮助用户选择。

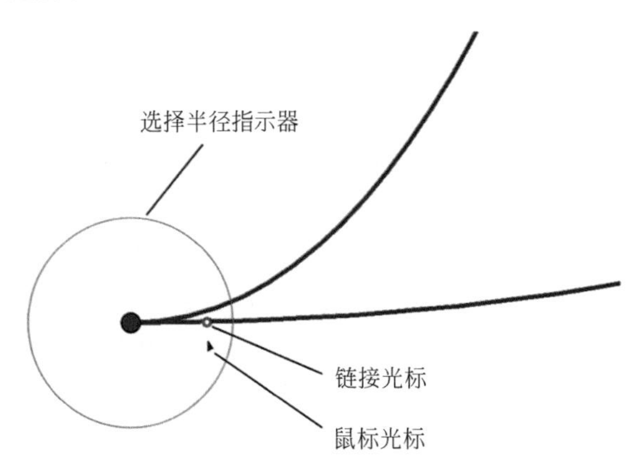

图 3.24 Link Sliding 技术 [8]

（2）在总体视图中采用高亮技术实现对感兴趣信息的展示。在 MatrixWave 系统，不同数据集中的元素同时展示在同一个二维空间内，用户通过平移视点并使用鼠标选择某一个元素来指定想要探索的信息，系统通过高亮显示与之相关的元素来实现元素关系探索的导航。图 3.25 所示的 MatrixWave 系统使用连续的二维视图，展示不同数据集中元素之间的关系，每一个矩阵图展示了两个数据集元素之间的关系。通过矩阵的连接，当用户选中一个元素时，与之相关的所有元素将被高亮显示，从而帮助其探索与该元素相关的信息。

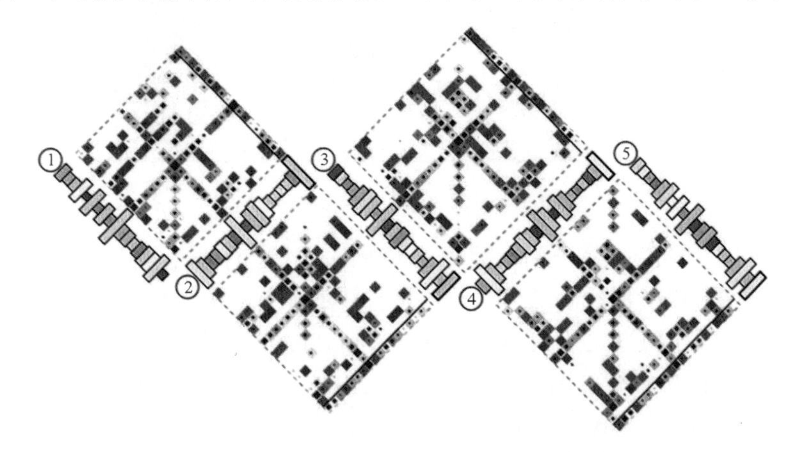

图 3.25 MatrixWave 系统中的高亮效果 [9]

（3）通过辅助元素在数据空间中的转换来完成导航。Bring & Go 方法利用网络数据的拓扑结构进行导航，导航过程中保持视角不动，通过移动数据构成新的临时视图，方便用

户了解与某一个节点连接的其他节点的方向和距离的信息。

3.2.3 重配

重配（Reconfigure）交互技术旨在通过改变数据元素的空间排列，向用户提供对数据项的不同观察视角。数据可视化的一个基本目的是揭示数据的隐藏特征以及它们之间的关系。一个好的静态表示经常能够很好地服务于这个目的，但是一个单一的表示很难提供足够的视角。因此，许多数据可视化系统结合了重配交互技术，允许更改数据项的排列方式或对齐方式，以便为用户提供不同的视角。重配针对不同的可视化形式有不同的方式，包括重排列、调整基线、更改布局方式等。

重配技术常用在图表型数据可视化应用系统；以及二维统计图表中。

图表型数据可视化应用系统常用重排列进行重配，如通过图表的透视技术实现电子表格的两列互换，从而在视觉上使用户关注的属性相互接近，提示用户分析数据的效率，其根本意义在于克服由于空间位置距离过大导致两个对象在视觉上的关联度被降低的问题。图 3.26 所示为使用“Power”列上的排序功能的 TableLens 系统截图，图中通过对“Power”列进行排序，使用户可以快速确定车辆的功率值与气缸、排量和重量之间的大致关系。此外，用户还可以通过重排列来并排比较感兴趣的属性。

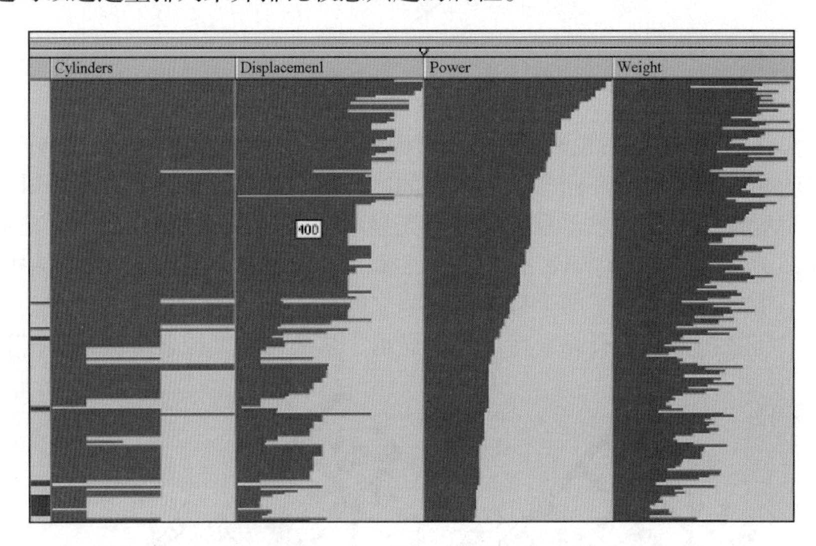

图 3.26　TableLens 中的重配技术 [10]

在二维统计图表中，常通过调整基线进行重配。图 3.27 为 Echarts 中的常见二维统计图表。通过调整图表中数据线的基线，可以更直观地观察整体变化趋势的堆叠图或主题河流图；而通过对基线排列方式的调整，则可以得到 Sunburst 图、雷达图等更加紧凑的数据布局，方便进行可视化设计。图 3.28 所示为堆叠直方图，堆叠直方图中的基线调整功能使用户能够更好地比较直方图子部分的高度。

重配交互技术还包括一套减少遮挡的交互技术。由于许多数据可视化系统要呈现大量数据，单个数据项通常会在视觉上重叠。特别是在 3D 可视化中，远处的数据项经常被同一视线内的附近数据项遮挡。因此，许多 3D 信息可视化系统通过视图旋转操作来减少数据项的遮挡。这样的功能可以帮助用户全面无遮挡地观察一组数据项。

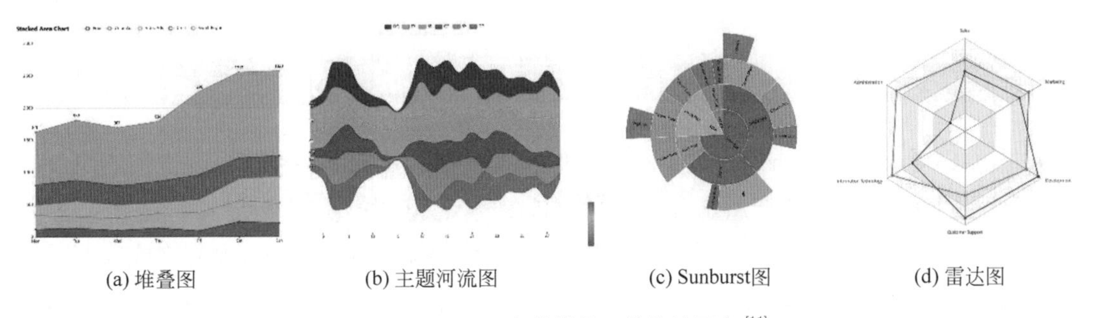

(a) 堆叠图　　(b) 主题河流图　　(c) Sunburst图　　(d) 雷达图

图 3.27　Echarts 中的常见二维统计图表 [11]

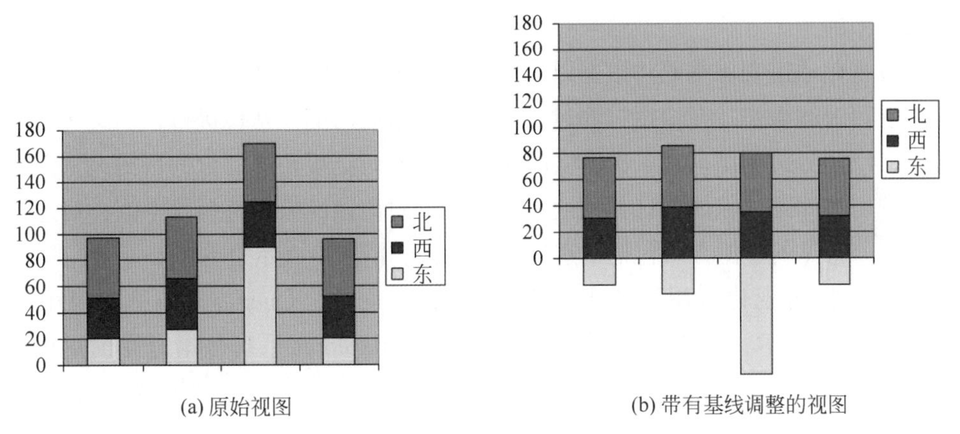

(a) 原始视图　　(b) 带有基线调整的视图

图 3.28　堆叠直方图

抖动操作也是一种减少遮挡的交互技术。当许多数据项被绘制到特定的垂直列或水平行时，数据项可能会出现重叠，从而导致遮挡。此时应用抖动操作，可以使每个数据项的位置随机移动一个小的空间增量，从而得以展示更多的数据项，并改善一个区域中的数据项密度。图 3.29 所示为 Spotfire 中抖动操作的应用结果。

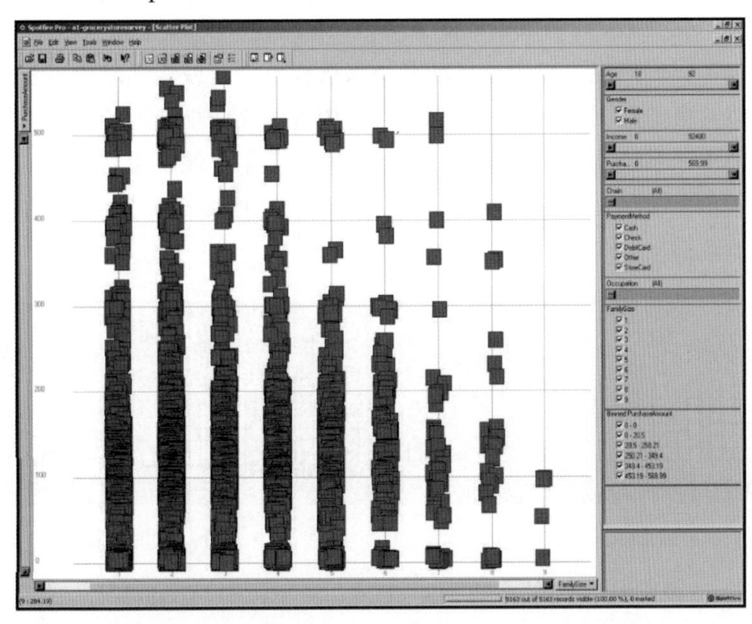

图 3.29　Spotfire 中抖动操作的应用结果 [12]

3.2.4 过滤

过滤（Filtering）是指通过设置约束条件来实现信息查询的一种交互方式，使用户能够基于某些特定条件来改变所呈现的数据项。在过滤交互中，用户指定一个范围或条件，以便只显示满足这些条件的数据项。超出范围或不满足条件的数据项隐藏起来或以不同的方式显示，但实际数据通常保持不变，当用户重置标准时，隐藏的或以不同方式显示的数据项便可以恢复。在这种交互方式中，用户并没有改变数据及其相关信息，仅仅是指定了显示数据的条件。

数据可视化通过视觉编码将数据以视图形式呈现给用户，使之对数据的整体特性有所了解并能进行过滤操作。在信息过滤过程中，视觉编码与交互迭代进行，动态实时地更新过滤结果，以达到过滤结果对条件的实时响应、用户对结果快速评价的目的，从而提高信息获取效率。过滤条件应如何选择？通常情况下，对离散性数据选择枚举值，对连续型数据选择范围。常见的过滤方式包括单选框、复选框、滑块、文本框等。

在许多数据可视化应用系统中，动态查询（Dynamic Queries）是一种应用广泛的在线可视化过滤技术。图 3.30 所示为 The Attribute Explorer 系统数据过滤前后的对比：图 3.30（a）为过滤之前的视图；图 3.30（b）为过滤之后的视图。The Attribute Explorer 系统通过改变过滤后的数据项的颜色而不是将其从视图中移除来拓展动态查询能力，通过显示不完全符合过滤标准的附近数据项，帮助用户理解数据集的上下文。在 The Name Voyager 系统中，用户可以通过键盘交互来过滤数据项（如名称），而不是使用特定的控件。例如，当用户键入“L”时，显示器上仅显示以“L”开头的婴儿名字。如果用户在“L”后面输入“AT”，系统便过滤数据集，只显示以“LAT”开头的名字，如图 3.31 所示。通过这种简单直观的交互技术，The Name Voyager 系统提供了对数据非常自然的视觉探索。通过动态查询技术，用户也可以通过移动滑块来选择范围，或者通过单击复选框来选择特定值，满足这些约束的数据会立即显示出来。与传统的面向批处理的文本查询相比，这种类型的交互有助于让系统响应更加迅速及生动，既改善了过滤手段又提升了过滤查询的效果。动态查询控件的变体（如字母滑块、范围滑块和切换按钮）分别用于过滤文本数据、数字数据和分类数据。

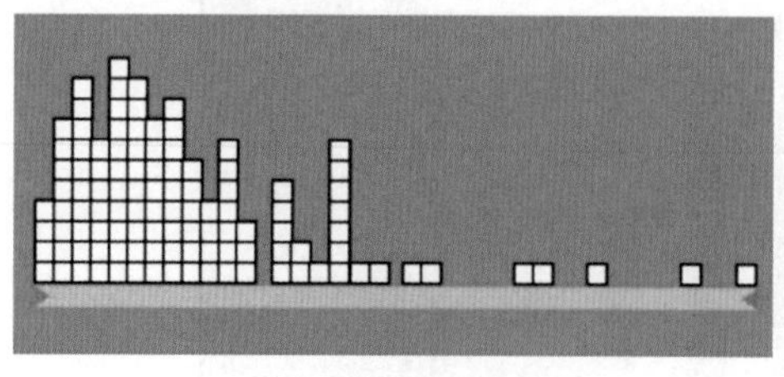

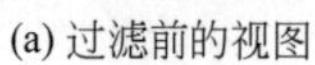

(a) 过滤前的视图

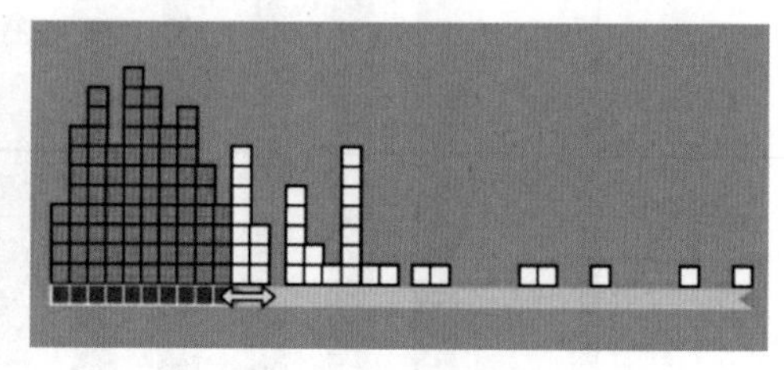

(b) 过滤后的视图

图 3.30　The Attribute Explorer 系统数据过滤前后的对比 [13]

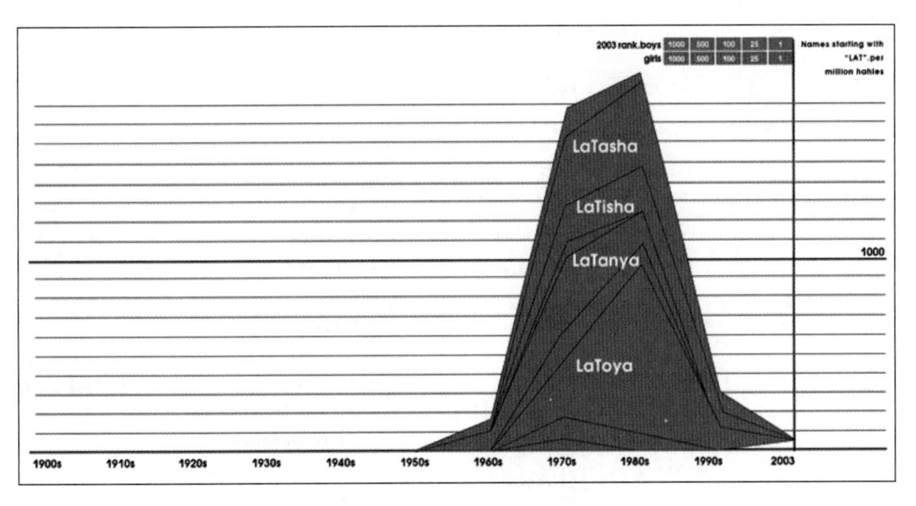

图 3.31　The Name Voyager 系统 [14]

动态查询技术作为一种有效的信息检索手段在可视化系统中被大量使用，其后的改进和扩展使之更加高效和直观。但是，动态查询技术有两大局限性。

其一，动态查询中用来设置条件的控件虽然能保证交互操作的完成，但是提供给用户的信息非常有限。因此，动态查询技术需要在合适的区间，进行更有效的过滤，为用户提供更多的数据信息。图 3.32 所示为嗅觉控件（Scented Widgets）的四种基本手段：①插入一个简明的统计图形，图 3.32（a）为嵌入了直方图的滑块，滑块长度和透明度分别编码了数量和近况两个属性；②插入图标或文本标签，图 3.32（b）为嵌入了图标和文字标识的复选框，使用图标数量和文字显示排名；③在现有组件上做标记，使用色相、饱和度和透明度等视觉通道编码更多的信息，图 3.32（c）为嵌入了颜色和标记的列表框，采用透明度和勾选标记编码数据集的大小和是否访问两个属性；④使用色相编码的作者类别和编辑总数编码为文本的树。

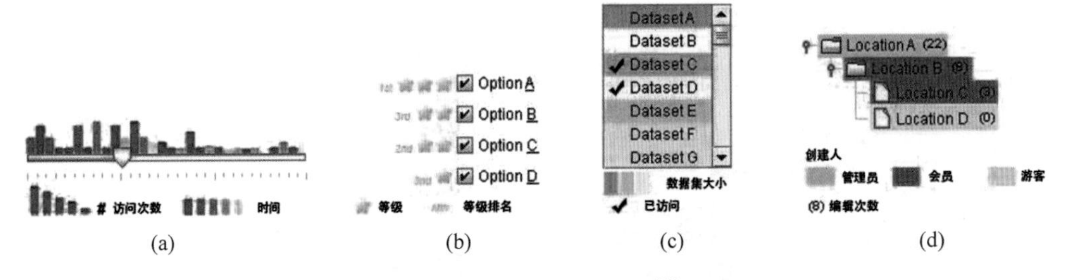

图 3.32　嗅觉控件示例 [15]

其二，所有属性的过滤控件都相关联。当用户对某个属性进行过滤时，并不会对其余属性的过滤控件产生影响。而实际情况是属性和属性之间往往存在联系，而且这些联系会提升用户对信息获取的效率，不相关联的数据滑块并不能体现这样的联系。AggreSet 系统使用可视化视图代替传统的过滤控件，使用户可以直接在可视化组件上设置过滤条件。同时，每个属性的视图都会用高亮标识当前过滤结果在该属性上值的分布。相较而言，这种做法弥补了动态查询在协同过滤多个属性参数时的不足，丰富了过滤手段。图 3.33 为用户在一个视图上对电影进行过滤，其余视图相应地反映出当前过滤条件的影响。

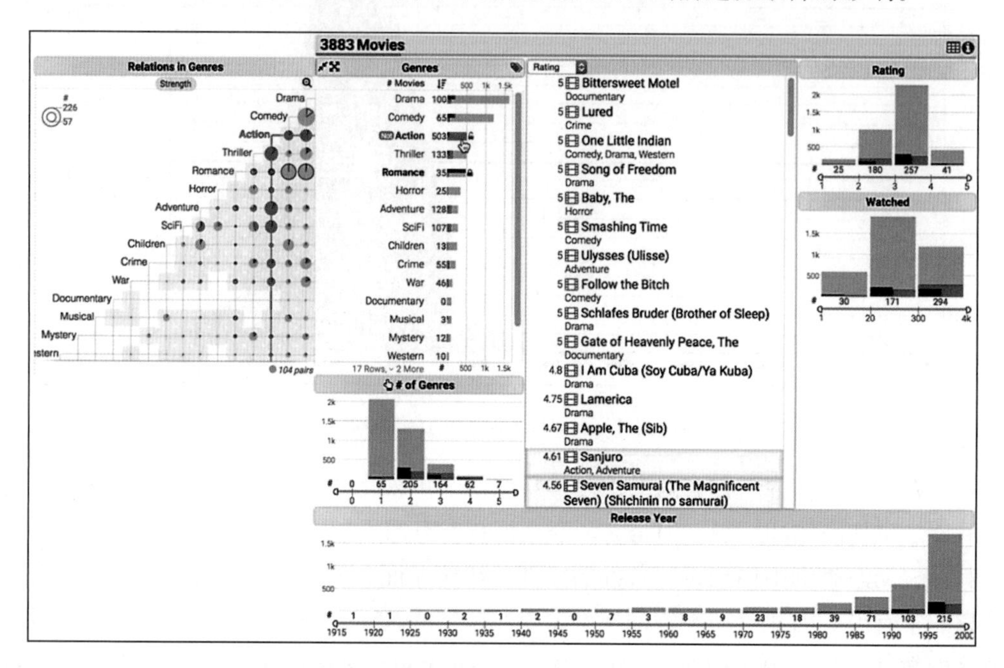

图 3.33　使用 AggreSet 系统过滤电影 [16]

目前，针对特殊种类的数据检索也变得越来越热门。对于时序数据，交互式的可视检索能够使检索结果更加直观，并简化复杂的查询过程，但在这一领域，数据的语义及属性的复杂性一直是数据检索的两大难题。图 3.34 所示为一时序数据交互式检索过程，每一种颜色表示一种类型的事件，用户可以定义一个查询语句，将所有符合查询条件的事件过滤出来，相关的统计信息、聚类信息和详细的事件信息将会展示给用户，用于定制新的查询语句。

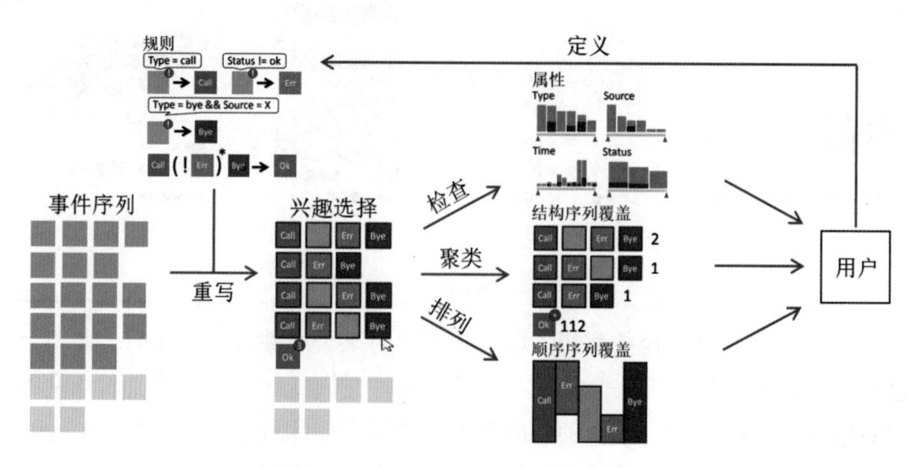

图 3.34　时序数据的交互式检索 [17]

对于有多个数据源的跨域数据，在可视检索时，没有数据背景的用户也能够对数据进行查询。图 3.35 所示为使用 VAUD 系统查询数据的示例，该系统将复杂的查询任务拆分成简单的原子查询和信息抽取过程，允许用户通过简单的交互动作，定义多源异构数据的时间、空间、对象 ID 和其他属性这四种类型的查询条件，查询结果通过相应的视图或场景地图进行展示，方便用户分析并定制进一步的数据检索任务。以查找“谁”乘坐了一辆经过中心广场的出租车为例，展示 VAUD 系统实施一次查询的过程，如图 3.35 所示。完成这次查询用户将创建一个由三个原子操作和三个提取操作组成的查询序列。首先，用户需要利用 which → objectPOI 表达式定位中心广场，其中“which”包含“id=center square”条件，数据来源于 POI 数据集。其次，一旦确定了中心广场的位置，用户就可以指定 where → objecttaxis 表达式来查找通过中心广场的出租车。在仔细分析查询结果中所有候选车辆之后，用户确定哪辆车最符合指定的查询条件。最后，执行 where+when → objectPerson 表达式，利用“where+when”表示对出租车轨迹的时空查询。

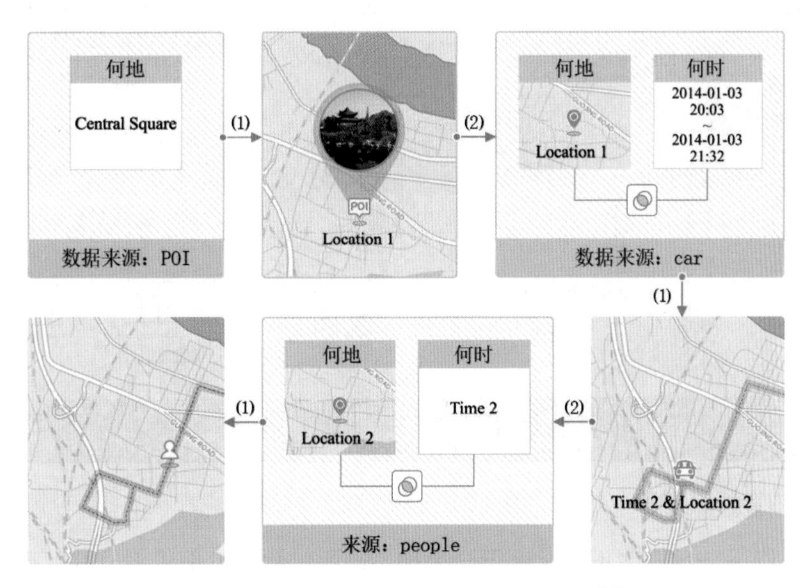

图 3.35　使用 VAUD 系统查询数据示例 [18]

至今，动态查询仍然是最为重要、应用最为广泛的一种过滤交互技术。这方面的研究和发展主要在于如何为用户提供更多的信息，以便其对数据进行过滤，从而更有效地完成信息检索任务。因此，如何使这些信息更加直观、更好地融于可视化系统也是非常重要的研究方向。当面对海量数据时，如何能实时地更新并展示多元异构的数据信息也是一大挑战。

3.2.5 概览与细节

概览与细节（Overview + Detail）的基本思想是在资源有限的条件下同时显示整体与细节。概览指不需要做任何操作，在一个视图上可以集中显示所有对象，为用户提供一个整体印象，使得其对数据的结构等全局信息有大体的判断；细节是突出局部，即对用户需要的重点部分进行展示。

概览与细节的用户交互方式既显示全局概貌，又将细节部分在相邻视图上或视图的侧面进行展示，其优点在于符合用户探索数据的行为方式。这种交互方式往往出现在数据探索的开始阶段，可以引导用户深挖数据信息的方向，随后用户可以深入获取更多细节。图 3.36 所示为 iTTvis 系统，在该系统中分析乒乓球比赛时，利用了多视图的界面，上方视图显示比分变动的情况，下方左边的主视图展示每一局比赛的概览情况，当用鼠标单击某个比分时，详细的击球过程会在下方右边的细节视图中展示。

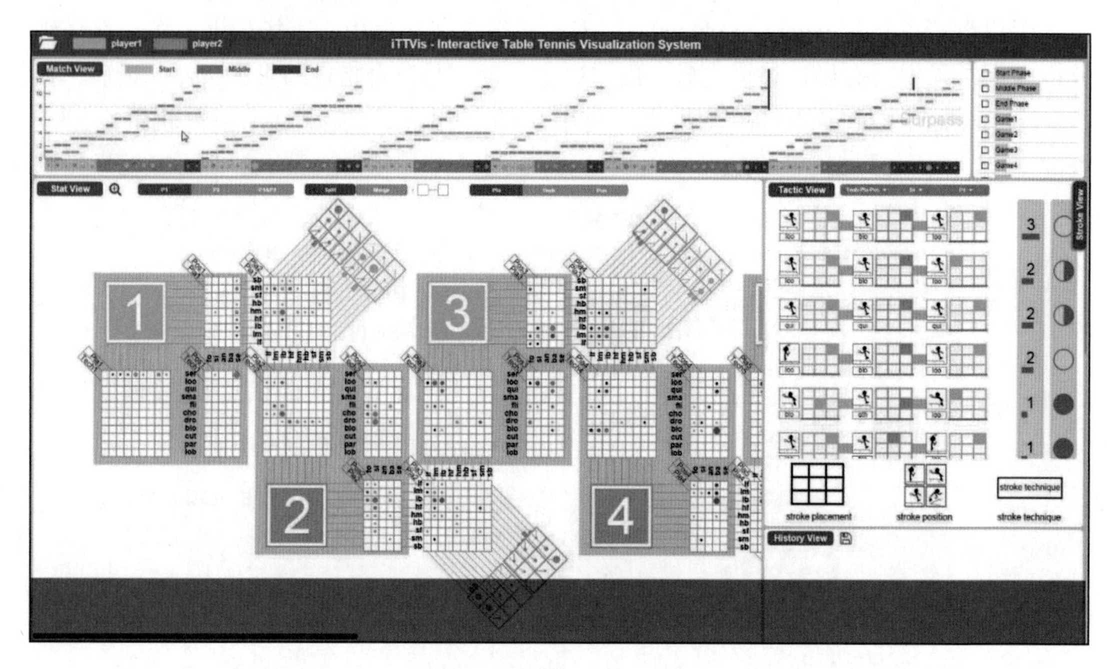

图 3.36　iTTvis 系统 [19]

在很多情况下，数据在不同尺度下会呈现不同的结构，可采用多尺度可视化表达提供多个概览层次，而不仅仅是一个单独的层次。因此，概览与细节的视图方案可在多视图中将概览视图和细节视图分离，并关联展示同一批数据，如此便很好地利用了有限的屏幕空间。

但用户在多个不同窗口间来回移动注视的焦点也会增加交互延时，影响用户体验。因此，可缩放用户界面（Zooming User Interface，ZUI）便通过流畅的缩放技术，在概览和不同尺度的细节视图之间实现无缝转换。此时，可视化系统不需要多个窗口来显示不同尺寸的视图。在没有缩放之前，可视化显示全部信息总览，每个数据对象以缩略图的形式直接显示，用户可以选择放大自己感兴趣的细节。其中，概览与细节视图之间的无缝转换是成功的关键。随着数量的增加，实现无缝转换的难度也随之变大。图 3.37 所示为一款基于可缩放用户界面理念开发的看图软件 PhotoMesa 的操作界面，该软件首先采用全局概览视图为用户提供所有图片的大致印象，用户可以选择一张图片，单击放大至红框所圈选的范围，进一步执行概览和细节操作。

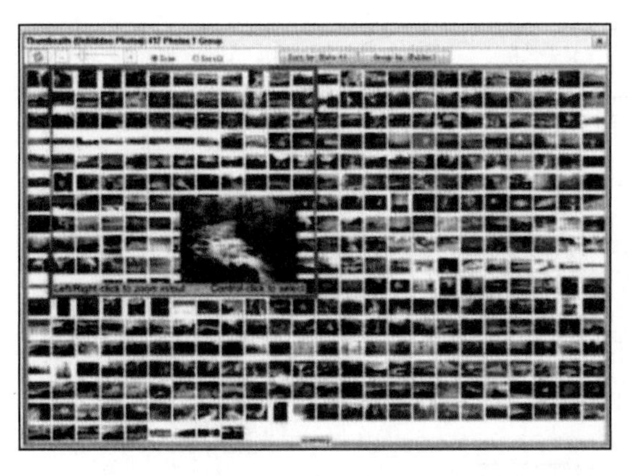

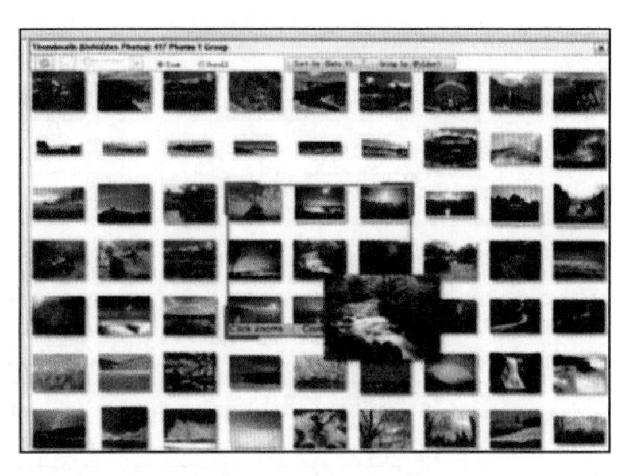

图 3.37　基于可缩放用户界面理念开发的看图软件 PhotoMesa 的操作界面[20]

在原有的概览界面中嵌入更多的信息也是概览与细节的一种实现途径。在嵌入过程中最需要关注的就是原有概览界面中空间不足的问题。在这种情况下，往往需要对原有的数据编码进行变形。Sun 等人实现了一种将地图上的道路拓宽的算法，能够放大用户指定的道路，同时保持道路之间相对位置的稳定，基本流程如图 3.38 所示。这样一来，就能在道路上嵌入与之相应的道路信息，直观地进行路况分析。

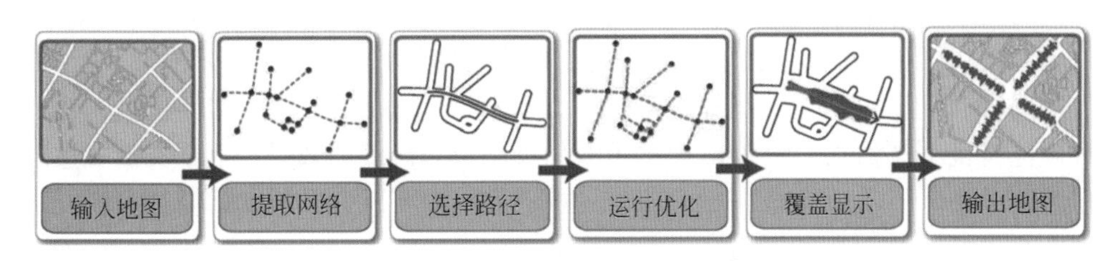

图 3.38　道路缩放功能流程图[21]

3.2.6　焦点与上下文

焦点与上下文（Focus + Context）是指为用户显示其兴趣焦点的细节信息，同时体现焦点和周边的关系关联，即整合了当前聚焦点的细节信息与概览部分的上下文信息。当用户浏览数据时，经常因为屏幕空间有限，只能看到部分数据项，导致用户的浏览导向消失。这就需要利用焦点与上下文在同一视图上提供选中数据子集的上下文信息，避免一个视图中只能显示一个细节的可视化，让用户无须转换场景或者视图就可以查看其他尺度的可视化。

焦点即用户在交互过程中选择进一步探索感兴趣的区域（Region of Interest，ROI）。上下文则是该区域周边的数据信息。通过视觉编码以及变形等技术将两者结合，最终为用户提供一种可随交互动态变化的视觉表达方式。

焦点与上下文中的常用技术可分为变形和加层两大类，如图 3.39 所示。

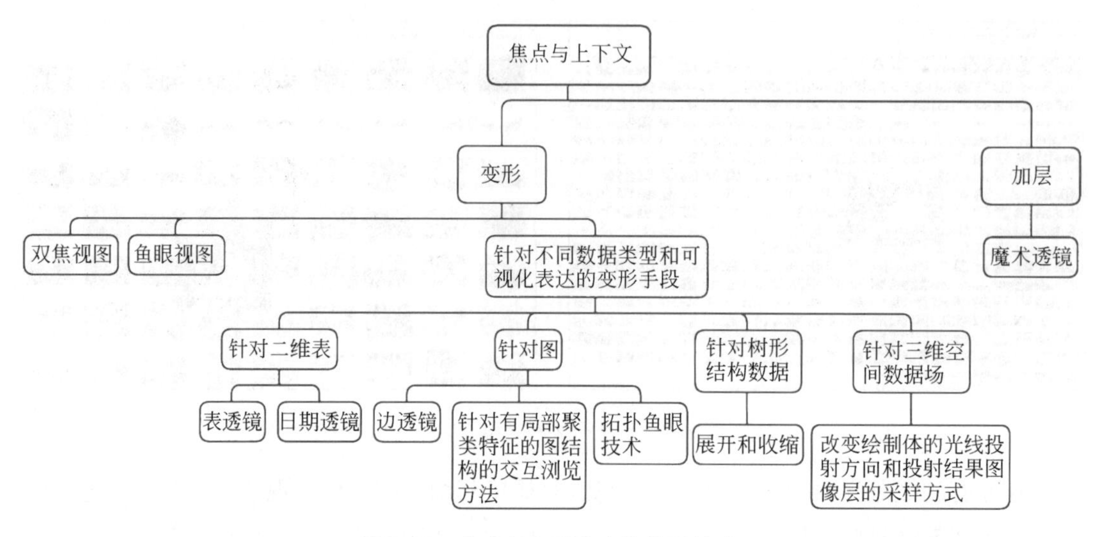

图 3.39　焦点与上下文中的常用技术

1. 变形

通过对可视化生成图像或者可视化结构进行变形，可达到视图局部细节尺度不同的效果。主要的变形技术分为以下三种。

（1）双焦视图：这种技术在平面上采用变形或者抽象方式，压缩显示空间以突出关注重点，同时保持上下文信息。压缩的部分可以呈现为形态压缩，也可以用抽象表示加部分注释以保持上下文信息。图 3.40 展示了双焦视图形态压缩的效果，上下文区域被压缩，关注区域相对突出，同时节省了屏幕空间，视图随着用户关注区域的改变而变化。

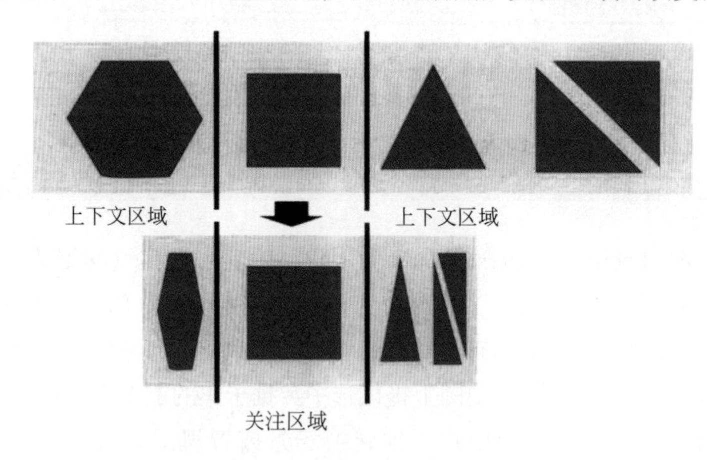

图 3.40　双焦视图形态压缩的效果

（2）鱼眼视图：这种技术模仿了摄影中鱼眼镜头的效果——近似于将图像径向扭曲。可视化借助这种变形方式达到重点突出、周边兼顾的效果。根据实际数据情况，具体的变形方式主要分为光学扭曲和结构性扭曲两种。图 3.41 展示了两种鱼眼视图光学扭曲算法的效果，左图为镜像扭曲，右图为线性扭曲。光学扭曲将整个区域视作一个像素平面，进而在像素层面上运用不同的扭曲算法，呈现效果如同通过透镜观察物体。图 3.42 所示为基于网络结构的鱼眼视图结构性扭曲，这种方法作用于网络结构本身。

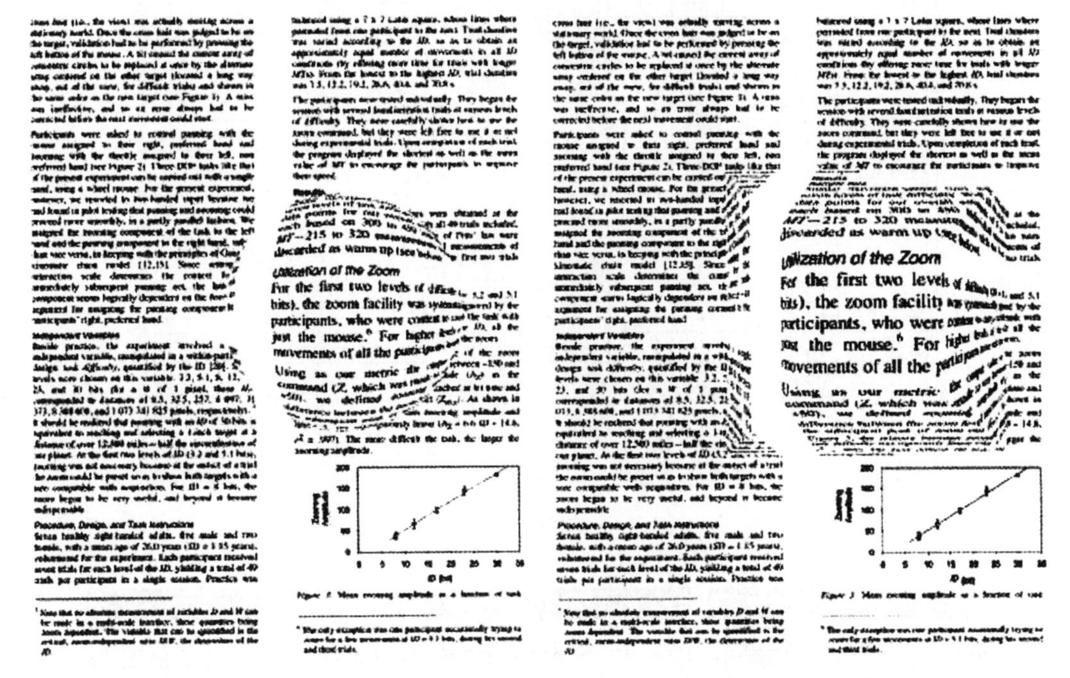

图 3.41　两种鱼眼视图光学扭曲算法的效果 [22]

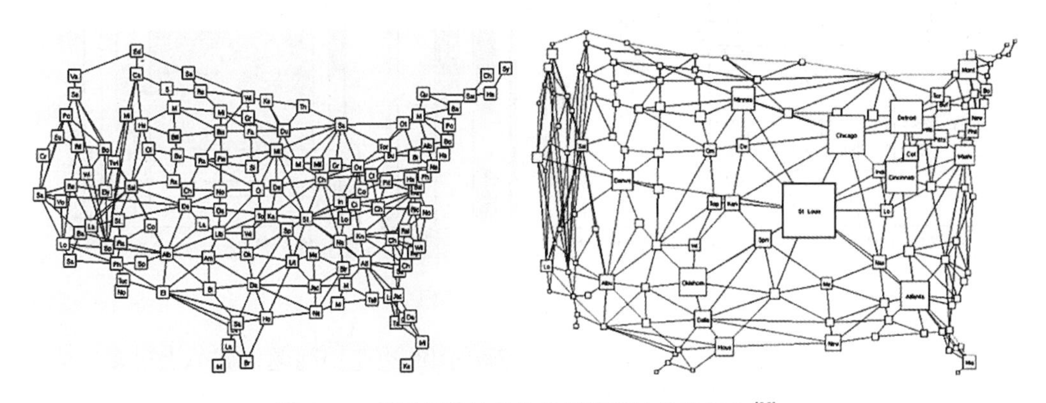

图 3.42　基于网络结构的鱼眼视图结构性扭曲 [23]

（3）针对不同数据类型和可视化表达的变形手段。

① 表透镜：一种针对二维表的变形技术，将鱼眼结构用于二维表的框架结构中。图 3.43 所示为表透镜示意图，图中将部分焦点的行与列展开以展示具体信息，其余单元格则占用较小的屏幕空间，显示概略的整体统计信息。

② 日期透镜：在表透镜的基础上，将其功能拓展到同样具有二维表特性的日历，拓展了传统日历的功能，也扩大了日历本身能够容纳的信息容量，特别适用于屏幕空间有限的移动设备。图 3.44 所示为日期透镜示意图，从左至右分别为月视图、周视图、日视图，蓝色条块代表某天的日程，长度编码了该日程的时间跨越。

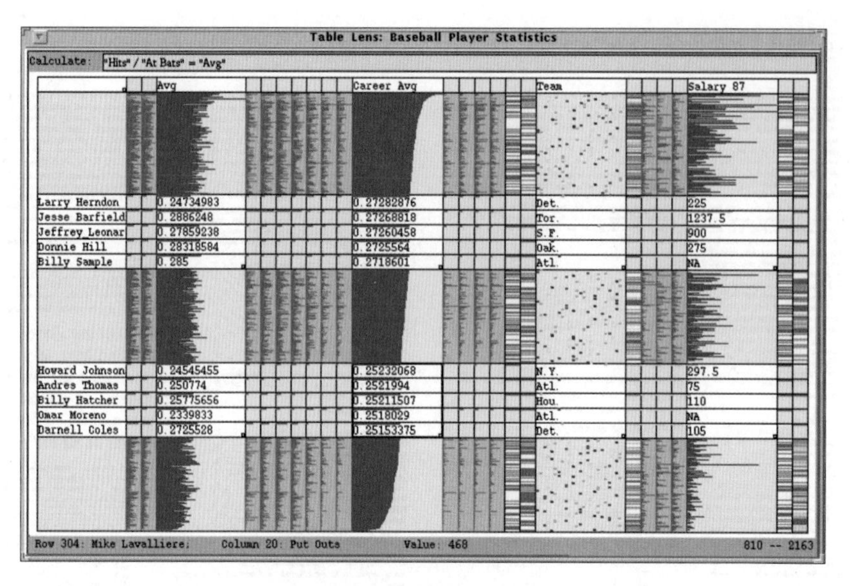

图 3.43　表透镜示意图[24]

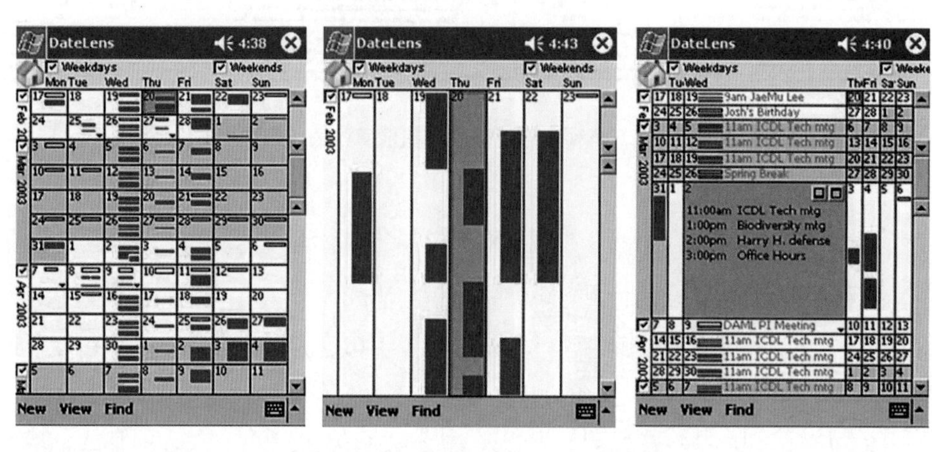

图 3.44　日期透镜示意图[25]

③ 边透镜：针对图的变形技术，专门用于解决图的边遮挡问题，如节点过多、边过密时，层叠的边会覆盖将选择的节点或者边，给用户交互选择带来不小的困难，鱼眼、放大等技术都解决不了这个问题。为了去除遮挡信息，真实地反映关注节点与周围连接的上下文关系，边透镜将密集的直线边调整为曲线，通过设置作用点来控制曲线描点，并将作用到边的透明度提高，从而显示被遮挡的目标节点。图 3.45 所示为边透镜示意图，左图为

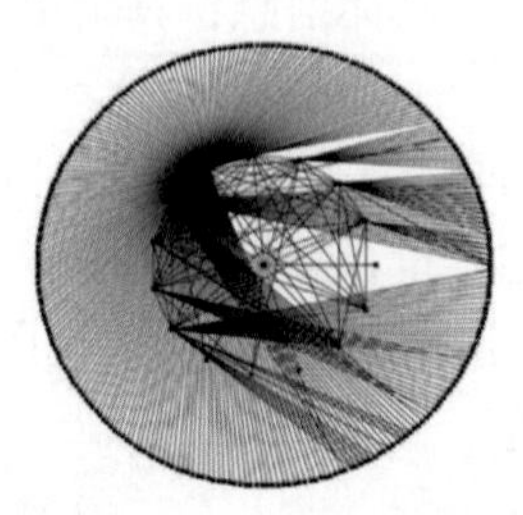
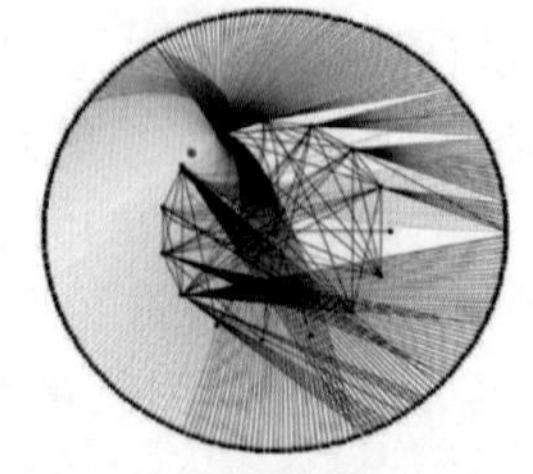
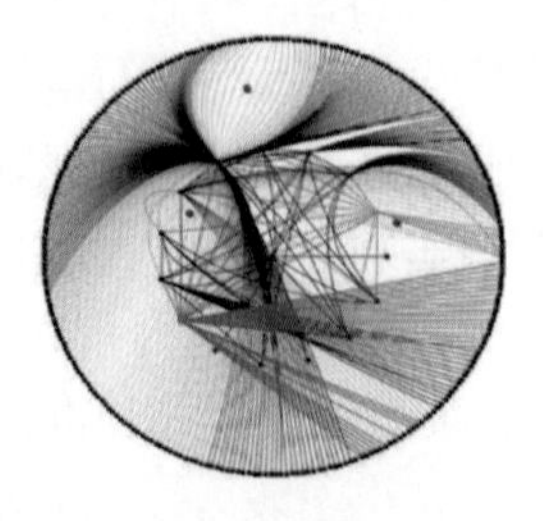

图 3.45　边透镜示意图[26]

该图的初始布局，黑点为节点，连接线为边，部分节点被密集的边所掩盖；中间图为加了一个边透镜作用点之后的效果，可以看到之前被掩盖的部分节点；右图为添加多个边透镜作用点之后的效果，选择到关注节点后会高亮显示其连接边，高亮部分不受边透镜影响。

针对有局部聚类特征的图结构的交互浏览方法：首先将一个个聚类抽象成大颗粒的节点，同时根据聚类特征聚合为不同粗细的集束，从而在一定程度上简化错综复杂的原图，当用户希望浏览具体的细节时，可通过透镜抽象结构逐级细化，最终分解成准确的结构。图 3.46 所示为针对有局部聚类特征的图结构的交互浏览方式示意图。各分图中大的颗粒都是一个个节点聚类的抽象表达，当透镜接近颗粒时，颗粒开始分解，完全被透镜覆盖的区域显示具体而准确的图结构。

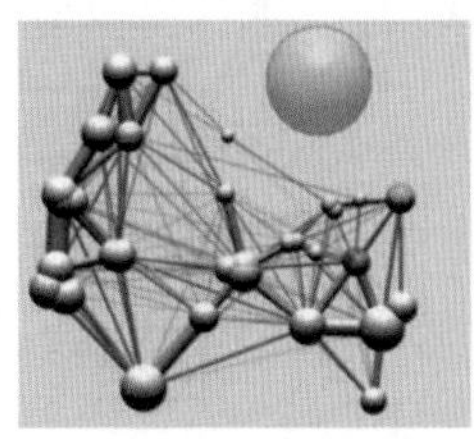
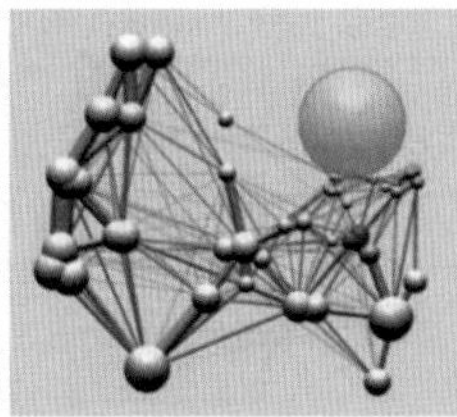
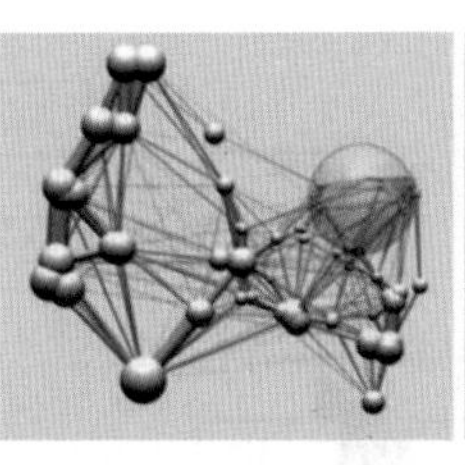
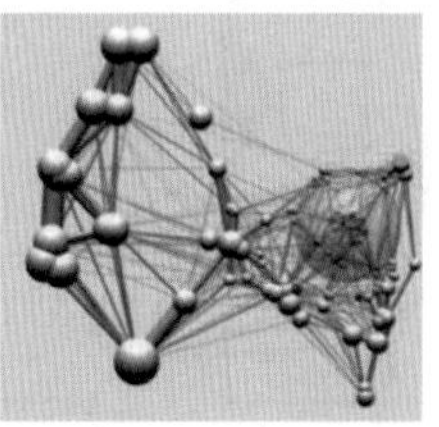

图 3.46 针对有局部聚类特征的图结构的交互浏览方式示意图[27]

④ 拓扑鱼眼技术：计算出复杂图结构在不同尺度下简化后的结构表达，当用户指定了一个关注区域后，不同层级的简化结构表达会被混合显示，以达到关注区域至外沿细节不断减少的效果，最后在关注区域实施鱼眼式的径向放大。此方法在关注区域确保了足够的细节信息，同时在区域以外又不丢失原图结构粗略的轮廓。图 3.47 所示为面向大规模图结构浏览的拓扑鱼眼技术示意图，左图为节点特别多、边连接关系复杂的大规模图结构；中间图为左图的混合图模式，红色部分为用户关注的焦点，显示了与原图一样的信息，由红到绿，细节信息不断减少；右图为加入了鱼眼技术的混合图，中间图的集中区域被径向放大，呈现出鱼眼透视效果。

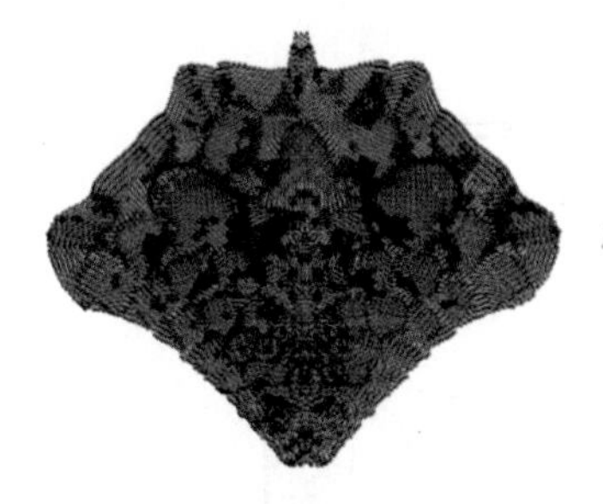

(a) 原始布局

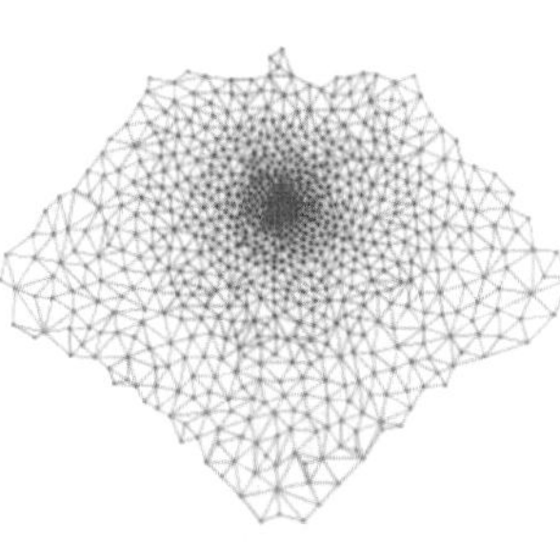

(b) 混合图的默认布局

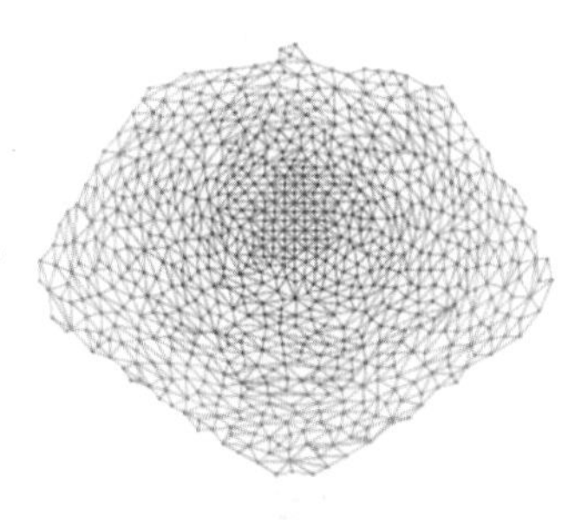

(c) 混合图的扭曲布局

图 3.47 面向大规模图结构浏览的拓扑鱼眼技术示意图[28]

⑤ 展开和收缩：运用于树形结构数据的变形技术，包括空间树（Space Tree）和双曲树（Hyperbolic）两类技术。空间树将树形分支在不同层次展开或者收缩，收缩时用附着在节点上的图表、数字或颜色编码暗示该节点链接分支的分布或数量等状况，以保持一部分语义信息；双曲树表达浏览大型的树形结构，此方法产生一种基于双曲几何的鱼眼效果，将数据投射到一个双曲空间表达的球面，将无限大的非欧几何空间与数据对应，使得将层

次众多、容量巨大的树形结构置入有限的区域浏览成为可能。空间树如图 3.48 所示，单击节点可以展开或收缩子分支。图中运用三角形暗示某节点下收缩聚合的分支分布的大致情况，颜色越深、形态越大，代表其下连接的分支越多。双曲树如图 3.49 所示，左图为双曲树的初始布局，中心为根节点，边缘部分分支细节被忽略；右图为将球面向右侧拖动以后的效果，可见中心根节点偏移到右侧，靠近中心位置的节点和分支被细化。

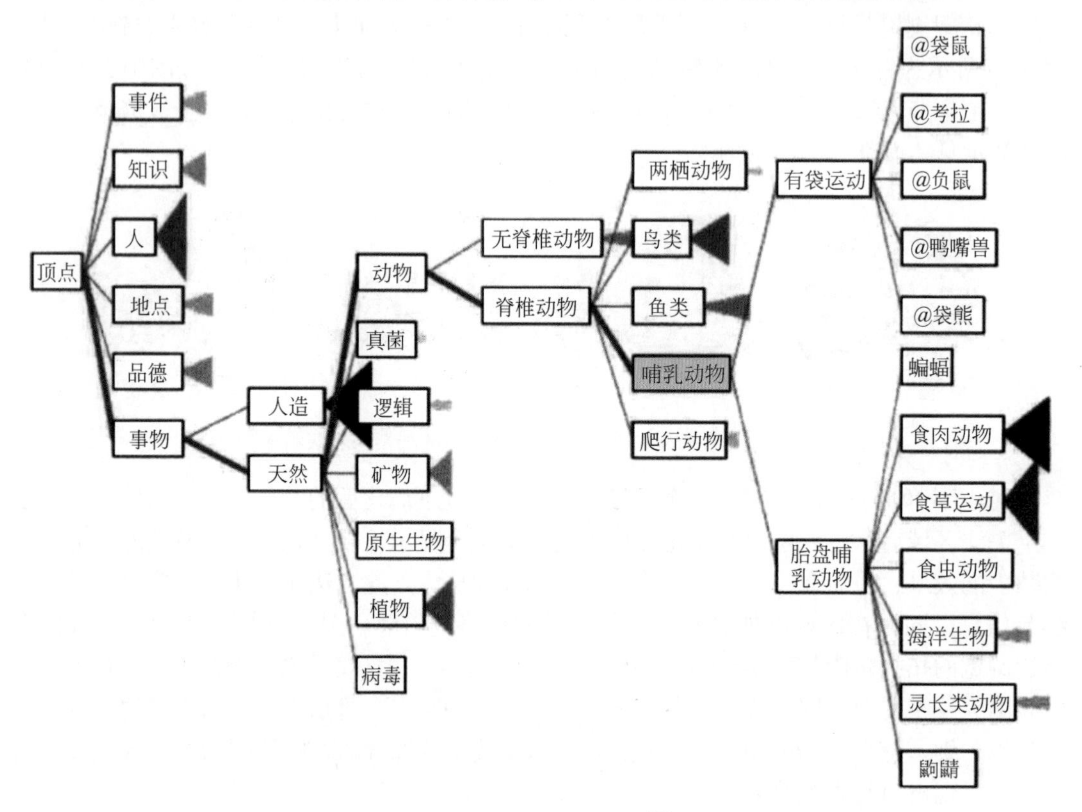

图 3.48　空间树示意图 [29]

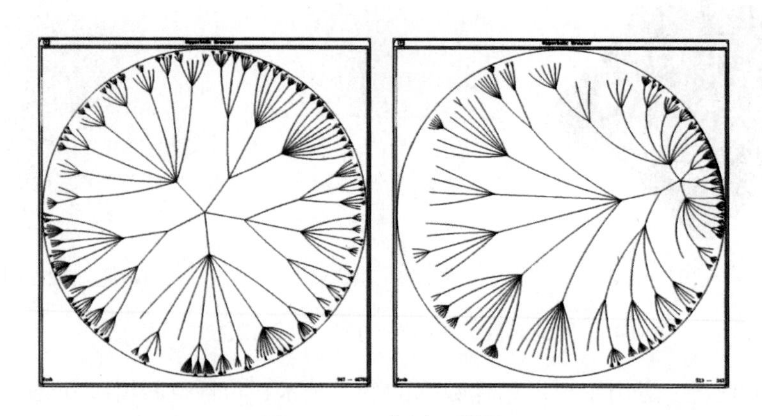

图 3.49　双曲树示意图

针对三维空间数据场，图 3.50 展示了三种运用几何光学原理调整光线投射的方法和结果。其中图 3.50（a）为通过调整关注区域光线投射角度，在图像层产生变形扩大效果的原理图，图像层蓝色部分为最终变形起效的区域。LC 为透镜中心，F 为虚拟焦点，lr 为透镜半径，lb 为过渡带宽度，P_I 为光线起点，P_R 为物体对象上的点，P_F 是光线通过平行于图像平面的虚透镜焦点平面所产生的点，包含焦点 F；图 3.50（c）为图 3.50（a）所示方法的效果图，左为原图，右为变形后的效果；图 3.50（b）为调整某个特征区域光线投射角度，从而只对该部分产生变形扩大效果的原理图，颜色标识与图 3.50（a）同；图 3.50（d）为图 3.50（b）所示方法的效果图，可见原始大脑体绘制结果中只有中央某一特征区域被扩张放大；图 3.50（e）为鱼眼镜头的光线投射原理，从假想的眼位置开始计算视角 180° 范围内的光线投射角度和对应到图像层的位置，效果如图 3.50（f）所示，展现了如广角镜头拍摄的扭曲效果。

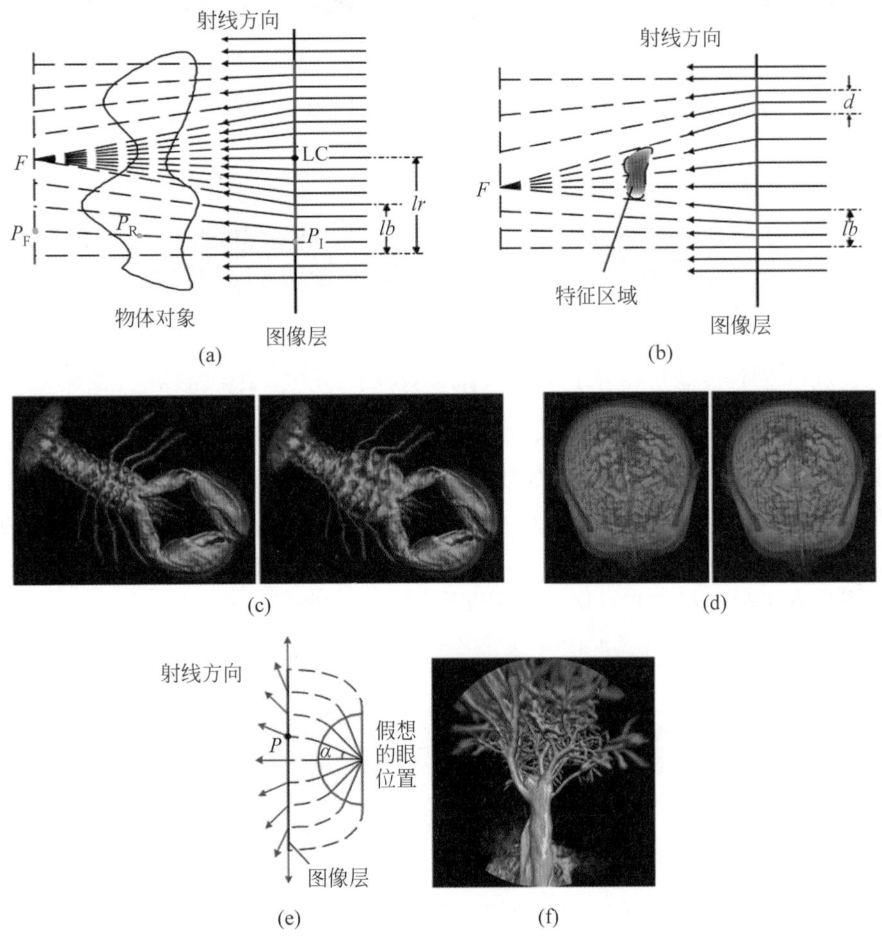

图 3.50　三种运用几何光学原理调整光线投射的方法和结果 [30]

2. 加层

加层是指在视图的局部添加另一层视图以同时浏览焦点与上下文。

魔术透镜加层技术的应用之一，是在概览视图上面设置一个移动的划窗，通过划窗可以呈现细节信息、划窗与周边的关系，同时屏蔽划窗之下的概览信息。该技术也可用于三维数据，通过在三维数据上添加一个呈现为立方体或者其他形状的透明观察区域，用户可移动这个区域以观察空间数据中外部和内部不同的细节。图 3.51 所示为 PaperLens 采用的魔术透镜技术，用户可以手动移动覆盖在人体上的矩形纸张，纸张将会显示人体的内部结构，镜头高度不同，将展现不同层级的人体结构。

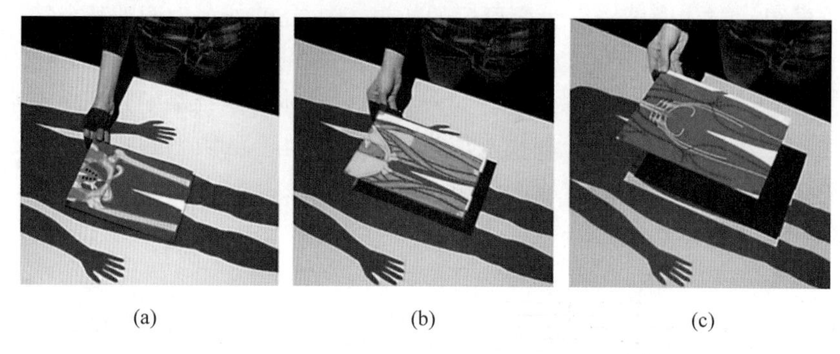

(a) (b) (c)

图 3.51 PaperLens 采用的魔术透镜技术 [31]

3.3 本章小结

本章介绍了数据可视化的基本方法与基本交互方式，其中高维多元数据可视化、时序数据可视化、地理空间数据可视化是可视化方法中的重点与难点；重配、过滤、概览与细节、焦点与上下文是交互方式中的重点与难点。在学习本章内容时，读者可根据大量的应用案例进行对比分析，也可以选择不同数据进行实践，选择适合该数据类型的可视化方法，并为之设计交互方式。本章的意义在于将学过的数据类型与可视化任务结合，教会读者使用合适的可视化方法和交互方式，探索数据深层的含义与奥秘。

参考文献

[1] 周晟，胡佳卉，孟庆刚．雷达图在中医药领域的应用探索 [J]. 北京中医药大学学报 ,2018,41(1):9-13.

[2] CHERNOFF.H. The Use of Faces to Represent Points in K-Dimensional Space graphically[J]. Journal of the American Statistical Association, 1973,68(342):361-368.

[3] D. A.KEIM, H-P. KRIEGEL. VisDB: Database exploration using multidimensional visualization[J]. IEEE Computer Graphics and Applications, 1994,14(5): 40-49.

[4] HUSSAIN A , LATIF K , REXTIN A T , et al. Scalable Visualization of Semantic Nets using Power-Law Graphs[J]. Applied Mathematics & Information Sciences, 2014, 8(1):355-367.

[5] ROMERO M , SUMMET J , STASKO J , et al. Viz-A-Vis: Toward Visualizing Video through Computer Vision[J]. IEEE Transactions on Visualization & Computer Graphics, 2008, 14(6):1261-1268.

[6] XIE C., CHEN W., et al. VAET: A visual analytics approach for e-transactions time-series[J]. IEEE transactions on

visualization and computer graphics, 2014, 20(12):1743-1752.

[7] J. S. YI, R. MELTON, J. T. STASKO, and J. A. JACKO.Dust & Magnet: multivariate information visualization using a magnet metaphor[J].Information Visualization, 2005,4(4):239-256.

[8] MOSCOVICH T, CHEVALIER F, HENRY N, et al. Topology-aware Navigation in Large Networks [C]. SIGCHI on Human Factors in Computing Systems, 2009,2319-2328.

[9] ZHAO, JIAN, et al . Matrix Wave: Visual comparison of event sequence data[J]. Proceedings of the 33rd Annual ACM Conference on Human Factors in Computing Systems,2015,259-268.

[10] JI SOO YI, YOUN ah KAN, JOHN STASKO, and JULIE JACKO. 2007. Toward Deeper Understanding of the Role of Interaction in Information Visualization[J]. IEEE Transactions on Visualization and Computer Graphics, 2007, 13(6):1224-1231.

[11] DEQING LI, HONGHUI MEI, YI SHEN, SHUANG SU, WENLI ZHANG, JUNTING WANG, MING ZU, WEI CHEN. ECharts: A Declarative Framework for Rapid Construction of Web-based Visualization[J]. Visual Informatics, 2018,2(2):136-146.

[12] AHLBERG C.Spotfire: an information exploration environment[J]. Acm Sigmod Record, 1996, 25(4):25-29.

[13] R. SPENCE and L. TWEEDIE.The Attribute Explorer: information synthesis via exploration[J].Interacting with Computers, 1998,11(2):137-146.

[14] M. WATTENBERG and J. KRISS. Designing for Social Data Analysis[J]. IEEE Transactions on Visualization and Computer Graphics, 2006, 12(4):549-557.

[15] W. WILLETT, J. HEER, M. AGRAWALA. Scented Widgets: Improving Navigation Cues with Embedded Visualizations[J]. IEEE Transactions on Visualization and Computer Graphics, 2007,13(6):1129-1136.

[16] YALCIN, M. A., ELMGVIST, N., BEDERSON, B. B. AggreSet: Rich and scalable set exploration using visualizations of element aggregations[J]. IEEE transactions on visualization and computer graphics ,2016,22(1):688-697.

[17] B C M CAPPERS, J J V WIJK. Exploring multivariate event sequences using rules, aggregations , and selections[J]. IEEE Transactions on visualization and computer graphics, 2018, 24(1): 532-541.

[18] CHEN W, HUANG Z S, WU F R, et al. VAUD: A Visual Analysis Approach for Exploring Spatio-Temporal Urban Data[J]. IEEE Transactions on Visualization Computer Graphics, 2018 ,24(9):2636-2648.

[19] WU Y C, LAN J, SHU X H, et al. iTTVis: Interactive Visualization of Table Tennis Data[J]. IEEE transactions on visualization and computer graphics, 2018, 24(1): 709-718.

[20] B. B. BEDERSON. PHOTOMESA: A Zoomable Image Browser Using Quantum Treemaps and Bubblemaps[J]. CHI Letters, 2001, 3(2):71-80.

[21] SUN, GUODAO, RONGHUA LIANG, HUAMIN QU, and YINGCAI WU. Embedding spatiotemporal information into maps by route-zooming[J]. IEEE transactions on visualization and computer graphics,2017, 23(5):1506-1519.

[22] Y. GUIARD, M. BEAUDOUIN-LAFON. Target Acquisition in Multi-Scale Electronic Worlds[J]. International Journal of Human-Co Studies , 2004,61: 875-905.

[23] MANOJIT SARKAR, MARC H. BROWN. Graphical Fisheye Views[J]. Communications of the ACM, 1994,37(12):73-83.

[24] RAO R, CARD S. The Table Lens: Merging Graphical and Symbolic Representation in an Interactive Focus + Context Visualization for Tabular Information[M]. Readings in information visualization: using vision to think, 1999, 343-349.

[25] B. B. BEDERSON, A. CLAMAGE, M. P. Czerwinski, and G. G. Robertson. DateLens: A Fisheye Calendar Interface for PDAs[J]. ACM Transactions on Computer-Human Interaction , 2004,11(11):90-119.

[26] N. WONG, S. CARPENDALE and S. GREENBERG. EdgeLens: An Interactive Method for Managing Edge Congestion in Graphs[J]. IEEE Symposium on Information Visualization,2003,51-58.

[27] HAM V F, VANWIK J J. Interactive Visualization of Small World Graphs[C]. IEEE Symposium on Information Visualization, 2004, 199-206.

[28] GANSNER E R, KOREN Y, NORTH S. Topological Fisheye Views for Visualizing Large Graphs[J]. IEEE Transactions on Visualization and Computer Graphics, 2005, 11(4), 457-468.

[29] GROSJEAN J, PLAISANT C, BEDERSON B. Spacetree: supporting exploration in large node link tree, design evolution and empirical evaluation[J]. IEEE Symposium on Information Visualization,2002.INFOVIS 2002 ,57-64.

[30] WANG L, ZHAO Y, MUELLER K, et al. The Magic Volume Lens: An Interactive Focus+Context Technique for Volume Rendering[C]. VIS 05. IEEE Visualization, 2005, 367-374.

[31] SPINDLER M，STELLMACH S , DACHSELT R . PaperLens: Advanced magic lens interaction above the tabletop[C]. Acm International Conference on Interactive Tabletops & Surfaces. ACM, 2009.

第 2 篇

虚拟现实基础

沉浸式环境是指通过相应手段，为用户或体验者增强体验感和代入感，使人们能全身心地投入其中，从而产生一种身临其境感觉的场景。

形成沉浸式环境的手段包括非计算机技术和计算机技术两种。比如，沉浸式外语培训模式就是运用非计算机技术手段，这不在本书的讨论范围。此外，还有一些沉浸式应用，如沉浸式餐厅、沉浸式展馆、沉浸式影院、沉浸式游戏等，往往是运用头盔或手套式等传感设备或显示设备，使人们的视觉、听觉、触觉等感觉沉浸在虚拟世界中，或者利用多个投影设备投射出一个虚拟空间，观众处于其中有一种身临其境的感觉，这就涉及虚拟现实技术的应用。

本书所述的沉浸式环境，主要是指基于虚拟现实技术所产生的沉浸式环境。本篇进行虚拟现实基础知识的阐述，为学习沉浸式可视化与可视化分析打下基础。

第4章 虚拟现实技术概述

4.1 虚拟现实基本概念

1. 虚拟现实的概念

从传统意义上来说，人们认知世界的方式是基于自身的各种器官获取相应的信息，再基于人们已有的认知能力，经大脑产生相应的感觉，包括视觉、听觉、触觉、力觉、嗅觉和动觉。

虚拟现实（Virtual Reality，VR）技术，也称灵境技术，是利用计算机或传感设备、智能计算设备模拟产生一个多维度虚拟空间，在虚拟空间中向体验者提供相应的感官模拟，从而使体验者产生相应的感知，如同身临其境一般的技术。虚拟现实技术是集图形学、多媒体、网络、人工智能、传感器与高分辨率显示等进行交叉融合的技术。目前的虚拟现实应用大多还局限于视觉、听觉等感官的模拟，随着传感技术、人工智能技术的发展，未来的虚拟现实应用将会从以视觉、听觉感知为主发展到包括视觉、听觉、触觉、力觉、嗅觉和动觉等多种感觉通道感知，相应的人机交互形式也将从以手动输入为主发展到包括语音、手势、姿势和视线在内的多种效应通道输入。

2. 虚拟现实的特征

1993年，美国科学家戈雷·伯尔（Grigore C.Burdea）和法国科学家菲利普·科菲特（Philippe Coiffet）在世界电子年会上共同发表了一篇题为《虚拟现实系统和应用》（*Virtual Reality System and Applications*）的文章[1]，论文提出有关于虚拟现实的三个最为突出的特征：Immersion（沉浸性）、Interaction（交互性）、Imagination（构想性），即3I特征，创造了虚拟现实技术的特征三角形。

随着现代科技的发展，人们在3I特征基础上提出VR的多感知性（Multi-Sensory），即4I特性。沉浸性是VR技术最主要的特征，是指用户成为主角并感受到自己可以沉浸到由计算机生成的虚拟场景中的能力，用户在虚拟场景中有身临其境之感。交互性是指用户与虚拟场景中各种对象相互作用的能力，是人机友好交互的关键性因素。构想性是指通过使用户沉浸在“真实的”虚拟环境中，与虚拟环境进行各种交互作用，从定性和定量综合集成的环境中得到感性和理性的认识，从而可以深化概念，萌发新意，产生认识上的飞跃。多感知性是指除了一般计算机技术所具有的视觉感知之外，还有听觉感知、力觉感知、

触觉感知、运动感知，甚至包括味觉感知、嗅觉感知等。理想的虚拟现实技术应该具有人类所具有的一切感知功能。

随着近几年人工智能理论及应用的发展，虚拟现实应用中引入人工智能技术的运用越来越多，也有部分学者把虚拟现实的第 4 个特征归纳为 Intelligence，即智能性。

人工智能是一门研究、开发用于模拟、延伸和扩展人的智能的理论、方法、技术及应用系统的新的技术科学，其研究目标是通过机器视觉、听觉、触觉、感觉及思维方式等对人的模拟，建立一个能模拟人类智能行为的系统。其主要研究领域包括指纹识别、人脸识别、视网膜识别、虹膜识别、掌纹识别、专家系统、智能搜索、定理证明、逻辑推理、博弈，信息感应与辩证处理等。如果说虚拟现实是创造被感知的环境，那么人工智能则是创造接受感知的事物，所以虚拟现实与人工智能的融合具有充分的可行性和必然性，是未来科技发展的一种趋势。在虚拟现实的环境下，配合逐渐完备的交互工具和手段，机器人与人类的行为方式将逐渐趋同。可以预言，未来虚拟现实技术与人工智能这两样技术将会为科学界开启一扇“超现实之门”，并引领下一波科技变革。

4.2 虚拟现实发展历史

虚拟现实的起源可以追溯到计算机还没有问世的 20 世纪 30 年代[2]。美国科幻作家斯坦利·G. 温鲍姆（Stanley G. Weinbaum）的科幻小说《皮格马利翁的眼镜》，被认为是探讨虚拟现实的第一部科幻作品。书中描述了在未来的世界中，人们可以完全沉浸于虚幻世界中，体验到身临其境的真实感受。

20 世纪 50 年代，电影摄影师莫顿·海灵（Morton Heiling）发明了 Sensorama 仿真模拟器，并在 1962 年为这项技术申请了专利。Sensorama 仿真模拟器就是虚拟现实原型机，如图 4.1 所示，它是一个可以实现多种感官感受的沉浸式多模态系统，不仅可以显示三维图像，还可以提供立体声甚至气味。这在当时是一个相当超前的发明，观影者可以通过 Sensorama 仿真模拟器沉浸式的体验在街头骑车的过程，感受道路的颠簸，体验微风吹拂脸颊的感觉，看到三维画面，听到立体声等。但是，由于当时硬件技术的限制，Sensorama 仿真模拟器体型太过庞大，很难投入市场应用，所以这一发明并没有得到实际的推广，但这一尝试却为后来的虚拟现实埋下了种子。

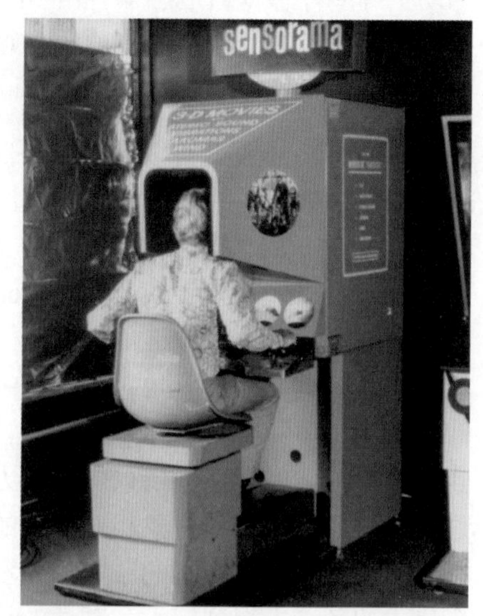

图 4.1　Sensorama 仿真模拟器

1965 年，计算机图形学之父伊万·萨瑟兰（Ivan Sutherland）发表了名为“终极显示”的学术论文，提出了以计算机屏幕作为观看虚拟世界的窗口这一论点。1968 年，伊万·萨瑟兰的科研团队设计出一款头戴式显示设备，并有一个十分霸气的名字“达摩克利斯之剑”，如图 4.2 所示。这便是世界上第一款虚拟现实系统，也是第一款增强现实系统。

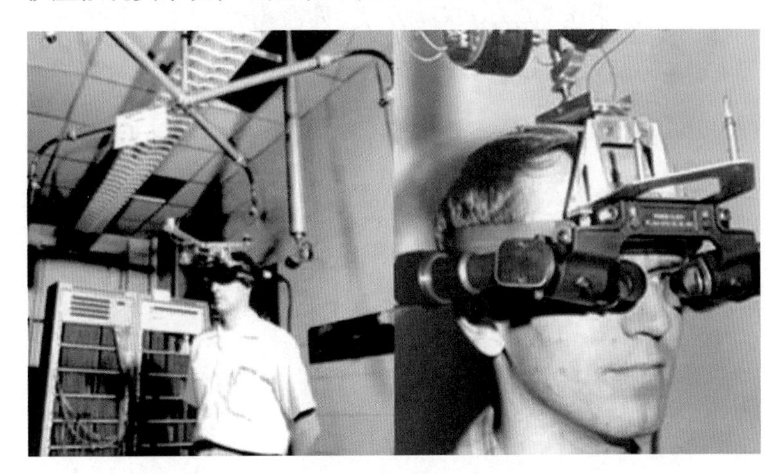

图 4.2 “达摩克利斯之剑”头戴式显示器

由于这台设备已经能够通过两个一英寸的 CTR 显示器显示出具有深度的立体画面，并且具有头部追踪、人机互动等技术特点，所以是世界上公认的第一台 VR 设备原型。但是，由于当时的硬件技术条件落后，这款设备过于沉重，无法独立穿戴，需要在天花板上搭建支撑杆才能使用；而且，由于概念过于超前，“达摩克利斯之剑”最终也只能被埋没在沉寂的实验室中，但它的出现仍为虚拟现实技术奠定了坚实的基础。

1984 年，虚拟现实技术先驱杰伦·拉尼尔（Jaron Lanier）参与创办了世界第一家 VR 创业公司，即 VPL 研究公司，创造出世界上首款消费级的 VR 设备。同时，拉尼尔公开了一种技术假想：利用计算机图形系统和各种现实控制等接口设备，在计算机上生成可交互的三维场景。拉尼尔将这种技术命名为“虚拟现实（Virtual Reality）”[3]，因此拉尼尔被称为“虚拟现实之父”。

1990 年，我国学术界开始研究虚拟现实技术。我国著名科学家钱学森老先生对虚拟现实技术给予了较多的关注，认为虚拟现实技术处理的环境可以称为“灵境”，虚拟现实技术也可以称为灵境技术，这样更贴近中国文化（见图 4.3）。钱学森提出，灵境技术是继计算机技术革命之后的又一项技术革命，它将引发一系列震撼全世界的变革，一定是人类历史中的大事。

虚拟现实技术应用逐渐为大众所熟知，一定程度上要归功于科幻电影，包括 1992 年的电影《剪草者》、1999 年的《黑客帝国》、2017 年的《刀剑神域》、2018 年的《头号玩家》。《剪草者》主要展示了虚拟现实技术能使人进入一个由计算机创造出来的、如同想象力般无限丰富的虚幻世界。《黑客帝国》和《刀剑神域》从脑机接口的角度描述了人与虚拟世界的接入和退出。《头号玩家》则通过佩戴 VR 眼镜来完全沉浸于虚拟世界。

2016 年被称为“虚拟现实元年”，大量虚拟现实和增强现实的作品或者相关新闻涌入人们的视野，虚拟现实技术热潮涌动，对科技行业的影响显而易见。依托越发强大的图形计算能力，人们可以在虚拟世界中看到更加逼真的景物，各种实时渲染引擎、建模软件让虚拟世界变得更加丰富真实。

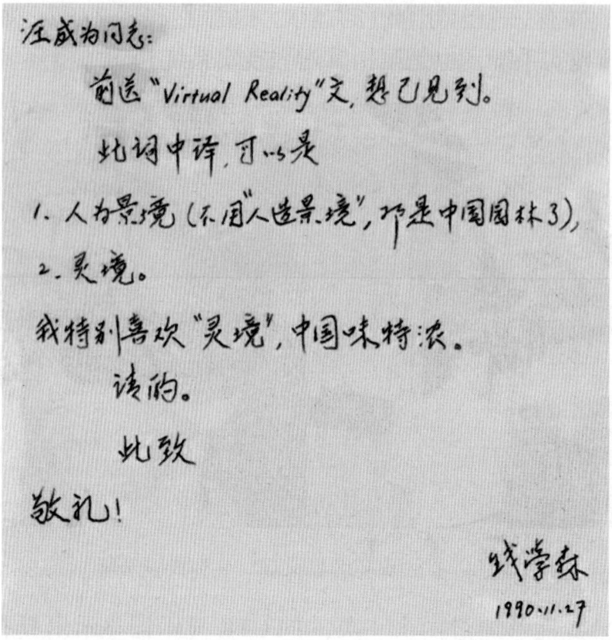

汪成为同志：

前送"Virtual Reality"文，想已见到。

此词中译，可以是

1. 人为景境（不用"人造景境"，那是中国园林了），

2. 灵境。

我特别喜欢"灵境"，中国味特浓。

请酌。

此致

敬礼！

钱学森

1990.11.27

图 4.3　钱学森先生写给汪成为院士的书信

2021 年，基于虚拟现实技术的"元宇宙（Metaverse）"概念在产业界走热。3 月 10 日，腾讯投资的在线游戏创作平台元宇宙从业公司 Roblox 于纽约证券交易所成功挂牌上市，市值超过 400 亿美元（Roblox 公司首次提出了元宇宙的概念，并很早就开始了对元宇宙的研究）。4 月 20 日，字节跳动公司斥资 1 亿元人民币投资了国内元宇宙概念公司——代码乾坤。7 月 26 日，扎克伯格（Zuckerberg）宣布脸书（Facebook）在未来五年内转变成元宇宙公司。8 月 29 日，字节跳动公司作价 90 亿元人民币并购国内 VR 领域领头羊 Pico 公司，完成对头显设备市场的布局。10 月 29 日，扎克伯格在 Facebook Connect 开发者大会中正式宣布，公司正式更名为 Meta（Metaverse 的前缀），此举意味着扎克伯格决定引导脸书公司完成转型。这其实是社交方式的改变，扎克伯格认为未来的社交平台将成为置身其中的沉浸式平台，而 Meta 的愿景就是建立一个数字虚拟的新世界。

2021 年 12 月 10 日，新华社发表特约文章《元宇宙的机遇与挑战》[4]，从元宇宙概念的由来、元宇宙的技术瓶颈与关键特征以及元宇宙的未来等几个层面对元宇宙进行阐述。这是我国学者对元宇宙概念的解释。

4.3　虚拟现实的应用分类

随着虚拟现实应用的不断发展，各种形式的应用也相应产生，目前主要包括虚拟现实（VR）、增强现实（Augmented Reality，AR）以及混合现实（Mixed Reality，MR）三种形式。

4.3.1 VR应用及VR眼镜的沉浸感原理概述

1. VR应用概述

相比于AR和MR形式的应用，VR应用更加广泛。鉴于VR技术的特性，VR在教育、游戏、旅游、医疗、军事、展览、工业仿真等不同的领域都存在较为成熟的应用。

比如“VR+教育”，VR应用在教育领域主要是发挥其形象表达、立体呈现以及互动性、沉浸性和共享性的特点，较多地用于成本高、危险性强、不可重现等试验的模拟以及化学反应中微观过程的呈现。近年来在教育部主导下，虚拟仿真实验课程以“金课”的形式在各大高校得到了大力建设。在一些专业的培训机构，VR技术能够为学员提供更多的辅助，如虚拟驾驶学习、消防救灾模拟、特种器械操作模拟以及极端环境模拟等。

再比如“VR+工业仿真”，VR技术在工业上主要用于工业园模拟、机床模拟操作、设备管理、虚拟装配、工控仿真等。

2. VR眼镜沉浸感原理

在目前的硬件条件下，VR应用的沉浸感离不开VR眼镜。

在VR头戴显示设备（Head-Mounted Display, HMD）诞生之前，人们主要通过平面显示器来观看虚拟作品，或者将产生的画面投影到一个弧形甚至是球形屏幕上，以此产生沉浸式效果[5]，屏幕还可以为平铺式（多个屏幕在眼前平整排列）、弯曲式（多个屏幕在眼前呈弯曲状排列），或单屏式（只有一个屏幕在眼前）、环绕式（多个屏幕以360°环绕排列），如图4.4所示；或者在这些屏幕上叠加两幅画面，让观影者左右眼看到不同的图像，从而产生更加立体的效果。一般来说，此类装置不仅占用空间过大，而且成本昂贵。

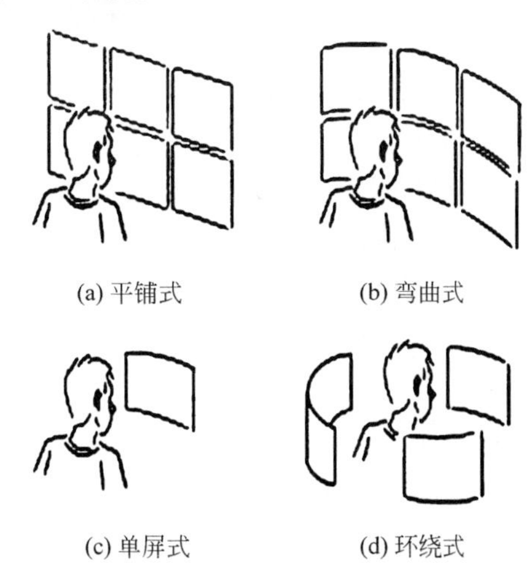

图4.4 VR诞生之前的虚拟现实作品观看示意图

近几年基于近眼显示技术而发展起来的VR头戴显示设备，因为沉浸效果好、成本较低在市场上大为流行。VR头戴显示设备也称VR眼镜，主要通过三方面来提升沉浸感的体验。

（1）VR眼镜通过凸透镜来放大人眼看到的即时图像范围。目前市面上的VR眼镜大概会产生90°~120°范围的图像视野（见图4.5（a）），这样的视野与球形环幕投影系统产生的效果差不多，且VR眼镜更贴近人眼，所以人眼被干扰的可能性大大降低。

（2）VR眼镜基于陀螺仪能够及时更新画面。当人们带上VR眼镜转动头部时，VR眼镜中内置的陀螺仪能够及时触发虚拟现实引擎以生成实时图像（见图4.5（b）），在硬件的算力保障下，实时更新画面，从而产生三维空间感，使体验者感觉自己就处于一个环绕的虚拟空间之中。

（3）VR 眼镜通过模拟人眼的机制而产生立体纵深感。人眼的机制，即左、右眼在每一时刻看到的图像并不相同，是两幅区别左、右眼位置的不同图像。VR 眼镜将左、右眼画面连续交替显示在屏幕上，加上人眼视觉暂留的生理特性，使用者便可以看到立体图像。

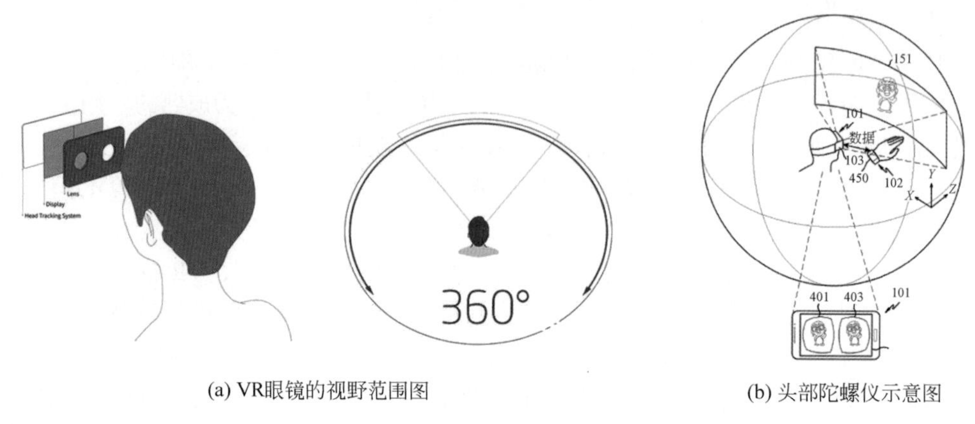

(a) VR眼镜的视野范围图　　(b) 头部陀螺仪示意图

图 4.5　VR 眼镜的视野范围及头部陀螺仪示意图

4.3.2　AR 应用概述

如果说 VR 技术主要是让体验者完全沉浸在虚拟世界之中，强调的是虚拟世界给人们带来的沉浸感，同时体验者还可以与虚拟世界中的事物进行交互操作，那么 AR 技术就是将计算机生成的图像信息叠加到真实世界场景中，而且并不会妨碍体验者与真实世界的联系。运用三维成像技术可以让用户实时地看到叠加在真实场景中的虚拟物体，为人们提供超现实的视觉感觉，这也是增强现实技术最大的特点。

增强现实技术最早出现于 20 世纪 60 年代[6]。1968 年，计算机科学家伊万 · 萨瑟兰发明了历史上第一个头戴式显示设备，它能够显示简单的二维图像，用户可以通过该设备看到叠加在真实环境上的线框图。在此基础上，阿祖马（Azuma）[7] 提出了增强现实系统的三个基本性质：①虚实融合；②实时交互；③三维配准。随后增强现实技术开始加速发展，高校、企业以及科研院所纷纷投入大量的人力及资金用于增强现实技术的研究。

增强现实包括三大关键技术：跟踪注册技术、虚实融合显示技术、实时交互技术，其中核心技术为跟踪注册技术。为了将真实世界和虚拟物体无缝融合，需要使用摄像头实现实时监测，确定摄像头相对于真实场景的位置以及角度等状态，确定虚拟信息的叠加位置，将呈现的虚拟信息在屏幕上实时显示，完成三维注册。增强现实系统的结构如图 4.6 所示。

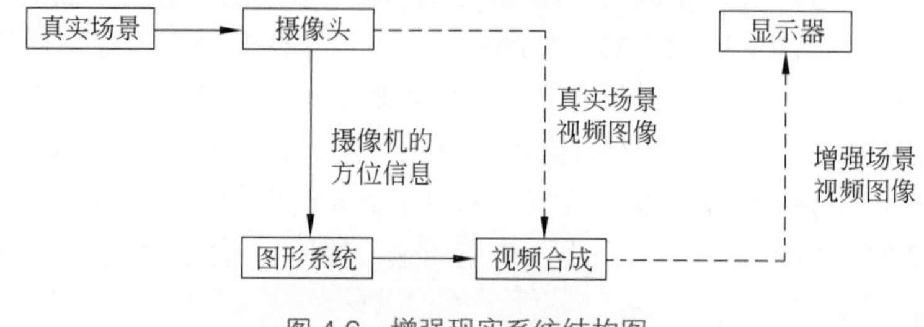

图 4.6　增强现实系统结构图

近年来，随着移动互联网技术的不断发展，AR 技术在移动端得到了广泛应用，移动增强现实技术（Mobile Augmented Reality，MAR）发展迅猛，成为 AR 技术的一个重要的分支。MAR 技术可实现虚实结合、实时交互、三维注册，将增强视图显示或运行在移动设备上。MAR 不仅继承了增强现实的三个特点，还具有可移动的特性，这也导致它与传统的增强现实在交互方式上有一定的不同之处。MAR 技术应用中的交互是将 AR 和移动设备各自的特点相结合，产生适用于移动设备的交互技术。MAR 交互方式可以划分为基于触摸的交互、基于空中的手势交互、基于设备的交互。通过多种交互方式，用户可以在移动平台上体验到丰富的内容。

比较有名的 MAR 应用是 Nintendo 公司出品的游戏 Pokémon Go，如图 4.7 所示。它是一种基于位置信息的移动增强现实游戏，可让游戏玩家了解和体验移动增强现实技术 [8]。

图 4.7　Pokémon Go 游戏界面

在教育领域，MAR 技术很好地匹配了情景教学的教学思想，让使用者可以快速进入一个与教学内容高度一致的环境中，激发使用者的想象力，极大降低了使用者接受和吸收新知识的成本。Alakärppä 等人 [9] 在 MAR 应用中使用自然界中的元素作为 AR 标记，通过让 6~12 岁的儿童使用该应用（见图 4.8），对儿童和老师进行访谈和观察。他们发现这种方式的教学能够极大地吸引儿童的注意力，提升儿童的学习体验效果。

图 4.8　AR 儿童教育类应用

4.3.3　MR 应用概述

除了上述 VR 应用、AR 应用，虚拟现实技术还经常与各种现实场景关联使用，这种

使用不是完全沉浸式的体验,而是虚拟世界和真实世界相叠加的体验,这种“真实”和“虚拟”混合的应用称为混合现实[10]。MR 应用技术通过在现实环境中引入虚拟场景信息，在现实世界、虚拟世界和用户之间搭建起交互反馈的信息回路，以增强用户体验的真实感。MR 应用具有实时交互性、真实性以及构想性的特点。

随着信息科技的迭代发展，尤其是 5G 网络和通信技术的高速发展，混合现实应用发展迅速，已经广泛应用于教育培训、娱乐、工业、医疗等行业，并充分应用于营销、物流、运营、服务等多个环节。

在智能制造的浪潮中，为了提升产能和效能，越来越多的企业开始寻求智能化的工业升级方法，希望通过新兴技术来赋能产业，为企业创造新的价值。MR 技术由于可以将虚拟场景与真实环境、实物进行良好的结合，逐渐被企业所接受，工业是目前对混合现实技术需求最强烈的领域。图 4.9 所示是一个典型的工业应用场景。

图 4.9　MR 应用场景：基于 HoloLens 眼镜的远程指导

工作人员戴上 MR 眼镜在生产环境中进行检修，其眼前的机器设备上会自动浮现出该设备当前的运行数据。工作人员可以通过眼镜进行数据记录，并完成问题上报。随后，他可以根据故障信息调取相关问题的处置方案或全息维修指导手册，设备的维修指导信息会一步一步地呈现在他的面前，并准确地指出每个步骤操作的具体位置。如果维修指导手册没办法帮他解决问题，还可以马上通过 MR 眼镜呼叫远程的技术专家。专家通过分析眼镜端捕捉的画面后，为现场员工提供精确的专业指导，协助完成问题的处置。在整个流程中，生产环境现场的员工仅需一副 MR 眼镜就可实现所有的功能。

还有一个典型的 MR 应用案例是微软公司在 HoloLens 发布会上所展示的虚拟场景，用户可以在自家客厅里大战入侵的外星生物，如图 4.10 所示。

MR 应用中的主要硬件设备包括微软公司出品的 HoloLens 眼镜、Rokid 公司发布的双目眼镜 Rokid Vision 2 等。谷歌公司投资的 Magic Leap 公司也曾致力于 MR 眼镜的研制。

图 4.10 微软公司在 HoloLens 发布会上所展示的 MR 应用场景

4.3.4 虚拟现实相关技术的比较

VR、AR 以及 MR 应用技术的比较，一直是大家比较关注的话题。

虚拟现实技术是将用户带入一个完全由数字打造的虚拟世界，通过头戴式设备，让用户完全沉浸在虚拟世界中，让用户体验到不同于真实世界的沉浸式体验，这是 VR 最大的特点。正如《黑客帝国》《头号玩家》两部电影中描述的一样，VR 体验者的意识停留在一个计算机生成的虚拟世界中，全身心地体验虚拟世界中的事物。当然，由于技术所限，现实中的 VR 应用暂时还无法提供同上述电影完全一样的体验。由于目前 VR 应用还无法实现完全自然的人机交互，人类与虚拟世界的隔阂依旧存在，所以现有的 VR 设备很难完全模拟出人们的真实体验，一旦解决了这个问题，那么 VR 应用便有着无限的可能。

增强现实技术是在真实世界中叠加虚拟信息，通过这种方式来增强用户在现实生活中获取信息的能力，使用户得到愉快的体验。AR 技术的特点是实时连接，通过不断发展的互联网络，可以实时地补充真实世界中看不到的信息。AR 起到了一种类似黏合剂的作用，将虚拟信息联结到真实世界。这和 VR 应用有着本质的区别：AR 只为让用户更好地体验真实世界，而 VR 则完全切断两者的联系，打造一个完全封闭的虚拟世界，与真实世界互不影响。

混合现实技术则是 AR 与 VR 的中间状态，结合两者的优点，通过将虚拟世界的物体与真实世界混合在一起，可以让用户感到前所未有的体验：既存在于真实世界中，又可以触摸到虚拟世界。MR 技术让虚拟元素融合到我们的真实生活之中。

简而言之，在虚拟现实应用中，体验者看到的场景和人物全是虚拟的，是把用户的意识代入一个虚拟的世界，可以说是“无中生有”，体验者看到的一切都是假象。增强现实是根据获取到真实环境的参考系并把虚拟的模型放到合适位置，体验者看到的场景和人物，一部分是真实的，一部分是虚拟的，是把虚拟的信息带到现实世界中。而混合现实实际上是 AR 和 VR 的混合体，在同一空间内实现 VR、AR、VR+AR。三者之间的区别，如图 4.11 所示。

Real	AR	MR	VR
纯真实	增强现实	混合现实	纯虚拟
呈现的都为物理对象	强调虚拟对象与实物目标对象的属性关系	强调虚拟对象与目标对象的空间关系	呈现的都为虚拟对象

图 4.11　VR、AR、MR 比较图

4.4　虚拟现实应用开发工具

虚拟现实应用的开发工具主要强调软件实现的工具，包括三维建模软件、开发引擎和动画特效制作工具软件等几个层面。

4.4.1　三维建模软件

目前市面上的三维建模工具软件较多，比较流行的有 3DS MAX、Maya、Rhinocero、Cinema 4D 以及 Blender 等软件。

1. 3DS MAX 软件

Discreet 公司开发的 3DS Studio MAX 建模工具软件，简称为 3D MAX 或 3DS MAX，是当今世界上销售量最大的三维建模、动画制作及渲染软件，如图 4.12 所示。3DS MAX 是基于 PC 系统的三维动画渲染和三维模型制作的工具软件，由于其良好的性价比及上手容易的特点，最早应用于计算机游戏中的动画制作，后来开始应用于影视的特效制作以及虚拟现实应用中的三维场景模型创建。

图 4.12　3DS MAX 2020 软件

2. Maya 软件

Autodesk 公司开发的 Maya 软件是一款顶级的三维动画制作工具软件，也是虚拟现实作品制作过程中使用率较高的三维建模软件，应用对象是专业的影视广告、角色动画、电影特技以及三维模型制作等。基于 Maya 软件可以较好地改善多边形建模，多线程支持可以充分利用多核心处理器的优势，如图 4.13 所示。相比于其他建模软件，Maya 软件在角色建模方面更加具有优势。

3. Rhinocero 软件

Rhinocero 简称 Rhino，又称犀牛，是美国 Robert McNeel 公司开发的专业 3D 建模工具软件，如图 4.14 所示。Rhino 对机器配置要求很低，但其设计和创建 3D 模型的能力非常强大，特别是在创建 NURBS 曲线曲面方面，深受很多建模专业人士的认可。Rhino 的基本操作和 AutoCAD 有相似之处，目前广泛应用于工业设计、建筑、家具、鞋模设计，擅长产品外观造型建模。

4. Cinema 4D 软件

Cinema 4D 是德国 Maxon Computer 公司开发的 3D 建模工具软件，主要用在 Mac OS 操作系统上，以极高的运算速度和强大的渲染插件著称，擅长运动图形数据以及数据可视化处理，是一款稳定性极高的专业软件，在欧美及日本特别受欢迎，如图 4.15 所示。

Cinema 4D 拥有优质的参数化建模工具，支持软件外的插件使用，让软件拥有更多的功能。Cinema 4D 在广告、电影、工业设计等方面都有出色的表现，如影片《阿凡达》中就有它的身影。

图 4.13　Maya 2020 软件

图 4.14　Rhino 软件

图 4.15　Cinema 4D 软件

5. Blender 软件

Blender 是一款开源的 3D 图形图像处理软件，具备从建模、动画、材质、渲染，到音频处理、视频剪辑等一系列功能，如图 4.16 所示。Blender 软件的操作十分简单，它拥有简单明了的界面和功能分类，同时还内置绿屏抠像、摄像机反向跟踪、遮罩处理、后期结点合成等高级影视解决方案。Blender 内置 Cycles 渲染器和实时渲染引擎 EEVEE，同时支持多种第三方渲染器。

图 4.16　Blender 软件

需要强调的是，从 Blender 2.5 版本开始，Blender 调整了原有构架，对代码进行了一次完全重构与重写，并采用了新的界面。Blender 2.5 版本在很多方面都取得了较好的进步，包括软件界面、建模能力、动画流程以及 Python API 等。本书后面讲述 WebXR 应用开发过程的部分中，使用的建模工具就是 Blender 软件。

4.4.2 虚拟现实开发引擎

虚拟现实应用开发往往都是使用游戏引擎来完成的。市面上主流的引擎包括 Unity 3D、Unreal Engine 和 3DVIA Virtools 这三款，另外还有一款国产 AR 引擎 EasyAR 值得关注。

1. Unity 3D

Unity 3D 是由 Unity Technologies 公司开发的专业跨平台游戏开发及虚拟现实引擎，如图 4.17 所示。它支持目前所有主流 3D 动画创作软件和图像处理软件导出的资源，用户通过内容导入、内容编辑、内容发布三个阶段，可以将自己的创意变成现实。全世界所有 VR 或 AR 内容中超过 60% 都是以 Unity 3D 作为制作工具进行开发的。Unity 的主要特点是支持跨平台：一次开发，多平台发布。支持的平台包括手机、平板计算机、PC、游戏主机、增强现实和虚拟现实设备。

2. Unreal Engine

Unreal Engine 也称 Unreal 或 UDK，中文名称是虚幻引擎，是由 Epic Games 公司推出的一款游戏开发引擎，如图 4.18 所示。相比其他引擎，Unreal 不仅高效、全能，还能直接预览开发效果，赋予了开发者更强的能力。Unreal Engine 4 是第 4 代虚幻引擎，也是目前用得较多的版本。

Unreal 的本土化工作开展得很好，Epic Games 中国分公司与 GA 国际游戏教育公司在上海联合成立了中国首家虚幻技术研究中心，旨在进行本土化推广，帮助具备美术或策划、程序设计等基本游戏开发知识的兴趣爱好者使用 Unreal 开发出完整的游戏雏形，推动国内游戏研发力量的成长。

3. Virtools

3DVIA Virtools 简称 Virtools，是法国达索（Dassault）公司早期发布的工业级虚拟现实应用开发平台，如图 4.19 所示。Virtools 起初定义为游戏引擎，但后来主要用于开发虚拟现实系统。Virtools 扩展性好，可以接外设硬件（包括虚拟现实硬件），有自带的物理引擎，支持 Shader。另外，Virtools 还具备丰富的 3D 环境虚拟交互编辑功能，方便没有计算机

图 4.17 Unity 3D 软件

图 4.18 Unreal Engine 软件

图 4.19 3DVIA Virtools 软件

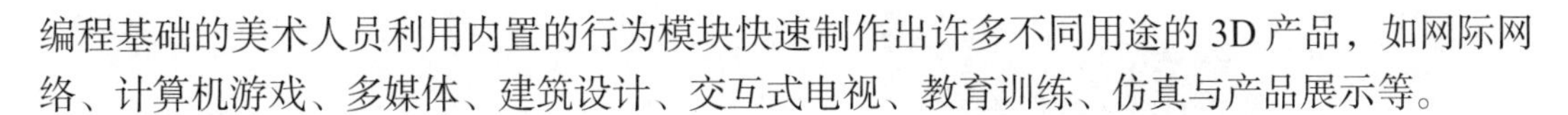

编程基础的美术人员利用内置的行为模块快速制作出许多不同用途的 3D 产品，如网际网络、计算机游戏、多媒体、建筑设计、交互式电视、教育训练、仿真与产品展示等。

4. EasyAR

EasyAR 是 Easy Augmented Reality 的缩写，是由我国视辰信息科技（上海）有限公司开发的增强现实应用开发工具。EasyAR 为企业用户及个人用户提供了强大的增强现实引擎、工作流程、软件开发工具包和云服务。从某种意义上来说，EasyAR 并不是一个引擎，而是一个 SDK 插件，相应产品包括 EasyAR Unity SDK、EasyAR Android SDK（非 Unity）、EasyAR iOS SDK（非 Unity）、EasyAR Windows SDK（非 Unity）和 EasyAR Mac SDK（非 Unity）。

4.5 虚拟现实的输入和输出设备

4.5.1 虚拟现实输入设备

1. VR 手柄

VR 手柄是目前为止最常见的 VR 输入设备。主流的 VR 控制器大致包括 HTC Vive 手柄、Oculus Touch、PS Move 三种。

1）HTC Vive 控制器

HTC Vive 控制器的顶端采取横向的空心圆环设计，上面有用于定位的凹孔，如图 4.20 所示。用手持握时，拇指的位置有一个可供触控的圆形面板，而食指方向则有两阶扳机。

出色的定位能力是这款产品的优点之一，灯塔（Lighthouse）技术的引入能够将定位误差缩小到亚毫米级别，而激光定位也无疑是排除遮挡问题的最好解决方案。房间对角的两个发射器通过垂直和横向的扫描，就能构建出一个“感应空间”。而设备顶端诸多的光敏传感器，则能帮助计算单元重建一个手柄的三维模型。

尽管 HTC Vive 控制器几乎不存在延迟，也能支持 15 英尺（1 英尺 =0.3048 米）范围内的站立姿态，但它的持握体验其实并不太好，长时间持握 HTC Vive 手柄是个沉重的负担。除此之外，设备在 VR 内容的应用上也没有太多扩展空间，扣下扳机的动作仅契合某些 FPS 游戏。

2）Oculus Touch

Oculus Touch 采用了紧贴双手的工业设计，相比其他手柄更符合人类的自然姿态。如图 4.21 所示，Oculus Touch 的控制面板中嵌入了一个小型摇杆和数个圆形按键，握柄方向同样设置了单阶扳机，功能上与 HTC Vive 手柄相差不大。其内部植入的摄像头感应器成了亮眼之处，它能够通过感知距离模拟出手指的大致动作，这大大增强了控制器的可扩展性。

这款手柄的缺陷在于定位方案不完善，其配套头显设备只配备了一个摄像头，仅能感应正前方的小块区域，限制了 Touch 的使用范围。

图 4.20 HTC Vive 控制器

图 4.21 Oculus Touch

3）PS Move

PS Move 的造型像是顶了个彩色圆球的手电筒，持握手感也与手电筒非常相似，副操纵棒上甚至加上了传统手柄的十字按钮，整体的控件按钮多达十几个，操控起来有些繁杂，如图 4.22 所示。

相比其他 VR 手柄，PS Move 的定位技术比较落后，其可见光定位只能感应控制器的大致位置，完全谈不上精度，又由于抗遮挡性较差，多目标定位也有一定的数量限制。不过，PS Move 的复用大大降低了研发成本，而优秀的内容支持也一定程度上弥补了设备的缺陷。

2. 数据手套

数据手套是虚拟仿真中常用的交互式工具，如图 4.23 所示。数据手套内装有弯曲传感器，由柔性线路板、力敏感元件和弹性包装材料组成。柔性线路板上涂有力敏材料，力敏材料上还涂有一层弹性包装材料。数据手套可以将操作者的手势准确实时地传送到虚拟环境中，并将与虚拟物体的交互信息反馈给操作者。它使操作者能够更直接、更自然、更有效地与虚拟世界互动，极大地增强了互动性和沉浸感。它还为操作人员提供了一种通用、直接的人机交互模式，特别适用于需要多自由度手模型对虚拟对象进行操作的虚拟现实系统。但是，数据手套本身不提供与空间位置相关的信息，必须与位置跟踪设备一起使用。

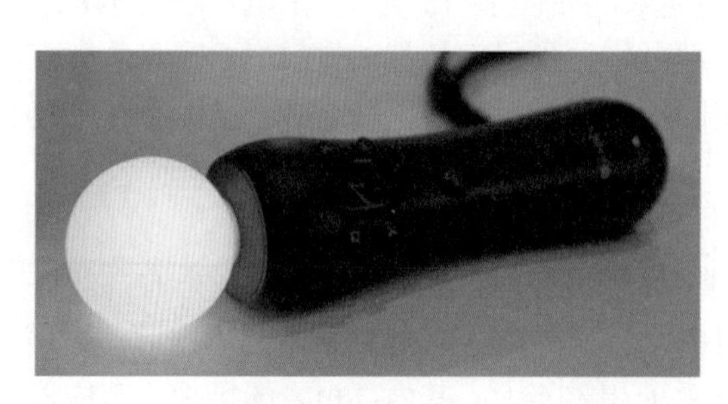

图 4.22 PS Move

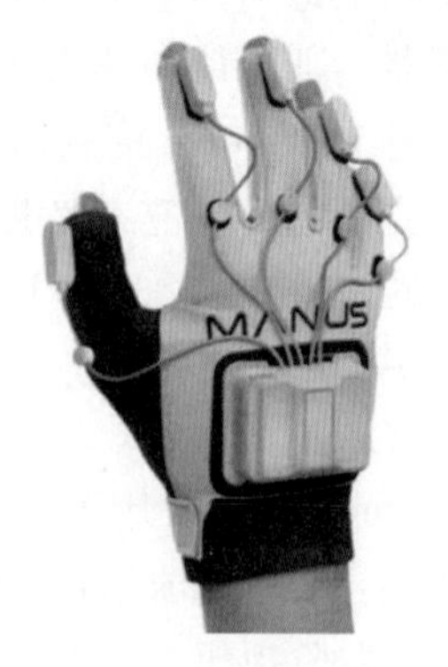

图 4.23 数据手套

3. 力矩球

力矩球是一个有六个自由度的外部输入装置，被安装在小型固定平台上，如图 4.24

所示。六个自由度是指宽度、高度、深度、俯仰角、旋转角和偏转角。它可以扭曲、挤压、拉伸和来回摆动，用来控制虚拟场景做自由漫游或者控制场景中物体的空间位置及其方向。力矩球可以测量出手所施加的力，将测量值转换成三个平移数值和三个旋转运动数值，并将它们发送给计算机。计算机根据这些值改变其输出显示。但在选择对象时，力矩球不是很直观。一般与数据手套、立体眼镜配套使用。

4. 操纵杆

操纵杆是一种可以提供前、后、左、右、上、下六个自由度及手指按钮的外部输入设备，如图 4.25 所示。适合控制虚拟飞行等类型的操作。由于操纵杆采用全数字化设计，所以其精度非常高。无论操作速度多快，它都能快速做出反应。操纵杆的优点是操作灵活方便，真实感强，相对于其他设备来说价格低廉。缺点是只能用于特殊的环境，如虚拟飞行。

图 4.24　力矩球

图 4.25　操纵杆

5. 触觉反馈装置

在 VR 系统中，如果没有触觉反馈，当用户在虚拟世界中触摸物体时，很容易使手穿过物体，从而失去真实感。解决这一问题的有效方法是将触觉反馈添加到用户交互设备中。触觉反馈主要通过视觉、气压、振动触摸、电子触摸和神经肌肉模拟来实现。将可变电脉冲反馈到皮肤的电子触觉反馈和直接刺激皮层的神经肌肉模拟反馈都是不安全的。相对而言，气动触觉反馈和振动触觉反馈是比较安全的触觉反馈方式。

气动触觉反馈使用一种以小气囊为传感装置的传感器（见图 4.26）。它由双层手套组成，其中一层用于测量力，20~30 个力传感元件分布在手套的不同位置。当用户在 VR 系统中产生虚拟接触时，检测手套各部分的手部状态。另一层用于重现检测到的压力，手套相应位置还配备了 20~30 个气囊。这些小气囊的气压由空气压缩泵控制，气压值由计算机调节，从而实现手接触虚拟物体时的触感。虽然这种方法所获得的触觉不是很逼真，但是也取得了相对其他方式来讲更好的效果。

振动触觉反馈是利用声圈作为振动能量交换装置产生振动的一种方法。简单的换能器就像一个没有喇叭的声圈。复杂的传感器由状态记忆合金支撑。当电流通过这些能量转换装置时，它们就会变形和弯曲。传感器可以根据需要制成各种形状，并通过手套贴在手掌的不同位置。通过这个过程就可以产生对虚拟对象平滑度的感知。

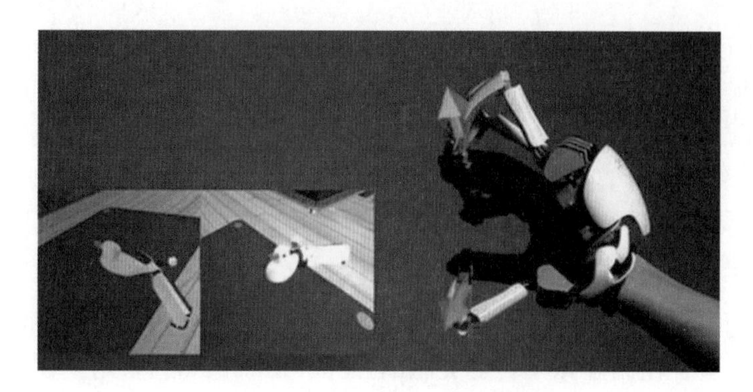

图 4.26　触觉反馈装置

6. 力觉反馈装置

力觉和触觉实际上是两种不同的知觉。触觉包括更丰富的知觉内容，如触感、质地、温度等；力传感设备需要能够反馈力的大小和方向。与触觉反馈装置相比，力觉反馈装置相对成熟。现有的力觉反馈装置有：力反馈臂、力反馈操纵杆、笔式六自由度游戏杆等。其主要原理是计算机通过内部反馈系统对用户的手、手腕和手臂的运动产生阻力，使用户能够感觉到力的方向和大小，如图 4.27 所示。由于人们对力的感知非常敏感，一般的精密装置都不能满足要求，而开发高精度反馈装置又相当昂贵，这是开发者目前面临的问题之一。

7. 运动捕捉系统

从技术角度来看，测量、跟踪和记录物体在三维空间中的运动轨迹的过程可称为运动捕捉。在 VR 系统中，为了实现人与 VR 系统的交互，需要确定参与者的头、手、身体等位置和方向，准确跟踪和测量参与者的动作，并实时监控这些动作，从而将这些数据反馈给显示控制系统。这些工作是虚拟现实系统的基础，也是动作捕捉技术的研究内容。

常用的运动捕捉技术从原理上可分为机械式、声学式、电磁式和光学式等类别。与此同时，不依赖传感器直接识别人体特征的动作捕捉技术将很快成为现实。图 4.28 所示为一种运动捕捉系统。

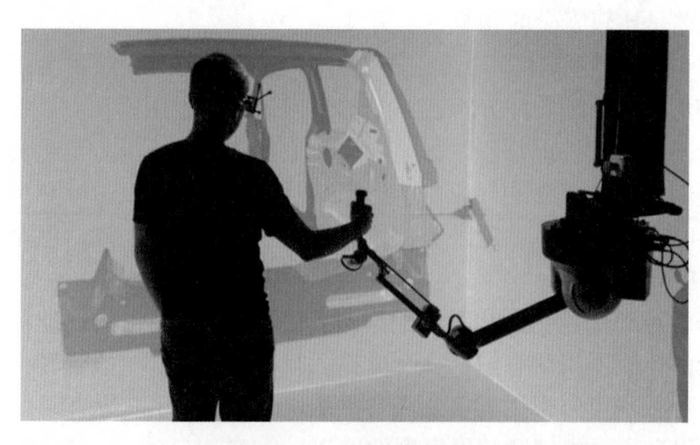

图 4.27　力觉反馈装置

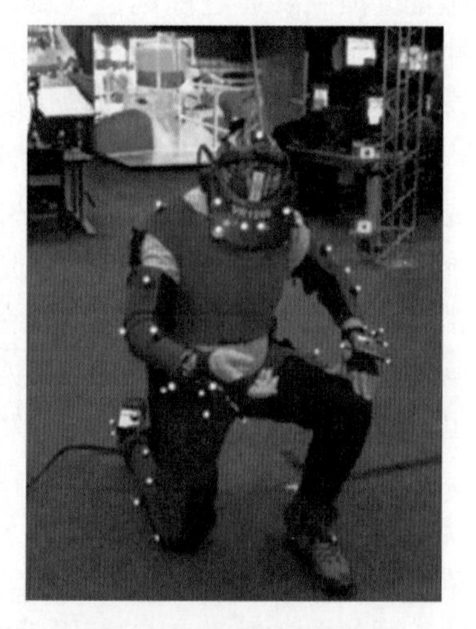

图 4.28　运动捕捉系统

1）机械式运动捕捉

机械式运动捕捉依靠机械装置来跟踪和测量运动轨迹。一个典型的系统由多个关节和刚性连杆组成。在可旋转关节内安装角度传感器，测量关节旋转角度的变化。根据角度传感器测得的角度变化和连杆的长度，可以得到连杆端点在空间中的位置和运动轨迹。装置上任意一点的轨迹数据都可以得到，刚性连杆也可以用变长伸缩杆代替。机械式运动捕捉的一种应用形式是将被捕捉的运动物体与机械结构连接起来，物体的运动驱动机械装置，由传感器记录下来。这种方法的优点是成本低，精度高，可实时测量，允许多个角色同时执行；但使用非常不方便，而且机械结构对使用者的动作有很大的障碍和限制。

2）声学式运动捕捉

常用的声学式运动捕捉设备包括发射器、接收器和处理单元。发射器是固定的超声波发生器，接收器一般由三个超声波探头组成，布置成三角形。通过测量声波从发射器和接收器的时间或相位差，系统可以确定接收器的位置和方向。这种装置成本低，但运动捕捉有较大的延迟和滞后，实时性差，精度低，声源和接收器之间不能有大的遮挡，受噪声和多次反射的干扰大。由于声波在空气中的速度与气压、湿度和温度有关，因此在算法中必须做出相应的补偿。

3）电磁式运动捕捉

电磁式运动捕捉是一种常用的运动捕捉装置。它一般由发射源、接收传感器和数据处理单元组成。发射源产生的电磁场在空间中遵循一定的规律；接收传感器放置在使用者的身上，当使用者在电磁场中移动时，通过电缆或无线方式与数据处理单元连接。这种装置对环境有严格的要求，使用现场附近不得有金属物体，否则会干扰电磁场，影响精度。系统允许的运动范围比光学式要小，特别是电缆对用户的活动有很大的限制，不适用于大幅度快速的运动。

4）光学式运动捕捉

光学式运动捕捉是通过监测和跟踪目标上的特定光点来完成运动捕捉的任务。常见的光学式运动捕捉大多基于计算机视觉原理。从理论上讲，对于空间中的一个点，只要可以同时被两台相机捕捉到，那么就可以根据两台相机同时拍摄的图像和相机参数来确定该点在空间中的位置。当相机以足够高的速率连续拍照时，可以从图像序列中得到这个点的运动轨迹。这种方法的缺点是费用昂贵。虽然可以实时捕捉运动，但后处理的工作量非常大，对场景的照明和光线反射有一定的要求，且设备校准烦琐。

4.5.2 虚拟现实输出设备

1. 头戴式显示设备

虚拟现实头戴式显示设备利用人的左右眼获取的信息差异，交替在左右眼屏幕上分别显示不同的图像，人眼获取这种带有差异的信息后在脑海中产生立体感。头戴式显示设备具有小巧和封闭性好的特点，在军事训练、虚拟驾驶、虚拟城市等项目中具有广泛的应用。

1）Oculus 系列

（1）Oculus Rift 是一款为电子游戏设计的头戴式显示设备（见图 4.29），其具有两个目镜，每个目镜的分辨率为 640×800，双眼的视觉合并之后拥有 1280×800 的分辨率。它可以通过陀螺仪控制用户的视角，使游戏的沉浸感大幅提升。Oculus Rift 可以通过 DVI、HDMI、micro USB 接口连接计算机或游戏机。

（2）Oculus Quest 是 Oculus 旗下首款能够完全独立运作的六自由度（6DoF）装置（见图 4.30），它的单眼分辨率为 1600×1440。作为一款独立使用的 VR 装置，Quest 利用 Inside-Out 技术来追踪用户的移动，在没有外置定位装置的条件下都可以使用，也因此支持 6DoF 追踪。

图 4.29　Oculus Rift

图 4.30　Oculus Quest

（3）Oculus Quest 2 是一款一体式 VR 头戴式显示设备（见图 4.31），它是 2019 年推出的 Oculus Quest 的更新版本，保留了与上一代 Quest 相同的一体式功能设计，但改进了屏幕，减轻了重量。Quest 2 的控制手柄是白色的，功能与前几代 Oculus Touch 几乎相同。

2）HTC VIVE 系列

（1）HTC VIVE 是由 HTC 与 Valve 联合开发的一款 VR 头戴式显示产品，于 2015 年 3 月在 MWC2015 上发布，如图 4.32 所示。由于有 SteamVR 提供的技术支持，因此在 Steam 平台上已经可以体验多种虚拟现实游戏。

图 4.31　Oculus Quest 2

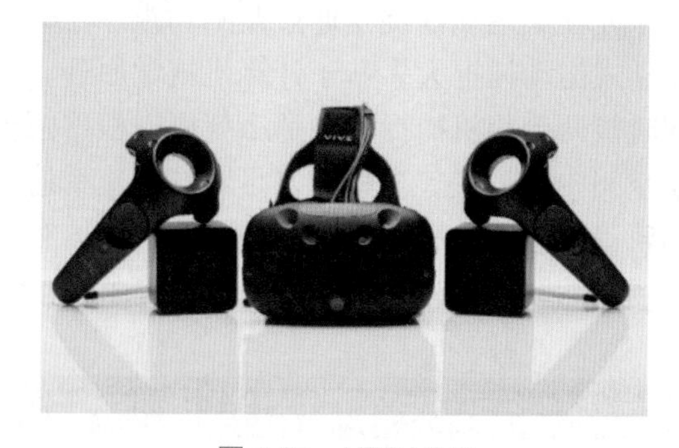

图 4.32　HTC VIVE

（2）HTC VIVE Pro（见图 4.33）采用 3K 分辨率 2880×1600 的 OLED 显示屏，支持使用 SteamVR 2.0 定位系统，能同时使用最高 4 个基站，活动空间扩展至 $10m^2$。内置 3D 音频耳机，通过 WiGig 的 60GHz 无线传输，能够提供超低时延的无线 VR 体验，如图 4.34 所示。

（3）HTC VIVE Focus Plus VR 一体机（见图 4.34）采用一块分辨率为 2880×1600、75Hz 刷新率的 AMOLED 屏幕，使用高通骁龙 835 移动处理器，具有 WORLD-SCALE 六

自由度大空间追踪技术，高精度九轴传感器、距离传感器。

图 4.33 HTC VIVE Pro

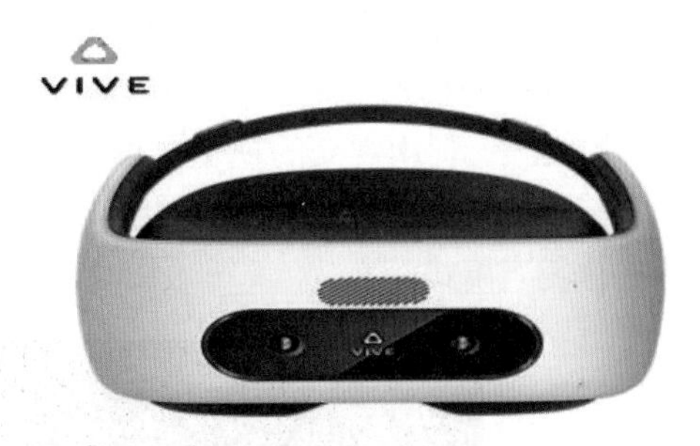

图 4.34 HTC VIVE Focus Plus VR

2. CRT 终端-液晶光闸眼镜

CRT 终端-液晶光闸眼镜（见图 4.35）立体视觉系统的工作原理是：由计算机分别生成左右两眼的图像，经过合成处理后在 CRT 终端上分时交替显示。用户戴上一副与计算机相连的液晶快门眼镜，在驱动信号的作用下，眼镜交替打开和关闭的速度与图像显示同步，也就是说，当计算机显示左眼图像时，右眼镜片被屏蔽；当右眼的图像显示时，左眼镜片被屏蔽。根据双目检测与深度距离的关系，人类视觉生理系统可以自动将两幅检测图像合成为三维图像。

3. CAVE 洞穴式虚拟现实显示系统

CAVE（Cave Automatic Virtual Environment）洞穴式虚拟现实显示系统是基于投影的围绕屏幕的洞穴状自动虚拟环境。洞穴投影系统是由三个及以上硬背投影墙组成的高度沉浸式虚拟演示环境。通过 3D 跟踪器，用户可以在投影墙环绕的系统中接触到虚拟的 3D 对象，也可以在“真实”的虚拟环境中随意漫游，如图 4.36 所示。

图 4.35 CRT 终端-液晶光闸眼镜

图 4.36 CAVE 洞穴式虚拟现实显示系统

洞穴系统是一种基于多通道视觉同步技术和立体显示技术的房间投影视觉协同环境，系统可提供一个房间大小的立方体投影显示空间，参与者在相应的虚拟现实交互设备（如数据手套、位置跟踪器等）的帮助下，完全沉浸在三维投影图像环绕的高级虚拟仿真环境中，获得身临其境的交互感受。由于投影面可以覆盖用户的所有视野，CAVE 系统可以为用户提供其他设备无法比拟的震撼体验。

4. 全息舞台

全息舞台是全息投影技术的主要应用领域之一，是利用光的干涉和衍射记录并再现物体真实三维图像的技术实现的。全息舞台一般采用“虚拟场景 + 真人”或者“真实场景 + 虚拟人”的模式，利用观众的视觉错位，立体幻影与表演者产生互动，幻影与表演者结合，产生令人震撼的演出效果，如图 4.37 所示。集视觉体验和音乐享受于一体的舞台全息投影，创造了新的表演模式。

图 4.37　全息舞台

5. 混合现实眼镜

1）Hololens

Hololens 是微软首款头戴式 AR（MR）设备，如图 4.38 所示。该产品于 2015 年 1 月 22 日发布。其功能主要包括新闻信息流的投影、全息透镜模拟游戏、全息透镜观看视频和观看天气、全息透镜辅助 3D 建模、全息透镜辅助模拟登陆火星。

2）Hololens2

在 2019 年 2 月 25 日的 WMC 2019 大会上，微软发布了新款 Hololens2，如图 4.39 所示。Hololens2 的视觉灵敏度可以达到每度 47 像素，视野面积是上一代的两倍多。Hololens2 支持语音识别，可以识别更多的语音命令；增加了眼动和手动追踪功能，操作起来更方便。Hololens2 还支持定制设计，以满足不同用户的需求。

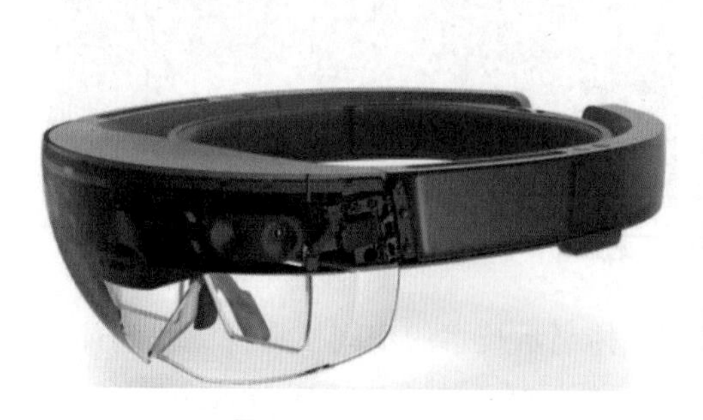

图 4.38　Hololens

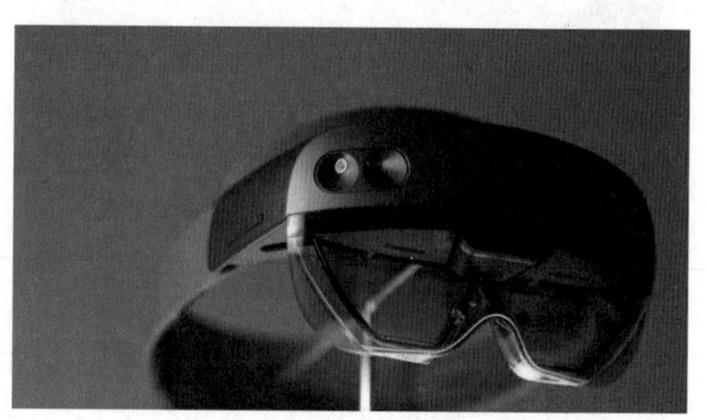

图 4.39　Hololens2

4.6 本章小结

作为虚拟现实基础篇的开篇章节，本章主要是对虚拟现实技术进行概述，旨在帮助读者了解虚拟现实技术的基础知识。本章的重点是理解 VR、AR 以及 MR 这 3 种应用形式的不同，并了解虚拟现实应用开发过程中常用的软硬件。

本章先介绍虚拟现实的基本概念，再从虚拟现实技术及应用发展的历史角度对虚拟现实进行了知识科普，一直谈到目前比较流行的元宇宙概念。由于虚拟现实存在 VR、AR 以及 MR 几种不同的应用形式，本章还分别对这三种应用进行说明和技术比较。最后，从软硬件两个角度，分别对虚拟现实应用开发所需要的工具软件、虚拟现实应用体验过程中所涉及的输入和输出硬件设备进行说明，旨在让读者对虚拟现实技术及应用有一个基本的了解。

参考文献

[1] BURDEA G,PHILIPPE COIFFET. Virtual Reality System and Applications[C]// World Electronics Annual Conference, 1993.

[2] 魏秉铎 . 虚拟现实基础及开发基础 [M]. 北京：电子工业出版社，2020.

[3] 杰伦・拉尼尔 . 虚拟现实 [M]. 赛迪研究院专家组 , 译 . 北京：中信出版社，2018.

[4] 陈为，郝爱民，徐明亮 . 元宇宙的机遇与挑战 [EB/OL]. https://baijiahao.baidu.com/s?id=1718748152772987070&wfr=spider&for=pc[2021-12-27].

[5] 谢郑凯 , 彭明武 . 设计未来：VR 虚拟现实设计指南 [M]. 北京：电子工业出版社，2017.

[6] 范丽亚 , 张克发 . AR 与 VR 技术应用：基于 Unity 3D/ARKit/ARCore：微课视频版 [M]. 北京：清华大学出版社，2020：68-71.

[7] AZUMA R T. A survey of augmented reality[J]. Teleoperators and Virtual Environments, 1997, 4(2)：355-385.

[8] SHEA R, et al. Location-based augmented reality with pervasive smartphone sensors：Inside and beyond Pokemon Go![J]. IEEE Access, 2017, 5：9619-9631.

[9] ISMO ALAKÄRPPAÄ, et al. Using nature elements in mobile AR for education with children[C]// Proceedings of the 19th International Conference on human-computer interaction with mobile devices and Services, 2017：1-13.

[10] 闫兴亚，张克发 . Hololens 与混合现实开发 [M]. 北京 : 机械工业出版社，2019.

第5章

虚拟现实应用开发

5.1 基于 Unity 的虚拟现实作品 UI 设计

虚拟现实应用开发往往是使用现有游戏引擎来完成的。现有的游戏引擎种类很多[1]，本章将以目前市面上较为普及的 Unity 3D 游戏引擎为例，说明虚拟现实应用开发的基本方法。

虚拟现实应用作品都离不开一个友好的 UI 设计，UI 交互界面设计对用户体验具有重要影响。传统 UI 设计是将所有的 UI 组件放在一个平面内，UI 交互界面始终以二维形式展现。但在虚拟现实作品中，开发者需要场景内所有物体都能够满足视觉上“近大远小”的效果，传统 UI 无法满足开发需求。基于此 Unity 引擎提供了用于设计三维形式的 UI 界面组件 UGUI，开发者可以通过设置不同的 UI 渲染模式、为 UI 添加特效等方法来提高用户与 UI 交互的视觉效果。另外，任何作品都需要一个符合逻辑的开发流程，UI 界面设计流程是体现开发者逻辑的重要形式之一。因此开发者在 UI 设计的过程中，除要了解如何使用 UGUI 组件外，也要了解作品 UI 界面设计流程的原则和逻辑思路。

5.1.1 UGUI 图形界面系统

UGUI 是 Unity 内置的 UI 界面设计与实现的插件，自 Unity 4.6 版本起，随着 Unity 官方的不断更新，越来越多的作品选择采用 UGUI 来进行 UI 界面的设计与制作[2]。相比之前的 OnGUI 以及 NGUI（插件），UGUI 更加人性化，并且作为一个开源系统，UGUI 具有灵活、快速和可视化等特点。对于开发者来说，UGUI 效率更高、执行效果更好、便于使用、拓展友好，并且与引擎的兼容性更高。

在 Unity 中的 Hierarchy 面板中右击，选择 UI 子菜单中的选项即可创建相关组件，如图 5.1 所示。

UGUI 系统主要包括 Canvas（画布）和 Event System（事件系统）两大部分功能。

1. Canvas

Canvas 是 UGUI 系统的基础，是所有 UI 元素必需的内容，在场景中创建的各种 UI 控件都会自动归类到 Canvas 下。创建 Canvas 的方法有两种，除了通过菜单直接创建

Canvas外，也可以通过创建任意UI组件来自动生成一个容纳它的Canvas。使用这两种方法创建UI都会在系统中生成一个名为Event System的游戏对象。Event System对象中包含多个组件内容，可以实现如处理输入、射线以及事件管理等功能。

UGUI中的UI主要有三种渲染模式，即Screen Space-Overlay、Screen Space-Camera和World Space，可以通过Canvas对象下同名组件中的Render Mode选项来控制，如图5.2所示。

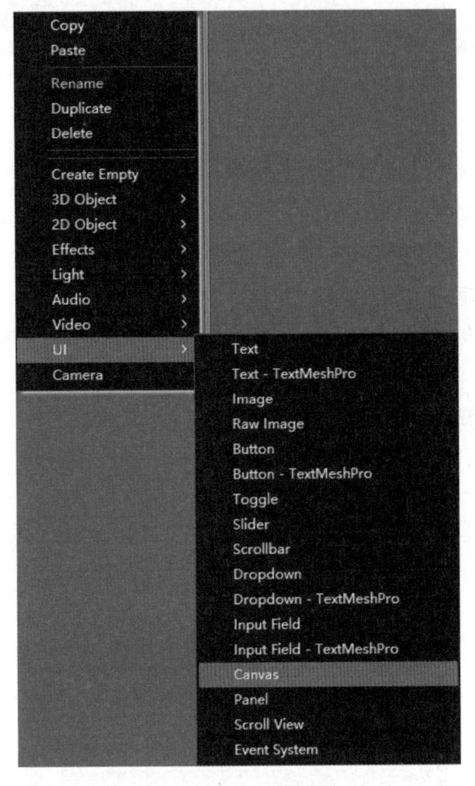

图5.1 UGUI组件的创建

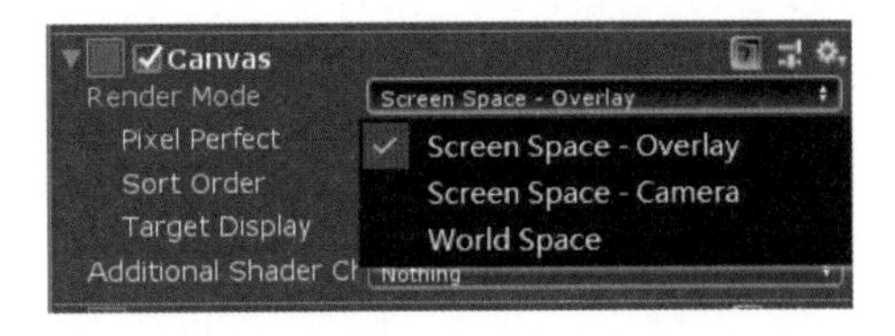

图5.2 UGUI的三种渲染模式

其中，Screen Space-Overlay渲染模式是指将场景中的UI直接渲染在屏幕中，可以跟随屏幕尺寸或分辨率的调整而调整以适配屏幕，并且UI始终在摄像机的最前面显示；Screen Space-Camera渲染模式类似于前一模式，不同的是画布可以设置在摄像机的前方，并且支持UI前放置模型和粒子效果等；而在World Space渲染模式中，UI界面会被视为一个3D对象，不再像前两种模式一样直接渲染在屏幕中，而是需要开发者去调整其空间坐标。在World Space模式中UI也不再自适应屏幕，更多依赖于开发者的排版。使用World Space渲染模式，会让虚拟现实应用作品更有沉浸感，用户需要通过自己的移动来查看UI中的信息，如同行驶中查看公路指示牌一样，更加贴合人们在现实生活中的观看习惯。在虚拟现实应用作品的开发中，通常都使用World Space这种渲染模式。

2. Event System

当开发者创建UGUI控件后，Hierarchy面板中会自动创建一个Event System，用于控制各类UI事件。Event System自带一个Input Module，用于响应标准输入。Input Module

中封装了 Input 模块的调用，根据用户操作触发各 Event Trigger。

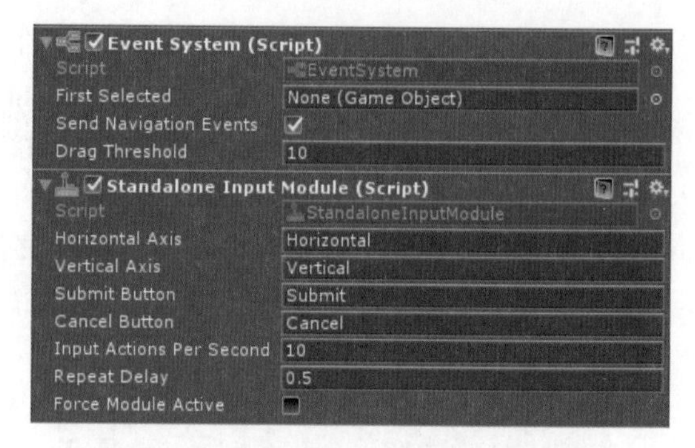

图 5.3　UGUI 的 Event System 事件

Event System 事件处理器中还包含了两个组件，分别是 Event System（Script）和 Standalone Input Module（Script），如图 5.3 所示。其中，Event System（Script）组件负责 Input Module 的切换、激活与反激活，并负责 Tick 整个事件系统。通过更新 Input Module，可以处理失焦，记录鼠标位置，或记录一个选中的对象；而 Standalone Input Module（Script）组件用以处理鼠标的输入或触摸事件，进行事件的分发，在激活和反激活时负责初始化（选择对象，鼠标位置）和清理无效数据（选择对象、pointerData）。Standalone Input Module（Script）组件不直接使用 Input 获取数据，而是使用一个 MonoBehaviour 进行封装，提供切换 Input 的功能。

另外，在 UGUI 系统中还存在很多常见控件，如 Image 控件（显示图片内容）、Text 控件（显示文字内容）、Button 控件（制作交互按钮）、Slider 控件（制作加载进度条）等控件。在创建这些控件后，可以在 Inspector 面板中调整相关属性，如图 5.4 所示。

使用 UGUI 系统和内置的控件能够满足开发者对项目界面开发的需求。但在 UGUI 系统中，所有图片类型素材均需要使用 Sprite（精灵）来呈现，在导入图片类型的素材后需要在 Inspector 面板中将其修改为 Sprite（2D and UI）模式，才能确保这些素材在 Unity 中的正常运行，如图 5.5 所示。

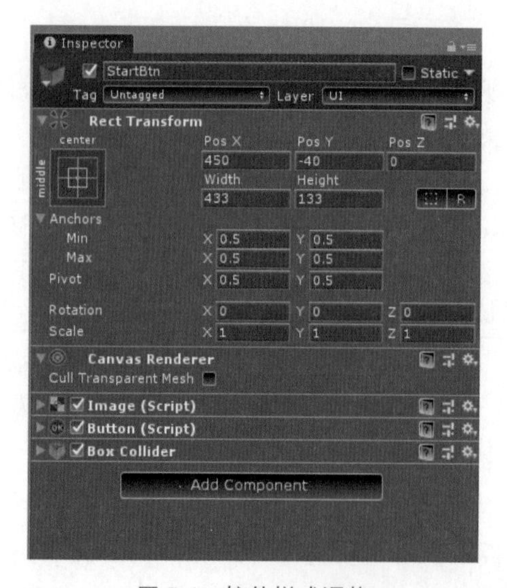

图 5.4　控件样式调整

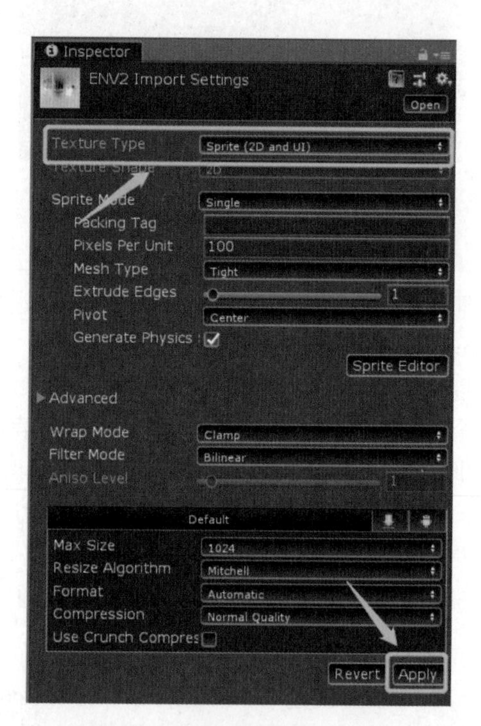

图 5.5　UGUI 的 Sprite 设置

在虚拟现实应用作品开发中，开发人员可以通过自定义脚本或使用UGUI插件的相关功能，来创建不同展现形式的UI界面，并通过将UI界面放置在不同的位置上实现更加逼真的视觉效果。

5.1.2 虚拟现实作品界面设计

虚拟现实应用作品的UI界面设计一般遵循以下原则。

（1）用户界面简洁易用。界面设计应简洁、明了，易于用户控制，并减少用户因不了解而错误选择的可能性。

（2）“用户至上”原则。用户界面设计中，以用户使用情景的思维方式做设计。

（3）减少用户记忆负担。相对于计算机，要考虑人类大脑处理信息的限度。所以UI设计需要考虑到设计的精练性。

（4）保持界面的一致性。界面的结构必须清晰，风格必须保持一致。

通常来说，UI界面设计主要包括界面整体规划、主界面设计、选择界面设计、设置界面设计。在主界面的设计中主要采用UGUI的Canvas、Button、Panel、Image等控件实现。通常将不会改变的文字制作成图片并使用Image控件来展示，使用Button实现场景跳转，如图5.6所示。

在选择界面设计中采用UGUI中的Canvas、Button、Panel等控件实现。其中，Image用来显示图像信息，使用Button来控制场景跳转，如图5.7所示。

图5.6 主界面设计示意图

图5.7 选择界面设计示意图

在设置界面设计中除了使用Canvas、Button等基础控件外，还可以使用Slider、Toggle、Text等控件来实现。一般情况下，Text用来显示文字，Slider用来实现音量大小调节功能，Toggle用来制作背景音乐开关，如图5.8所示。

这些UI界面可以通用于Unity制作的所有作品中，但在虚拟现实应用作品中，UI的位置摆放及交互方式与平面项目又有些不同。比如在虚拟现实应用作品中，UI的位置摆放会影响用户的查看，像在现实生活中一样，用户需要自己移动来寻找UI界面，这样有助于提升用户的沉浸感。合理摆放UI，可以使作品更贴近人们在现实生活中看东西的视觉习惯。图5.9(a)和图5.9(b)就显示出VR作品中不同位置的用户对同一UI界面的不同视觉效果。

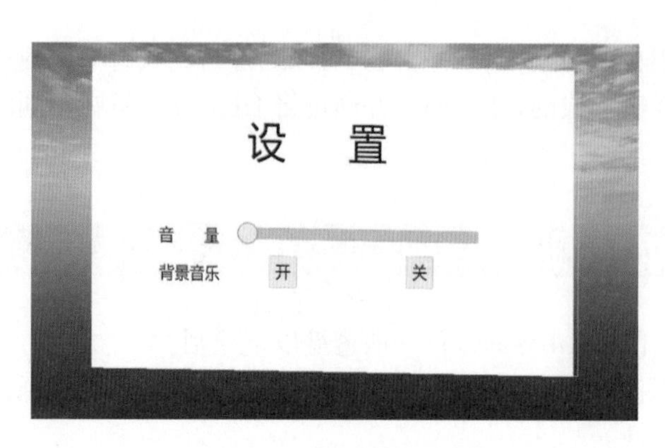

图 5.8　设置界面设计示意图

(a) VR作品UI界面的视觉效果1

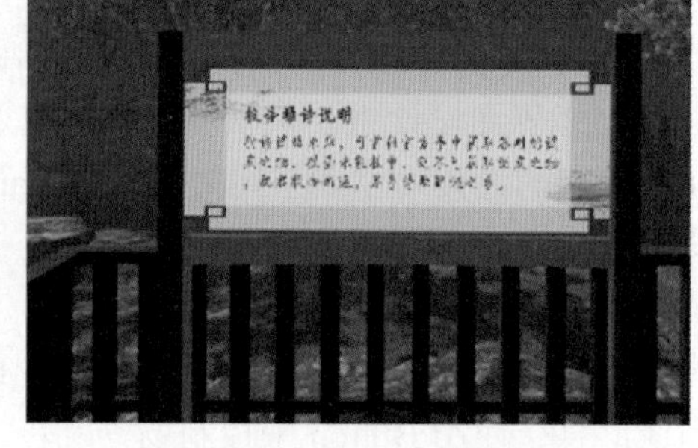

(b) VR作品UI界面的视觉效果2

图 5.9　VR 作品中不同位置的用户对同一 UI 界面的不同视觉效果

另外，Unity 引擎支持的图片格式包括 TIFF、PSD、TGA、JPG、PNG、GIF、BMP、IFF、PICT 和 DDS 等。其中，PSD 格式图片的各个图层在导入 Unity 之后会自动合并显示，但该操作并不会破坏 PSD 源文件的结构。但为了优化运行效率，应该尽量将图片的像素尺寸设置为 2^n，如 32、64、128 等，并需要将图片纹理的尺寸限定在 32~4096 像素，如 512 × 1024、32 × 4096 等都是合理的。对于尺寸不是 2^n 的图片，Unity 会自动将其转换为一个非压缩 RGB 模式 32 位图像格式，但在最后加载到显卡时其尺寸仍需要转换为 2^n，而这个转换比较耗时，甚至可能导致卡顿，一般情况下需要避免这种情况出现。

5.2　基于 Unity 的虚拟现实场景设计

在开发虚拟现实应用作品的过程中，开发人员首要的任务就是创建虚拟场景，而虚拟场景往往离不开 3D 虚拟地形。Unity 引擎提供了一个功能强大的地形编辑器 Terrain，支持笔刷等工具，用以雕刻出逼真而精细的山脉、峡谷、平原、盆地等地形，同时内置了诸如材质纹理、树木、草地等资源以及风效、阴影等环境特效。

5.2.1 Unity 中的地形系统

Unity 引擎内置的 Terrain 地形编辑器可以生成复杂地形，其原理是自动创建一个中等多边形密度的平面，后指定一张灰阶图作为其高差图，再调整 Mesh 各顶点所对应的灰度数值，并沿着 Y 轴改变其高度，就可以形成高低起伏的复杂地形效果。

为创建一个 Terrain，可以在 Unity 引擎的 Hierarchy 面板中右击，选择 3D Object → Terrain 选项，如图 5.10 所示。

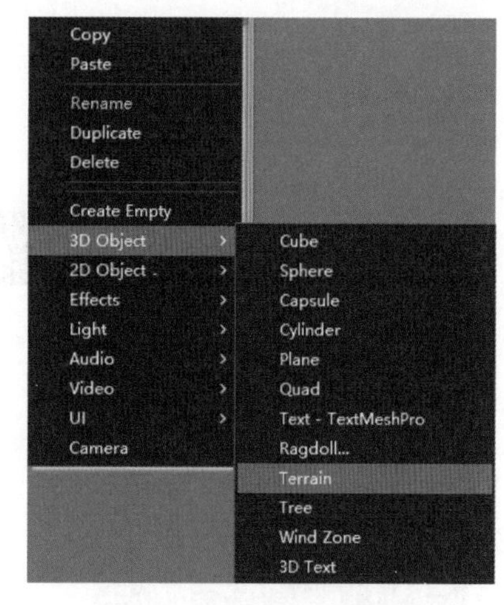

图 5.10 创建 Terrain

当创建好地形后，Unity 会默认地形的大小、宽度、厚度、图像分辨率、纹理分辨率等，这些数值是可以任意修改的。在 Terrain 工具栏上从左到右一共有四个按钮，含义分别为地形高度绘制、植物绘制、增添草和其他细节以及更改所选地形的通用设置，如图 5.11 所示。

1. 雕刻和绘制地形

单击按钮，进入雕刻和绘制地形模块。它有六个不同选项，如图 5.12 所示。

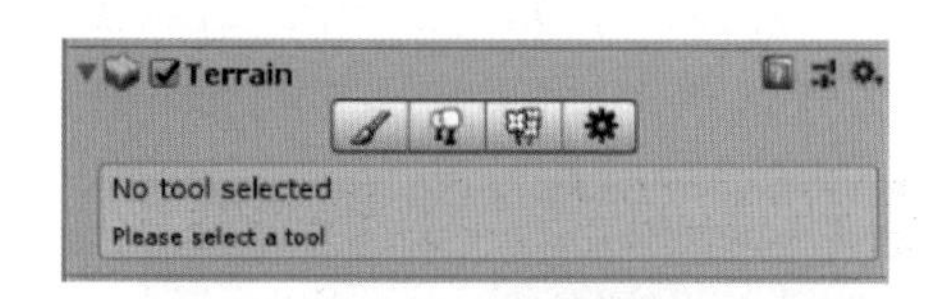

图 5.11 Terrain 的编辑工具栏

图 5.12 Terrain 的雕刻和绘制工具

在这些选项中最常使用的是 Raise or Lower Terrain、Set Height、Smooth Height 以及 Paint Texture。六个选项对应的具体功能如表 5.1 所示。

表 5.1 Terrain 中绘制工具的选项表

英 文 名 称	功 能
Create Neighbor Terrains	用于快速创建自动连接的相邻地形
Raise or Lower Terrain	提升或降低地形
Paint Texture	将纹理（如草、雪或沙）添加到地形
Set Height	将地形上某个区域的高度调整为特定值
Smooth Height	平滑高度贴图，用来柔化地形特征
Stamp Terrain	在当前高度贴图之上标记画笔形状

选择 Raise or Lower Terrain 工具后，可以开始调整地形的高度。地形的高度将随着鼠

标在地形上扫过而升高。如果按住鼠标在地形的一个位置停留，此点的地形高度将持续增加。如果想要使某个地方的高度降低，则在按住鼠标的同时按住 Shift 键。这个模式还提供了不同的笔刷，设计人员可按需选择使用。笔刷的选择及绘制效果分别如图 5.13（a）和图 5.13（b）所示。

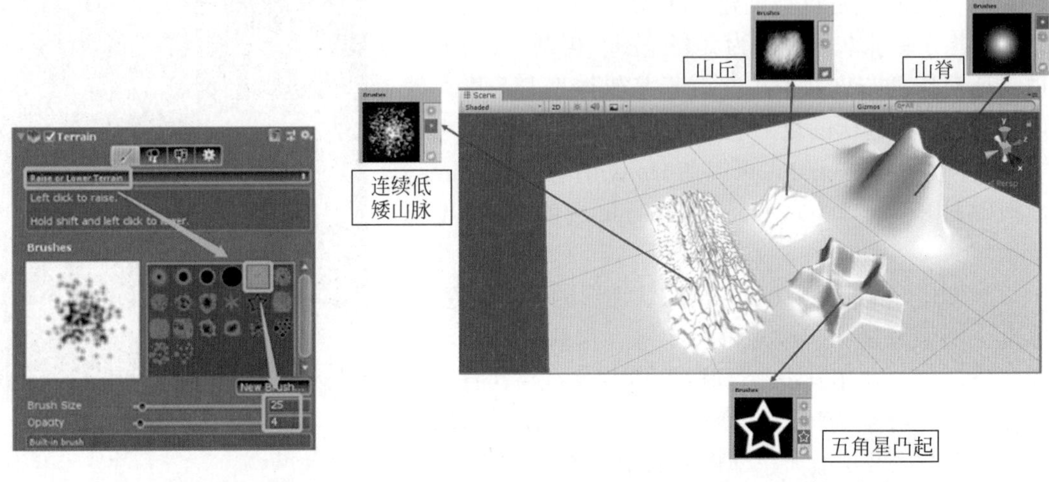

(a) Raise or Lower Terrain中的笔刷选择　　(b) Raise or Lower Terrain中的笔刷效果

图 5.13　Raise or Lower Terrain 中不同的笔刷及其效果

Paint Texture 工具的主要作用是设置纹理。在激活 Paint Texture 工具之后，单击 Edit Textures 按钮并在菜单中选择 Create Layer 选项，在弹出的对话框中设置纹理，如图 5.14（a）和图 5.14（b）所示。需要注意的是，在添加纹理图片后，添加的第一个纹理将被当作背景直接覆盖地形，如果想要添加更多的纹理，则需要选择 Add Layer 选项继续添加。

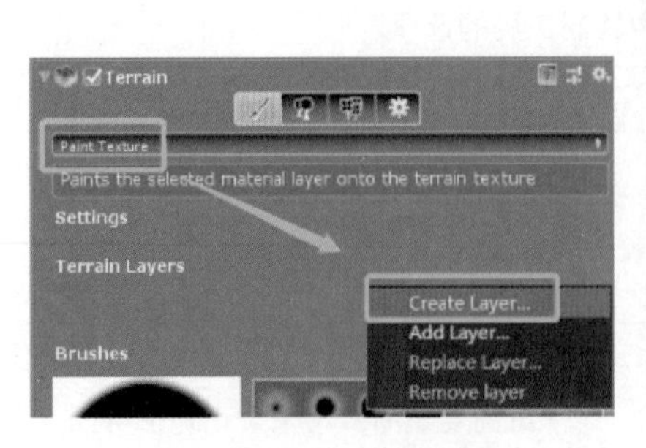

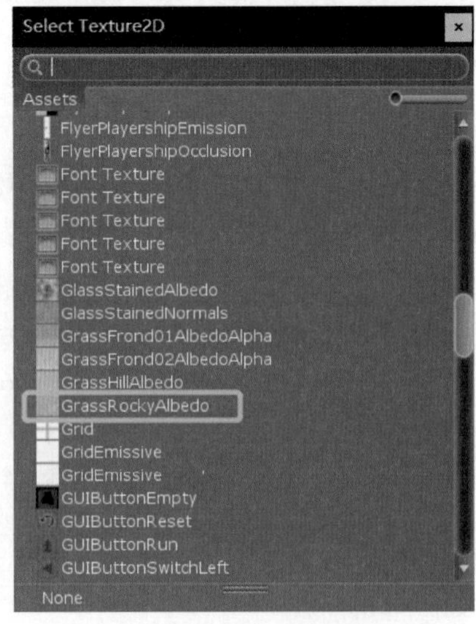

(a) Paint Texture工具中的纹理创建　　(b) Paint Texture工具中的纹理设置

图 5.14　Paint Texture 工具

Set Height 工具与 Raise or Lower Terrain 工具的功能相似，用来设置地形的固定高度。当在地形上使用笔刷进行绘制的时候，选择的位置上方区域会下降、下方区域会上升。开发人员可以使用高度属性来手动设置高度，也可以按住 Shift 键并单击地形来取样鼠标位置的高度。在高度属性旁边是 Flatten 按钮，单击便会直接将整个地形绘制到选定的高度。使用 Set Height 工具可以很方便地在场景中创建高原以及添加人工元素（如道路、平台和台阶）。Set Height 工具的设置及绘制效果如图 5.15（a）和图 5.15（b）所示。

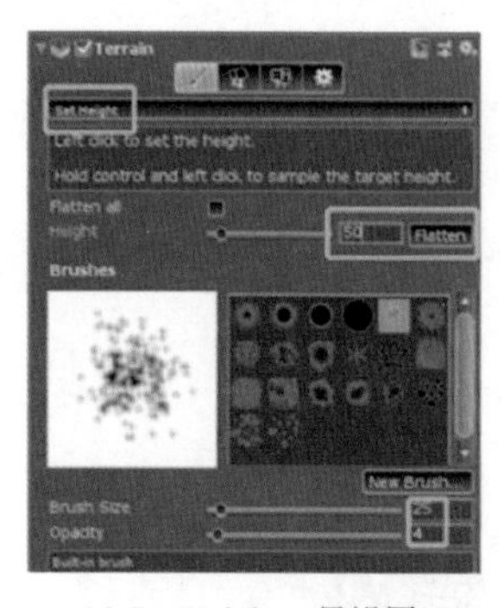

(a) Set Height工具设置

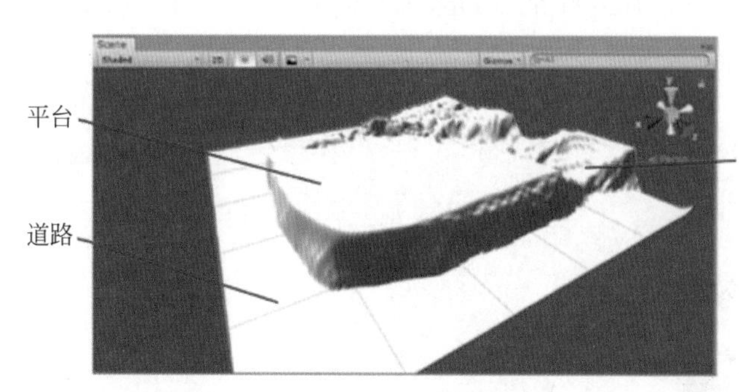

(b) Set Height工具使用效果

图 5.15　Set Height 工具

Smooth Height 工具的作用主要是使所选区域产生平滑效果，减少降低陡峭变化的出现，类似于图片处理平台中的模糊工具。例如，当绘制出的岩石或者山体显得十分尖锐和粗糙时，可以通过 Smooth Height 工具来平滑 Mesh。Smooth Height 工具设置及使用效果如图 5.16（a）及图 5.16（b）所示。

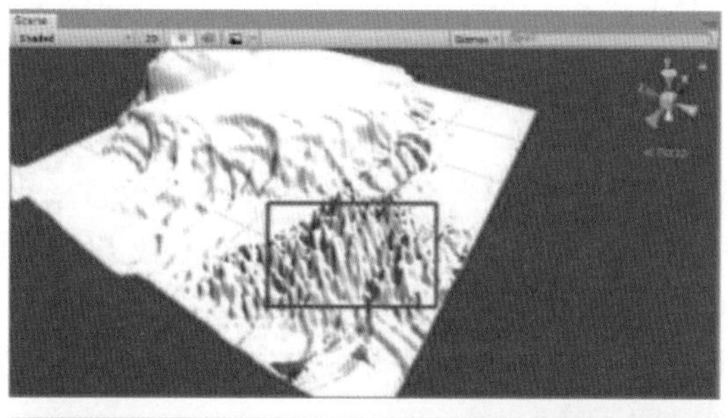

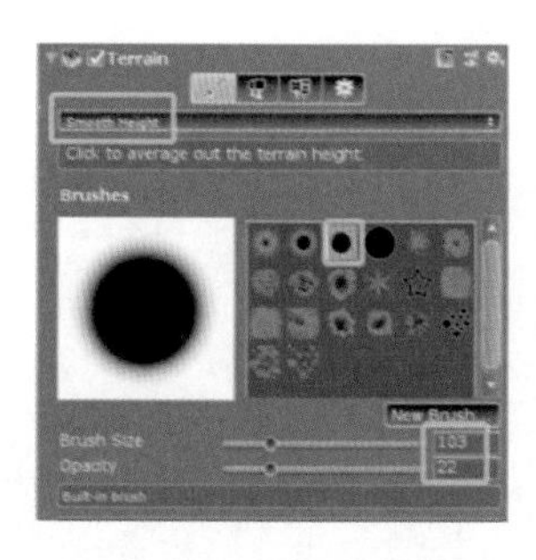

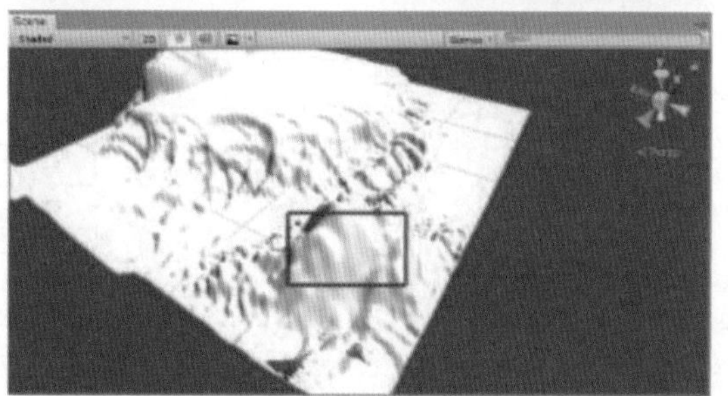

(a) Smooth Height工具设置

(b) Smooth Height工具使用效果

图 5.16　Smooth Height 工具

使用 Stamp Terrain 工具可在当前地形的高度贴图上绘制画笔形状。在 Terrain 面板中，单击 Paint Terrain 按钮，然后从下拉菜单中选择 Stamp Terrain 选项。

如果需要一个纹理表示具有特定地质特征（如山丘）的高度贴图，就需要使用该纹理创建自定义画笔，该场景下 Stamp Terrain 将是非常有用的。使用 Stamp Terrain 工具时可以选择现有画笔单击即可应用画笔。每次单击都会以所选画笔的形状将地形升高到设置的 Stamp Height。也可以通过修改 Opacity 参数（百分比）来控制生成的高度，最终的生成高度为 Stamp Height 乘以 Opacity 参数，如图 5.17 所示。

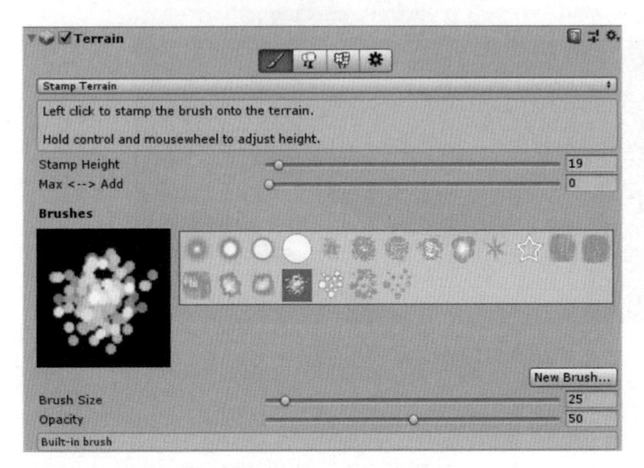

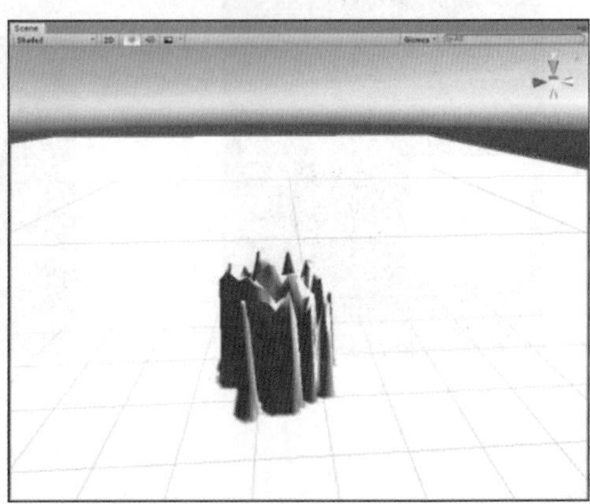

图 5.17　Stamp Terrain 工具

2. 树木绘制

在 Unity 引擎中可以使用内置的树木资源 / 三维对象来搭建场景，可以直接将内置的树木绘制到地形上。Unity 引擎对内置的这些资源进行了优化处理，所以一个地形中可以拥有上千棵树组成的密集森林，同时可以确保虚拟现实作品的运行效率在可接受的范围。

单击按钮激活树木绘制工具，单击 Edit Trees 按钮并选择 Add Tree 选项，在弹出的对话框中选择一种树木资源。当一棵树被选中时，可以在地表上按照与绘制纹理或高度贴图相同的方式来绘制。绘制时按住 Shift 键，可从区域中移除树木；按住 Ctrl 键，则只移除当前选中的树木。树木资源编辑工具的选择及绘制效果如图 5.18（a）及图 5.18（b）所示。

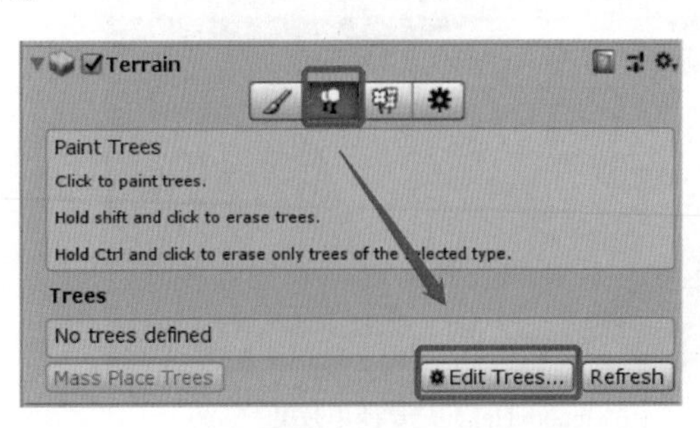

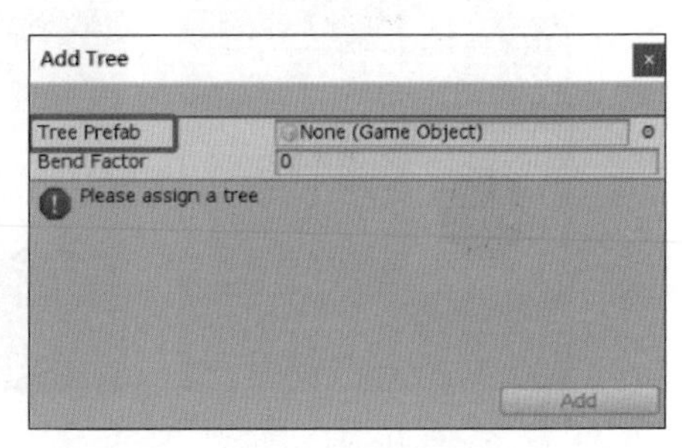

(a) 选择树木资源编辑工具

图 5.18　树木资源编辑工具

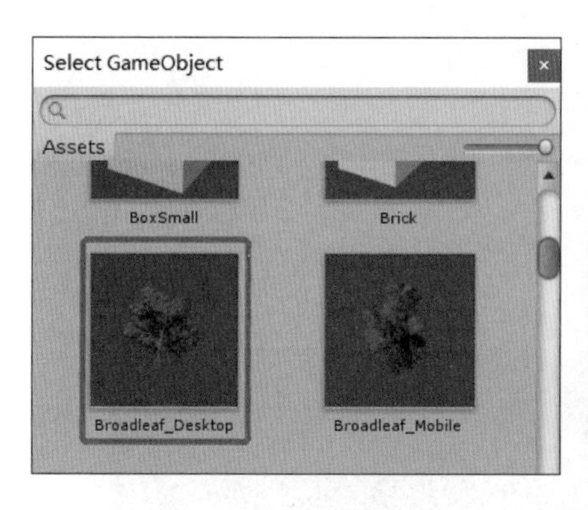

(b) 树木资源编辑的效果图

图 5.18（续）

3. 草和其他细节

一个地形除了树木外，通常也包括草丛和其他小物体，如地形表面细碎的小石头。在 Unity 中，使用 2D 图像进行渲染来表现单个草丛，其他细节则从标准网格中生成。单击按钮，激活草地绘制工具；单击 Edit Details 按钮，在出现的菜单中有 Add Grass Texture 和 Add Detail Mesh 选项选择 Add Grass Texture 选项；然后在出现的对话框中选择合适的草资源；之后使用草地绘制笔刷进行草地的布置。工具选择及使用效果如图 5.19 所示。

4. 通用设置

在通用设置中可以对地形做出一个整体的调整：选择创建的地形，在 Inspector 面板的 Terrain 下，单击按钮，找到 Mesh Resolution 属性面板；可以在 Mesh Resolution 属性面板中调整全局地形总宽度、总长度、允许的最大高度、子地形网格分辨率以及细节贴图分辨率等参数，如图 5.20 所示。

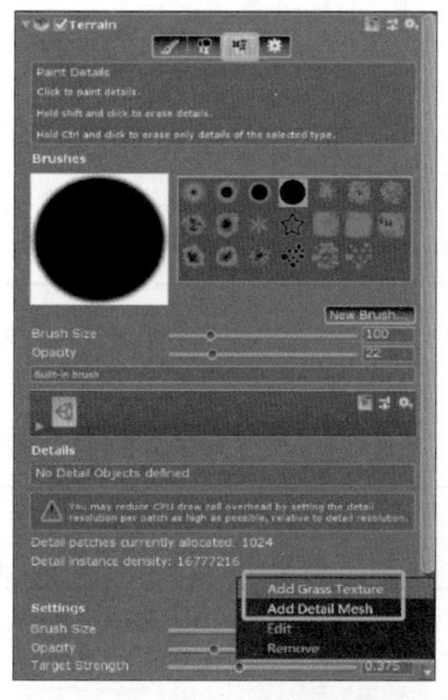

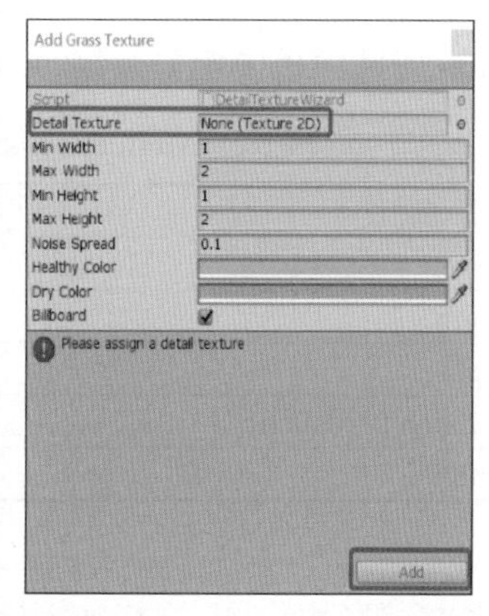

(a) 花草资源编辑工具选择

图 5.19 花草资源编辑工具

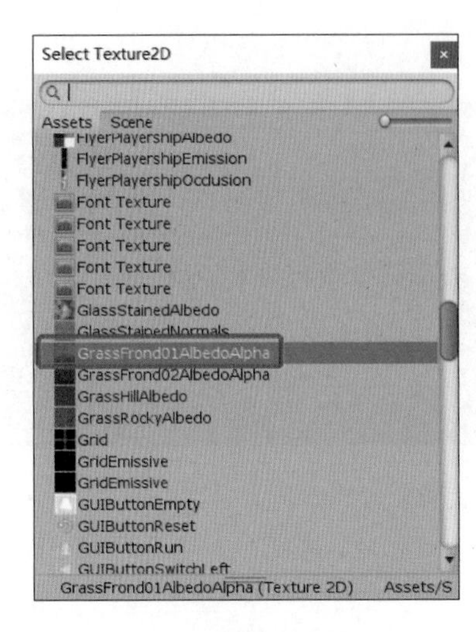

(b) 花草资源选择

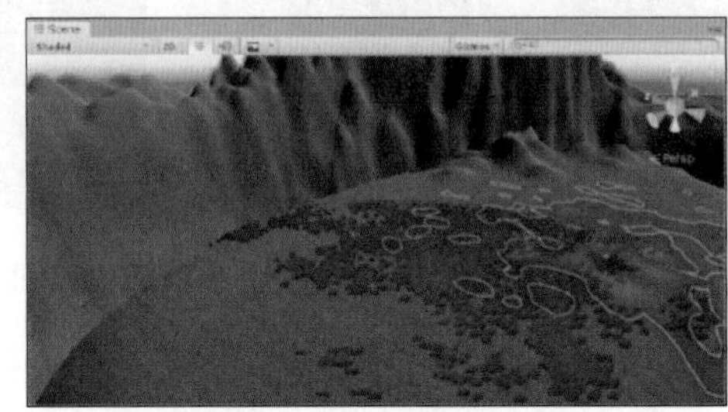

(c) 花草资源编辑效果图

图 5.19（续）

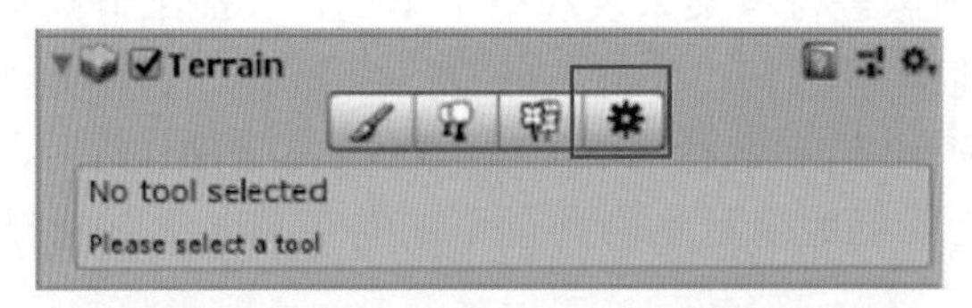

(a) Terrain中通用设置工具选择

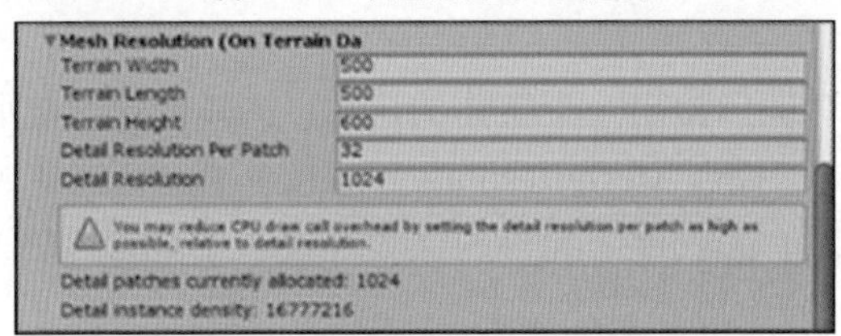

(b) Terrain中通用设置工具的设置

图 5.20 Terrain 中的通用设置工具

Mesh Resolution 属性面板中相关参数的功能如表 5.2 所示。

表 5.2 Mesh Resolution 属性面板参数表

英 文 名 称	功 能
Terrain Width	设置全局地形总宽度
Terrain Length	设置全局地形总长度
Terrain Height	设置全局地形允许的最大高度
Detail Resolution Per Patch	设置每个子地形的网格分辨率
Detail Resolution	设置全局地形所生成的细节贴图的分辨率

5.2.2 Unity 中的环境特效

为了满足开发人员的使用需求，Unity 引擎默认提供了基本环境效果，其中一部分内置于 Unity 引擎之中，另一部分位于基础资源包中，如水的环境特效及部分贴图资源等。基础资源包可在 Unity 官方商店 Assets Store 中搜索并添加，如图 5.21 所示。Assets Store 中提供了丰富的资源，既有 Unity 公司免费的官方资源，也有广大 Unity 用户提供的优秀资源。任何 Unity 用户都可以在其中进行筛选和下载，也可以上传自己的资源。

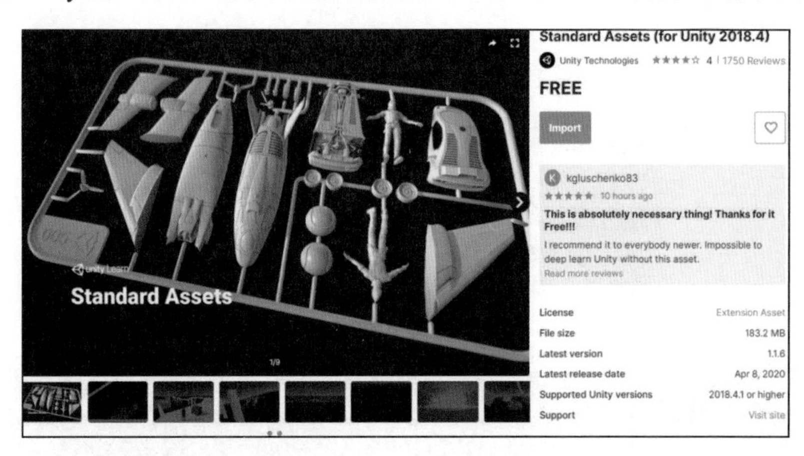

图 5.21 Unity 基础资源包

1. 水特效功能

“Water（Basic）”文件夹中的两种水特效功能较为单一，没有反射、折射等功能，仅可以对水的波纹大小与颜色进行设置，效果如图 5.22 所示。由于其功能简单，所以这两种水特效所消耗的计算资源很小，更适合移动平台的开发。

而在“Water”文件夹下“Water”和“Water4”文件夹中的水资源效果更好一些，能够实现反射和折射效果，并且可以对波浪大小、反射扭曲等参数进行修改，但是系统资源消耗也相应大一些。

图 5.22 Water（Basic）水效果

2. 风特效功能

使用风域（Wind Zone）组件添加一个或多个对象，即可在地形上创建风的效果，而风本身将以脉冲方式移动。加了风域对象后，在一定范围内的树叶和树枝就会像被风吹动一样摇摆，进而提升环境模拟的真实性。在 Unity 场景中，可直接创建风域对象，也可将该组件添加到场景中已有的任何对象上。风的主要用途是实现树木的动画化，但它也可使用 External Forces 模块来影响粒子系统生成的粒子效果。风域相关参数设置及添加后的效果图如图 5.23 所示。

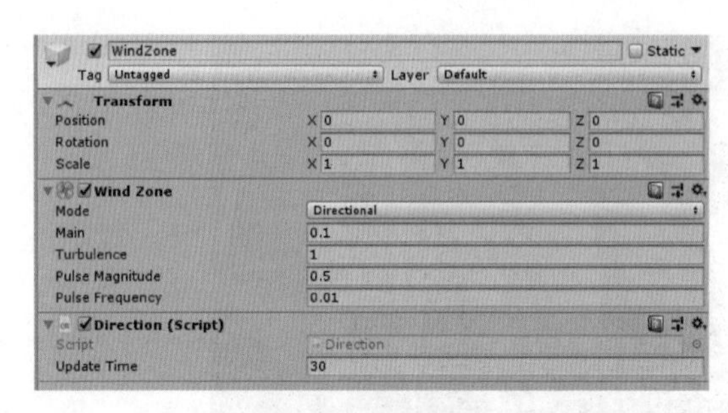

(a) 风域的参数设置

(b) 风域影响下的树木效果

图 5.23　风域设置工具及使用效果

3. 雾特效功能

雾特效通常用于优化场景的整体效果或性能，包括视觉效果及运算效率。雾特效开启后，远处的物体会产生如雾气遮挡的效果，此时便可选择不渲染距离摄像机较远的物体。这种性能优化方案需要配合摄像机对象的远裁切面设置使用。通常先调整雾特效以得到正确的视觉效果，然后调小摄像机的远裁切面，使场景中距离摄像机较远的游戏对象在雾特效变淡前被裁切掉。场景中添加雾特效后的效果如图 5.24 所示。

4. 环境天空盒功能

Unity 的新建项目场景中，都会默认提供一个基本的天空盒效果。Unity 中的天空盒实际上是一种使用了特殊类型 Shader 的材质，这类材质可以笼罩在整个场景之外，并根据材质中指定的纹理模拟出类似远景、天空等效果，使游戏场景看起来更加完整。目前 Unity 版本中提供了两种天空盒可供开发人员使用：六面天空盒和系统天空盒。这两种天空盒都包含游戏场景，用来显示远处的天空、山峦等。其中六面天空盒可以由开发者自定义设置（见图 5.25），这样可以让整个虚拟现实应用作品更加和谐。

图 5.24 雾特效

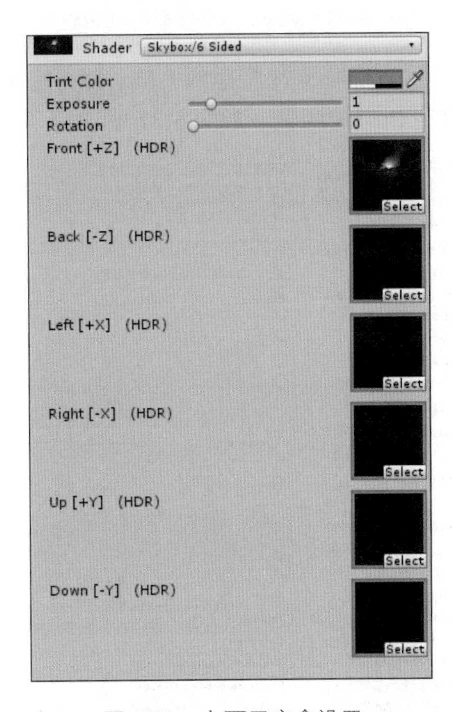

图 5.25 六面天空盒设置

5.2.3 Unity 导入外部模型资源

在 Unity 中构建场景所使用的模型资源往往并不是在 Unity 引擎中制作的，而是使用各种专业的三维模型制作软件制作完成，如 Autodesk Maya、3D MAX 及 Cinema 4D 等，这些软件对于模型贴图的制作以及烘焙等都有出色的表现，并且各有侧重。但是这些软件或多或少地在一些细节设置上与 Unity 不一致，因此在将模型导入 Unity 引擎之前，需要在模型导出时先做相应的设置。以 Maya 为例，如果在 Maya 中进行了动画及贴图的相关设置，在导出时就需要选中“嵌入的媒体”及“动画”复选框，这样在 Unity 中才能获取相关内容。其他设置同理。另外，考虑到 Maya 与 Unity 之间的单位及轴向不同，在模型导出时也必须设置相关内容。具体设置如图 5.26 所示。

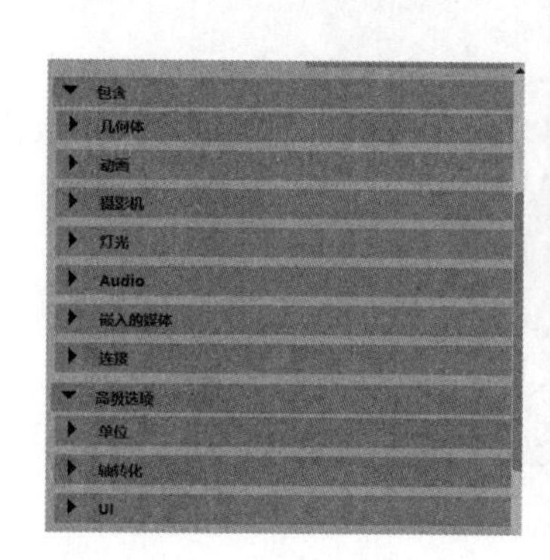

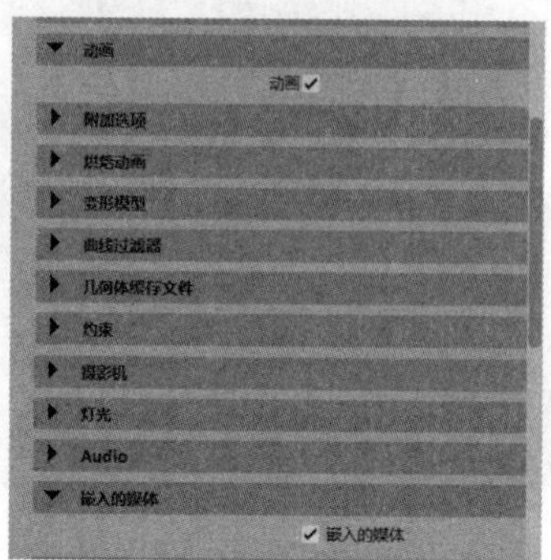

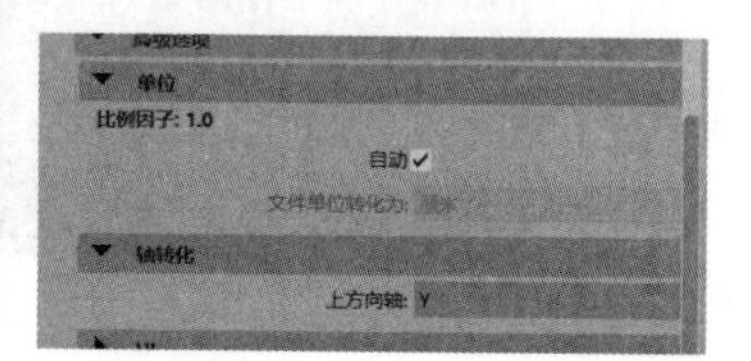

图 5.26　Maya 导出模型时的设置

在修改完成以上设置以后，将模型资源拖入 Unity 即可完成导入；导入完成后，需要根据模型的不同使用内容进行相应的调整。如图 5.27 所示。

图 5.27　Unity 的导入设置

由于大部分导入 Unity 引擎的资源是由第三方软件生成的，因此这些资源通常需要指定一些参数或者附加一些信息才能被 Unity 使用或者更好地使用。在模型导入设置的 Model 一栏中，包括 Scene、Meshes、Geometry 等详细设置，开发者可以根据具体的使用需求进行个性化设置。如果需要对模型进行修改，则需要在 Meshes 中选中 Read/Write

Enable 复选框。

根据模型的不同，可在 Rig 一栏为其设置 Animation Type（动画类型）。其中包括以下几个选项：① None（无）；② Legacy（传统的动画）；③ Generic（一般 Mecanim 动画）；④ Humanoid（人形 Mecanim 动画）。值得注意的是，如果导入的是人物资源及骨骼，在调整 Rig 设置为 Humanoid 的同时，还需要选择 Create From This Model（附带骨骼映射），根据模型中附带的信息来生成 Avatar（人形骨架映射），如图 5.28 所示。其他使用相同骨骼的人形资源则可通过选择 Copy From Other Avatar 生成同一骨骼映射。

图 5.28　人物导入设置

假如模型中包括动画，则可以在 Animation 一栏中进行相关设置。包括是否导入动画、动画的缩放、位置误差设置等，如图 5.29 所示。

最后的 Materials 一栏用于对导入模型的材质贴图进行设置。开发者可以根据其贴图的不同来选择不同的 Location。如果贴图并未单独导入而是包含在模型文件中，则选择 Use Embedded Materials 选项（见图 5.30），Unity 会自动生成材质贴图信息。

图 5.29　导入动画设置

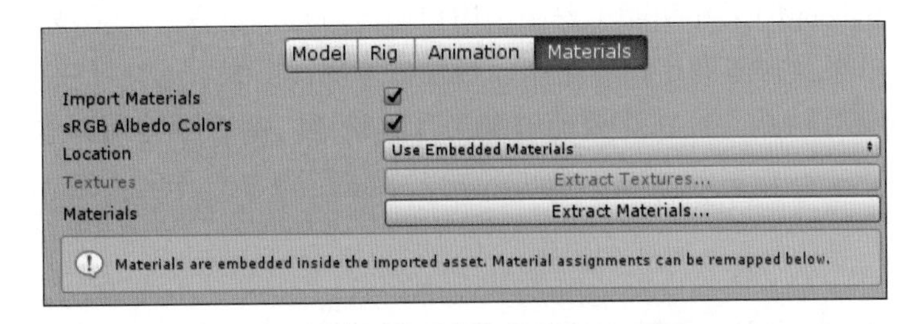

图 5.30　导入材质设置

以上内容设置完成后，外部模型导入 Unity 的流程就完成了。但需要注意的是，尽管 Unity 引擎支持多种外部导入的模型格式，却不是对每一种外部模型的属性都支持，具体

情况可以参照表 5.3 所示。

表 5.3 Unity 引擎所支持的外部资源清单

种 类	网 格	纹 理	动 画	骨 骼
Maya 的 .mb 和 .ma	√	√	√	√
3D Studio Max 的 .max	√	√	√	√
Cheetah 3D 的 .jas	√	√	√	√
Cinema 4D 的 .c4d	√	√	√	√
Blender 的 .blend	√	√	√	√
Modo 的 .lxo	√	√	√	
Carrara	√	√	√	√
Lightwave	√	√	√	√
XSI 5.x	√	√	√	√
SketchUp Pro	√	√		
Wings 3D	√	√		
Autodesk FBX 的 .fbx	√	√	√	√
COLLADA 的 .dae	√	√	√	√
3D Studio 的 .3ds	√			
Wavefront 的 .obj	√			
Drawing Interchange Files 的 .dxf	√			

另外，在其他软件中制作模型时，素材的尺寸大小、格式等需要满足Unity要求，Unity引擎默认的单位为 m（米），支持的模型格式为 .fbx。因此，本书推荐使用 3DS MAX 或 Maya 制作模型以及动画、动作素材，并输出 .fbx 格式供 Unity 使用。另外，模型贴图分辨率应为 2^n。

5.3 基于 Unity 的虚拟现实交互功能开发

虚拟现实应用作品的交互功能主要是指用户通过鼠标、键盘、头显或手柄等外设与虚拟现实作品中的可交互物体做出交互动作，实现虚拟现实场景下的交互效果。

为实现这些交互功能，往往需要通过基于计算机语言的程序编写脚本。Unity 引擎开发环境已经提供了一些内置的 API 函数供开发人员进行脚本的开发。Unity 脚本目前主要支持 C# 程序语言。

5.3.1 虚拟现实应用的人机交互概述

所谓人机交互，通常是指人们利用输入输出装置和计算机进行对话，完成相关的任务。

交互双方都存在一个信息接收和发送的过程，人机双方不断接收、发送信息指令直至交互工作完成。

虚拟现实中的交互是指在虚拟现实场景中的人机交互方式。在虚拟现实环境中，人通过使用 VR 交互设备与计算机进行交互，计算机接收人发出的控制命令并执行相关操作，将进度和结果等信息反馈给人；人根据 VR 交互设备反馈的信息调整自己的指令。

虚拟现实的主要交互动作类别有手势、肢体动作、声音、触觉、头部运动、肢体移动和眼球移动等。另外，头戴式虚拟现实交互设备的交互方式通常还有凝视交互、射线交互和碰撞交互等。用户的交互行为主要分为两种类型：自然交互行为和可培养的交互行为。以常见的头戴显示设备为例，当使用者戴上头显的时候，进入虚拟现实环境中后会像在日常生活中一样自然地转头、转移视线、移动位置、改变手的位置等，这些都属于自然的交互行为，不需要额外的学习就会使用；可培养的交互行为则是指使用者在初次进入虚拟场景的时候并不会自然而然地使用，需要经过系统内的提示和教学才能够引导用户进行交互的行为。

5.3.2 C# 脚本开发基础

Unity 脚本是用来界定用户在人机交互过程中的行为的程序，是虚拟现实应用作品开发中不可缺少的一部分，虚拟现实作品的控制与交互功能等都是通过脚本编程来实现的。在 Unity 引擎开发中，脚本好比人的大脑和神经网络，控制着人的四肢、五脏六腑、意识形态。通过脚本命令，开发人员可以控制每一个虚拟对象的创建、销毁，以及在不同情况下发生的不同逻辑关系。在不同虚拟物体上创建不同的脚本，能够让每个虚拟物体都产生不同的行为，进而按照虚拟现实作品的需求实现符合预期的交互效果。

在 Unity 的历史版本中曾经支持过 JavaScript、C#、Boo 三种编程语言，但从 Unity 2018 之后弃用了 JavaScript 和 Boo，倾向于用 C # 作为脚本语言。C# 是微软公司推出的一种基于 .NET 框架的、面向对象的高级编程语言。微软公司给它定制了一份语言规范，提供了从开发、编译到部署、执行的一整套功能。Unity 引擎支持 C# 也是综合了多方面因素考虑的结果，主要有以下两点原因。

（1）降低设备门槛。C # 是 .NET/Mono 平台支持的主流语言之一[3]，该语言相对来说比较成熟，且有微软公司提供的强力支持，另外大量的开发者和用户都是通过微软系统使用 Unity 引擎的，因此使用 C # 语言会大幅降低开发者和使用者的设备门槛。

（2）降低技术门槛。C# 语言功能强大且容易上手，兼顾灵活性和功能性。在 Unity 3D 中使用 C# 进行开发，可以让大多数初学开发者专注于特定功能的实现。

了解完为什么使用 C# 语言作为 Unity 3D 脚本的开发语言后，下面介绍如何使用 C# 语言开发 Unity 3D 脚本。

1. 如何创建 C# 脚本

创建 C# 脚本的方式有三种。第一种是使用工程项目 Project 面板创建脚本文件：在

Project 面板中右击“Assets”文件夹，依次选择 Create → C# Script 选项，如图 5.31（a）所示。第二种是通过菜单栏创建新的脚本：在菜单栏依次选择 Assets → Create → C# Script 选项，如图 5.31（b）所示。第三种是使用添加组件的方式创建新的脚本：在 Hierarchy 面板中选中要添加脚本的物体，在该物体的 Inspector 面板中单击 Add Component 按钮，在搜索框中输入要创建的脚本的名称（如 MyScript），单击 New script 按钮，再单击 Create and Add 按钮，如图 5.31（c）所示。

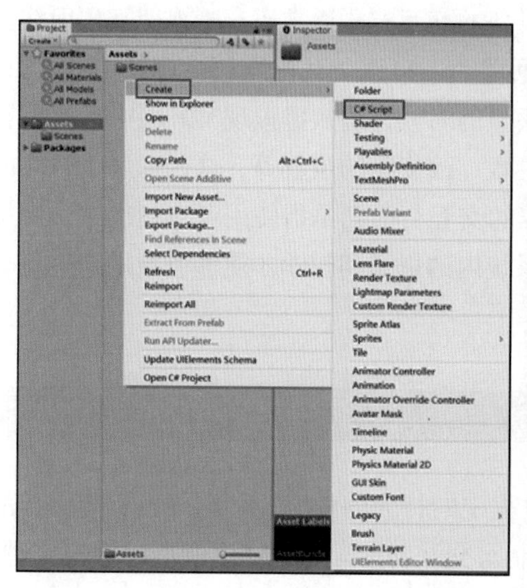

(a) 创建脚本方法1

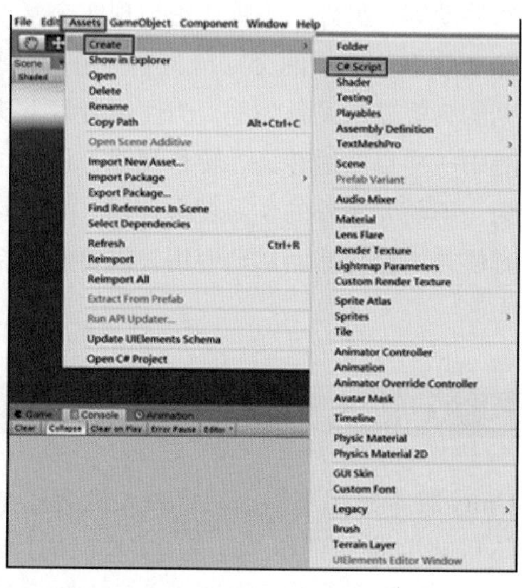

(b) 创建脚本方法2

(c) 创建脚本方法3

图 5.31　创建 C# 脚本的三种方式

2. Unity 引擎中 C# 脚本的基本结构

在 Unity 引擎中，所有创建的脚本都继承于 MonoBehavior，它是每个脚本的基类。每个脚本程序从激活到销毁都有着完整的生命周期，一个典型的生命周期如图 5.32 所示。

在 Unity 脚本生命周期中，函数会按照一定的顺序执行，常用的函数功能如下所示，可以供开发人员参考。脚本内容及运行结果如图 5.33 和图 5.34 所示。

（1）Awake()：用于在游戏开始之前初始化变量或游戏状态。在脚本整个生命周期内，Awake 函数在所有对象初始化之后调用，且只调用一次。

（2）Start()：只执行一次，在 Awake 函数执行结束后、Update 函数执行前执行，主要用于初始化操作，如获取游戏对象或组件。

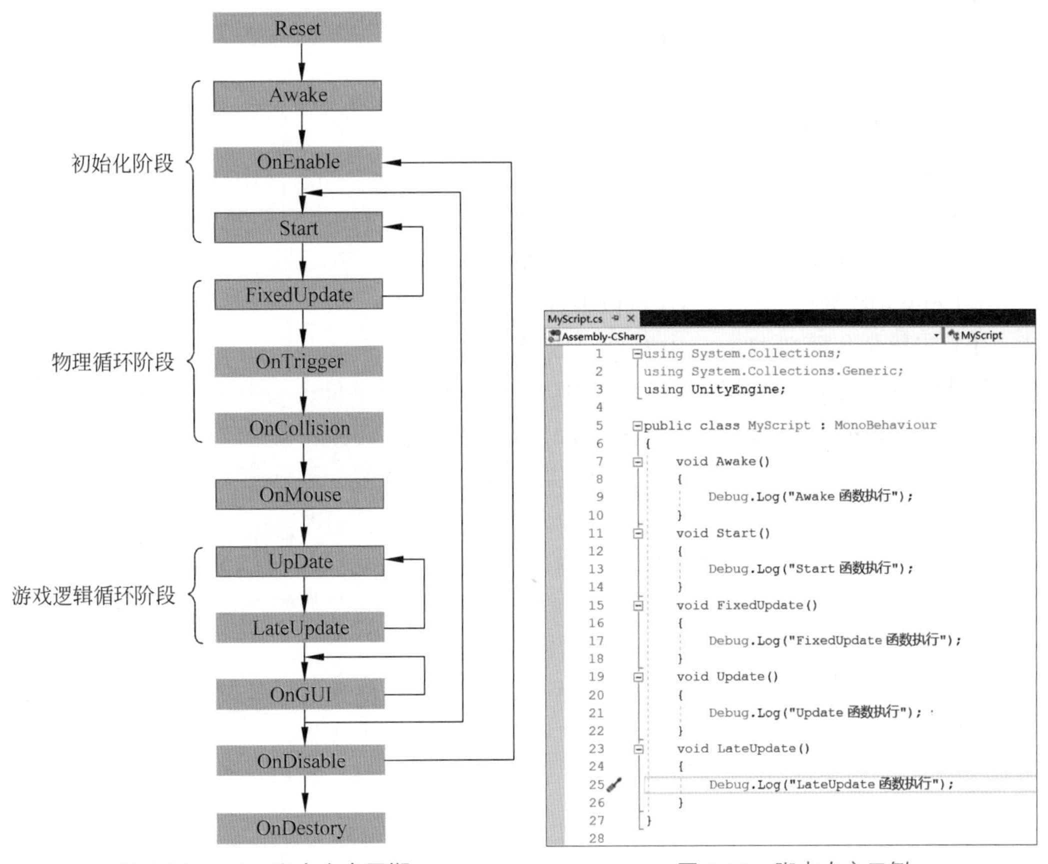

图 5.32 Unity 脚本生命周期

图 5.33 脚本内容示例

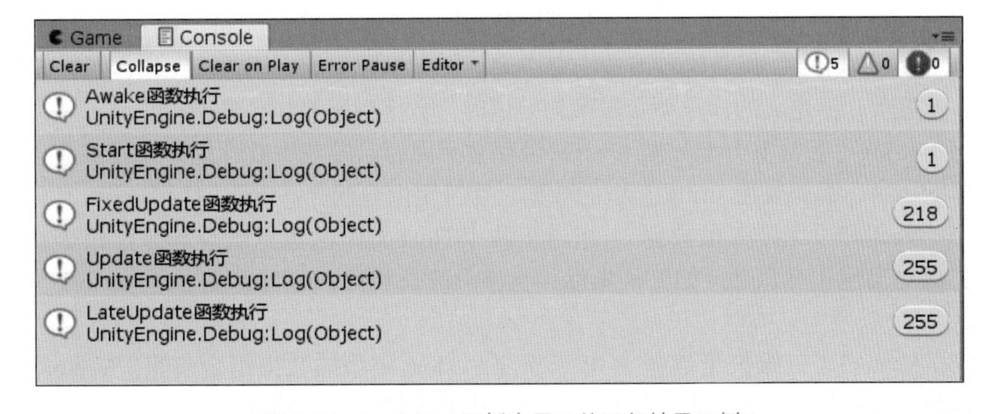

图 5.34 Inspector 面板中显示的运行结果示例

（3）FixedUpdate()：每隔固定时间间隔调用一次（默认时间为 0.02s），在 0s 时也会执

行一次，一般用于物理运动。

（4）Update()：更新函数，处于激活状态下的脚本每一帧都会执行，该函数通常用来处理游戏对象在游戏世界的行为逻辑，如游戏角色的控制和游戏状态的控制等，是最常用的函数。Update 函数中每一帧的处理时间都是不确定的，这取决于计算机的性能，当性能较差的时候可能会出现跳帧现象。

（5）LateUpdate()：在所有 Update 函数调用后被调用，与 Update 函数一样都是每帧执行一次。

3. Unity 脚本中的变量和数据类型

在任何一种程序语言中，变量都是可用来存储数据的，如游戏中变化的生命值等。程序语言通常都会基于不同的用途设置不同的数据类型，以提高存储效率。因此，在 Unity 脚本中设置变量时需要先声明好变量的数据类型。

在 Unity 中设置变量时需要注意以下几个问题。

（1）变量命名规则：Unity 中变量一般用驼峰命名法来命名，即变量名中第一个单词的首字母小写，其余每个单词的首字母大写，而且必须以字母、_ 或 @ 符号开头，不能以数字开头，正确示例如 _number、lifeValue、@tablesRedLabel。

（2）在定义变量名时，不能与 C# 语言中的关键字重复，要注意其大小写，并且同一个变量名不允许重复定义。

（3）Unity 中常用的变量声明方式一般有两种，分别是 public 和 private。前者可以被外部成员调用，并且会显示在 Inspector 面板中。后者不可以被外部成员调用，只能在类内调用，并且一般不会显示在 Inspector 面板中。

在 Unity 3D 中常用的数据类型主要包括六种类型，读者可以根据交互效果的需要设置不同的数据类型。

（1）bool（布尔值数据）：其值要么是 true，要么是 false。bool 数据常常用来表示一个判断，如“是否发生了碰撞”“敌人是否死亡”等。

（2）int（整型数据）：用来表示整数，包括正整数、负整数、0。通常用 int 类型存储如“物体的数量”“次数”这样的数据。另外，for 循环中也用整型变量来计数。

（3）float（浮点型数据）：用来表示小数，同样包括正数、负数、0。整数也可以用 float 数据类型来存储，但是比较浪费内存空间。浮点型数据的应用范围比较广泛，如距离、时间、速度等，给定义的浮点型变量赋初始值时，数字后面要加字母 f。

（4）string（字符串类型数据）：用来保存文字内容。游戏中要存储一句话或者获取某个物体的名字，都需要用 string 类型的数据。字符串内容两侧需要添加双引号。

（5）Vector2（二维矢量数据）：相当于两个 float 类型的数据组合起来。很多数据根据需要成对出现才有意义，如屏幕坐标、长方形的长和宽，这时需要用到 Vector2 类型的数据。

（6）Vector3（三维矢量数据）：相当于三个 float 类型的数据组合起来。Vector3 类型的数据使用比较常见，如一个物体在三维空间中的坐标、运动的方向、颜色等。

图 5.35 所示的代码中定义了六种变量类型，并分别予以初始化。

图 5.35　不同的数据和变量类型定义示意图

5.3.3　Unity 中的常用类

为了让开发人员能够通过程序脚本更加方便地实现一些复杂的或者通用的功能，Unity 官方在引擎开发环境中提供了一些内置的类，以供开发者使用。在这些封装好的类中，有许多类被广泛用于各类应用的开发中，主要有 Transform 类、Time 类、Input 类等。

1. Transform 类

Transform 类主要用于控制对象在 Unity 场景中的位置、旋转和大小比例等。

（1）position：物体自身在世界坐标系中的位置。

（2）up：物体自身的绿色轴向（*Y* 轴）在世界坐标系中所指向的位置，向量。

（3）right：物体自身的红色轴向（*X* 轴）在世界坐标系中所指向的位置，向量。

（4）forward：物体自身的蓝色轴向（*Z* 轴）在世界坐标系中所指向的位置，向量。

（5）rotation：以四元数来表达的物体自身的旋转，此处 rotation 指的并不是 Transform 组件中的 rotation 的值，而是指世界坐标系中的旋转。

2. Time 类

Time 类主要是定义针对虚拟现实作品中和时间有关系的内容。

（1）time：表示从作品运行开发到现在的时间，会随着作品运行的暂停而停止计算。

（2）deltaTime：表示从上一帧到当前帧的时间，以秒为单位。这一数值和自身计算机运行速度有关，且每帧数值不相等。

（3）fixedDeltaTime：表示以秒计间隔，在物理和其他固定帧率进行更新。该值和计算机运行速度无关，是固定值。

3. Input 类

Input 类主要用于定义用户的输入内容。

1）GetKey(KeyCode key)

参数：key，键盘上的某个键。

返回值：bool 类型。

作用：检测键盘上的某个键是否被一直按住，如果该键一直被按住，其返回值为 true，否则为 false。

2）GetKeyDown(KeyCode key)

参数：key，键盘上的某个键。

返回值：bool 类型。

作用：检测键盘上的某个键是否被按下，如果该键被按下，其返回值为 true，否则为 false。

3）GetKeyUp(KeyCode key)

参数：key，键盘上的某个键。

返回值：bool 类型。

作用：检测键盘上的某个键被按下之后是否抬起，如果该键被按下之后抬起，其返回值为 true，否则为 false。

4）GetMouseButtonDown(int button)

参数：button，表示鼠标上的键，0 表示鼠标左键，1 表示鼠标右键，2 表示鼠标中键。

返回值：bool 类型。

作用：检测鼠标上的某个键是否被按下，如果该键被按下，其返回值为 true，否则为 false。

5.4 基于 Unity 的虚拟现实作品发布

随着手机、平板计算机等多种移动设备的兴起，虚拟现实作品的应用平台不再局限于台式计算机或者笔记本计算机中。为了满足开发者的需求，Unity 不断扩展自身功能，目前基于 Unity 引擎开发的虚拟现实作品已经可以发布到 PC 平台、移动端、Web 平台甚至 PS3、XBox、iOS 等平台，当然也包括 VR 眼镜等 VR 专用设备。

Unity 引擎可以支持多平台发布，但是不同的平台对作品的发布有不同的要求。比如，开发人员想在 Xbox360、PS3 和 Wii 上发布自己开发的 VR 作品，就需要购买相关的开发者许可证；想要将作品发布到 iOS 终端就需要安装相关的插件，还要拥有苹果公司的开发者账号。本书主要介绍使用广泛的 PC 平台、Android 移动终端和 Web 平台的项目发布方法以及注意事项。

5.4.1 Unity 项目发布到 PC 平台

为了完成 Unity 项目的发布，需要在 Unity 菜单栏中依次选择 File → Build Settings 菜单命令（见图 5.36），之后在弹出的对话框中进行相应的设置。

在 Platform 列表框中选择 PC，Mac & Linux Standalone 选项，在右侧的 Target Platform 下拉列表中可以选择 Windows、Mac OS X、Linux 选项，在 Architecture 下拉列表中可以选择 x86 或 x86_64 选项，如图 5.37 所示。

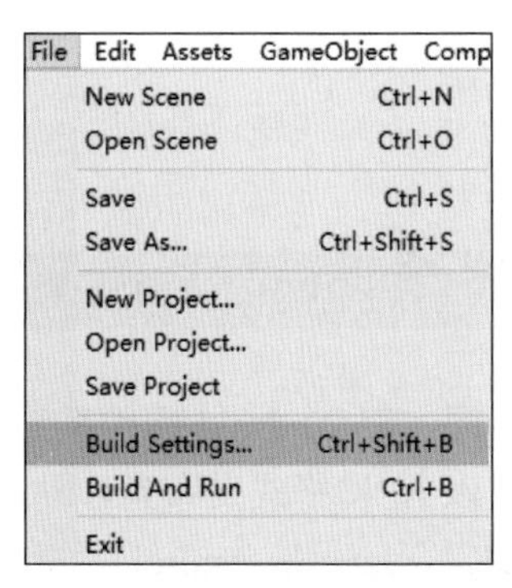

图 5.36 选择 Build Settings 菜单命令

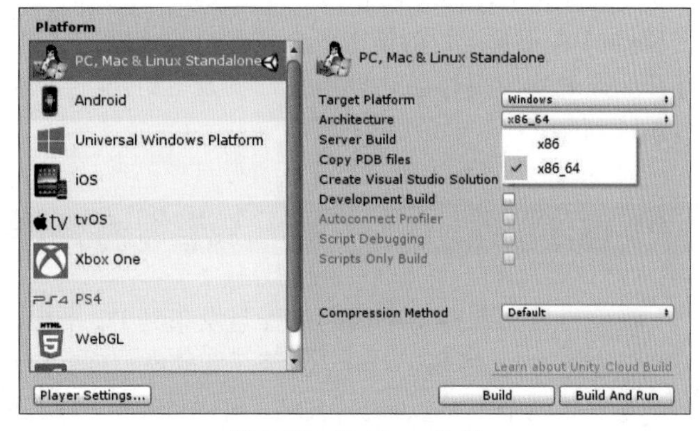

图 5.37 Platform 选择

选择完成后，单击 Build Settings 界面中左下角的 Player Settings 按钮，在 Inspector 面板中设置相关信息，如公司名称（Company Name）、产品名称（Product Name）、程序图标、项目分辨率等内容，如图 5.38 所示。设置完成后在 Build Settings 界面中单击右下角按钮 Build 即可发布项目。

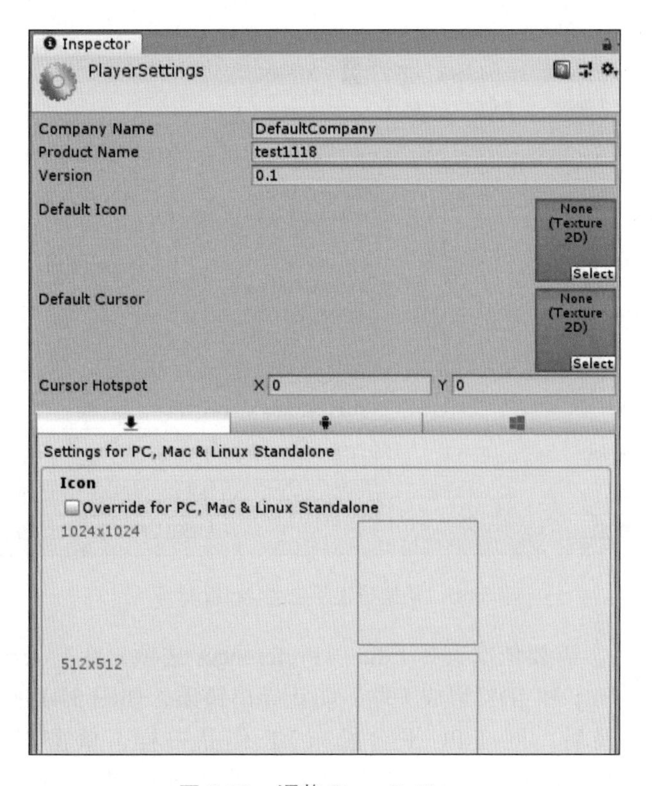

图 5.38 调整 PlayerSettings

基于 Unity 开发的作品具有很强的兼容性，如果开发人员制作的虚拟现实应用作品需要支持 VR 外围设备（如 HTC Vive、HoloLens），可以通过 SteamVR 直接在设备中打开虚拟现实应用作品。以 HTC Vive 设备为例，在导出过程中，可将导出内容放置在一个文件夹中，方便确定项目的相关路径。只需要保证在 SteamVR 正常运行的情况下，用户双击 EXE 文件即可打开虚拟现实应用作品。导出文件夹及 EXE 文件示例如图 5.39 所示。

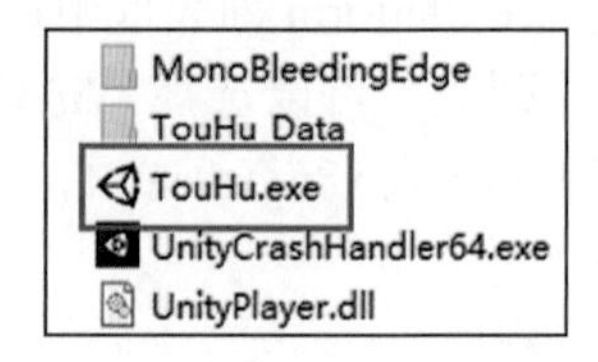

图 5.39　PC 平台导出的文件夹及 EXE 文件示例

5.4.2　Unity 项目发布到移动终端

将项目发布到移动终端的过程与发布到 PC 平台略有不同，以 Android 操作系统的移动终端为例，为了将基于 Unity 引擎开发的虚拟现实应用作品以 APK 格式发布到移动终端，必须先安装两个工具：Java（JDK）和 Android 模拟器（SDK）。Java 是 Android 平台的主要开发语言，开发者在开发 Android 项目的时候需要具备一定的 Java 基础。

完成了 Java（JDK）和 Android 模拟器（SDK）工具的安装配置后，就可以在 Unity 中发布 VR 作品。单击菜单栏中的 File 标签，再选择 Build Settings 菜单命令，之后在 Platform 中选择 Android 平台并单击 Switch Platform 按钮，如图 5.40 所示。

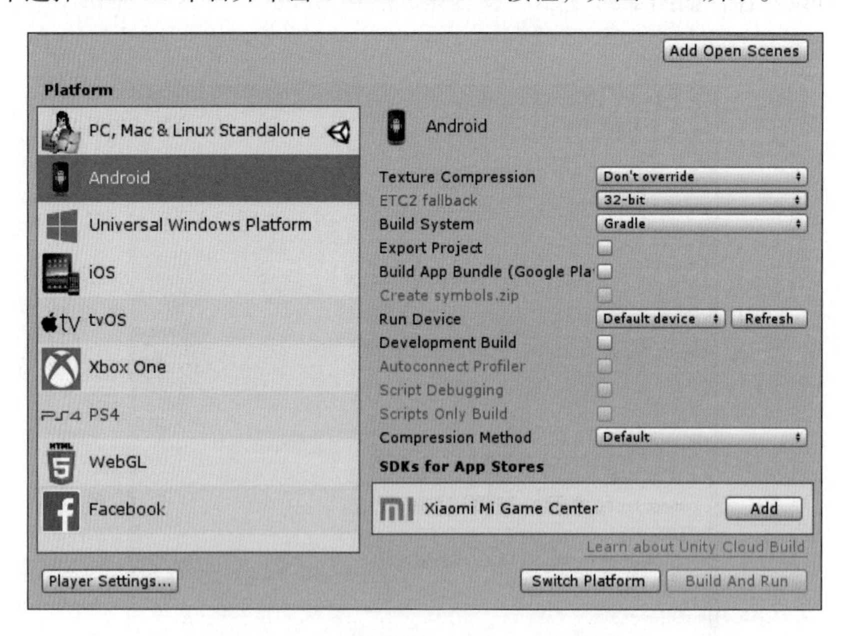

图 5.40　切换导出平台为 Android 平台

发布平台切换后，需要依次选择 Edit → Preferences 选项，在 External Tools 中添加环境变量的路径，使 Unity 和 JDK 形成关联，防止导出错误，如图 5.41 所示。

设置完 JDK 路径后，同在 PC 平台发布 VR 作品一样，单击 Player Settings 按钮，填写相关信息，需要注意的是在将 VR 作品发布到 Android 平台时，Company Name 和

Product Name 要与 Other Settings 中的 Package Name 保持一致。设置完成后同样单击 Build 按钮即可导出 APK 文件,将 APK 文件复制到基于 Android 操作系统的手机或 Pad 即可运行。

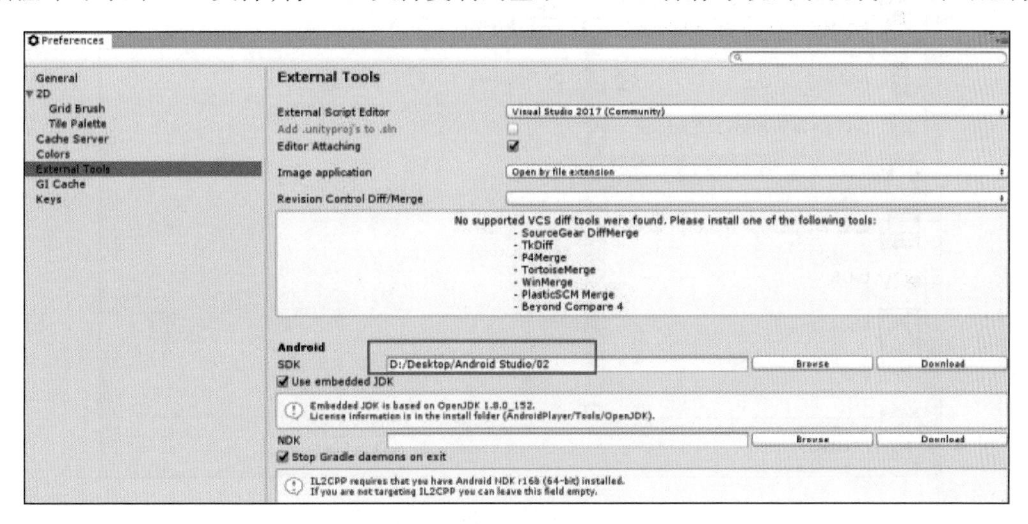

图 5.41 设置 JDK 路径

还有一些 Android 操作系统的移动终端设备是 VR 一体机，如 Pico 一体机、影创一体机等设备。方法相同，将导出的 APK 文件复制到 VR 一体机设备中，按照提示安装后即可运行 VR 作品。

5.4.3 Unity 项目发布到 Web 平台

如果要将开发的 VR 作品发布到 Web 平台，为保证其运行流畅，需要在 UnityHub 中添加 WebGL Build Support 模块，如图 5.42 所示。

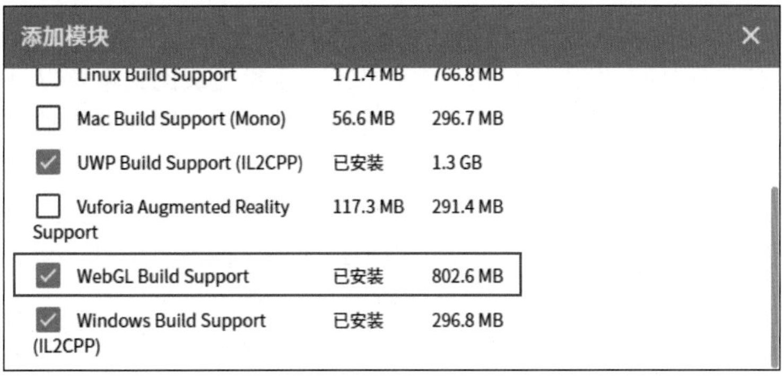

图 5.42 添加 WebGL Build Support 模块

添加 WebGL Build Support 模块后，用 Unity 引擎打开拟发布的 VR 作品工程文件，单击菜单栏中的 File 标签，再选择 Build Settings 菜单命令，在 Platform 下选择 WebGL 平台并单击 Switch Platform 按钮。如图 5.43 所示。

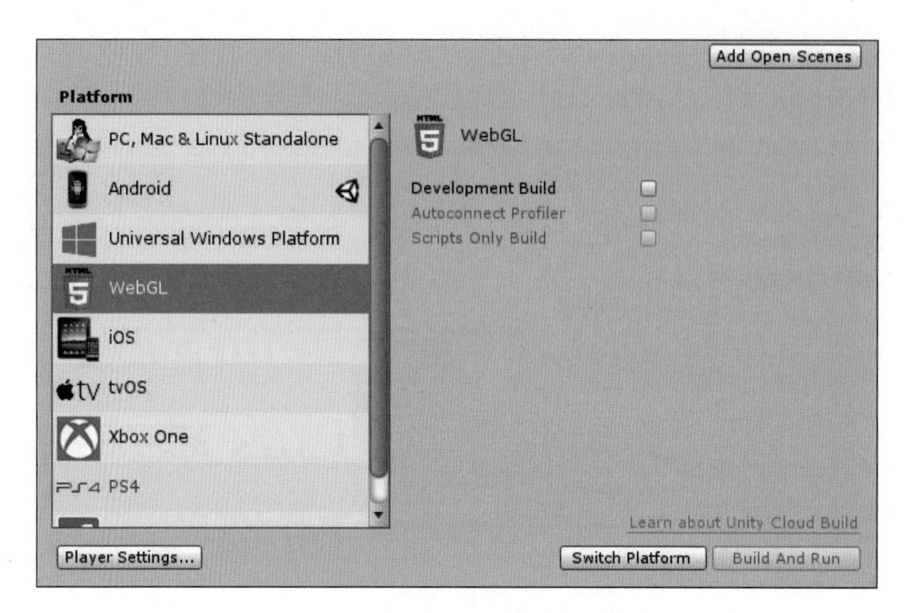

图 5.43　将导出平台切换为 WebGL

后续的操作与将 VR 作品发布到 PC 平台的操作一样，单击 Player Settings 按钮设置相关信息，设置完成后单击 Build 按钮导出即可。

为了保证 Unity 发布的 VR 作品能够在 Web 平台上流畅运行，需要在准备运行该作品的计算机上安装一个浏览器插件 Unity Web Player（Unity 3D 网页播放器），这时直接打开导出的 HTML 文件，就可以运行 VR 作品。

5.5　本章小结

由于虚拟现实应用的开发往往是基于现有的游戏引擎完成的，本章以目前特别流行的 Unity 3D 游戏引擎为例，说明利用 Unity 引擎进行虚拟现实应用开发的基本方法，旨在帮助读者对虚拟现实应用的开发过程有较为深入的了解。

首先，本章介绍了虚拟现实作品开发过程中的 UI 设计，其中以 Unity 引擎中的 UGUI 插件为例进行说明。然后阐述 Unity 引擎中虚拟现实作品的场景设计，主要以 Unity 引擎的 Terrain 地形编辑器为例进行说明，另外还包括 Unity 中水、风、雾、天空盒等自带的环境特效。由于基于 Unity 引擎进行作品开发时，除了自带的资源外，还可以导入并使用第三方工具制作的素材和模型资源，所以这里还对 Unity 导入外部模型资源的方式进行了说明。接着重点讲述 Unity 中的脚本开发，包括 C# 语言基础以及 Unity 中常用的 API 函数。最后，描述了基于 Unity 引擎发布 VR 作品的工作流程，包括面向 PC 平台、移动终端以及 Web 平台的发布。考虑到实际条件的限制，本章未涉及在苹果操作系统的平台发布 VR 作品的内容。

参考文献

[1] 宇博智业市场研究中心 . 2021—2026 年中国游戏引擎开发软件行业市场需求与投资咨询报告 [R]. 2021.03.

[2] DOCFX, Unity UI: Unity User Interface [EB/OL]. https://docs.unity3d.com/Packages/com.unity.ugui@1.0[2021-12-27].

[3] C 语言中文网 [EB/OL]. http://c.biancheng.net/csharp/[2021-12-27].

第6章

Web端的虚拟现实应用开发

6.1　Web端的虚拟现实应用概述

随着计算机硬件的实时渲染能力和网络传输速度的不断提升，Web开发人员不再满足于基于Web的2D应用，转而研究基于Web浏览器的3D应用，进而出现了基于Web浏览器的VR、XR应用，对应的技术分别是Web3D技术、WebVR技术以及WebXR技术。

6.1.1　Web3D概述

Web3D应用主要是使用WebGL类库（Web Graphics Library，Web图形库），设计并开发基于Web浏览器的3D应用。Web3D技术能支持三维场景在Web浏览器中进行灵活的展示，并且允许用户基于鼠标和键盘的操作与三维场景进行自由交互，所以在计算机算力和网速保障的前提下，Web3D的应用得到了迅速的发展，多用于沉浸式数据可视化与可视分析、电子商务、网页游戏以及教育领域。与2D网页相比，Web3D由于更加直观和高效，在沉浸式数据可视化与可视分析领域应用得更多。

到目前为止，PC端大多数浏览器均支持Web3D，包括但不限于谷歌公司的Chrome浏览器、微软公司的Edge浏览器以及谋智公司的Firefox浏览器。同样，大多数移动端浏览器也支持Web3D，包括但不限于苹果公司的Safari浏览器以及阿里巴巴旗下的UC浏览器。

6.1.2　WebVR概述

在Web3D应用的基础上，业内推出了WebVR API 1.1标准，从而催生了WebVR的应用。如果说Web3D是基于浏览器在计算机屏幕上展示三维场景，并且基于鼠标键盘等如果输入设备与三维场景进行交互，那么WebVR则是在Web3D展示三维场景的基础上，通过添加WebVR API将网页上的三维场景呈现在头戴式显示设备中，使用户能够基于VR设备（如HTC VIVE头盔）沉浸式观察网页上的三维场景，并且可以通过VR手柄与三维场景进行交互。

基于 WebVR 技术，用户不必安装过多的软件、配置复杂的运行环境，只需要使用 VR 头戴式显示设备和支持 WebVR 的浏览器，就能在 Web 浏览器中加载 VR 场景，并且能够基于 VR 头戴式显示设备体验 VR 应用。用户在利用 Web 浏览器访问网站时，浏览器会自动加载运行三维场景所需要的环境和模型文件。例如，使用 Chrome 浏览器访问 WebVR 网页时，按 F12 功能键打开控制台，单击网络便可以看到所需资源及文件在后台自动加载，如图 6.1 所示。

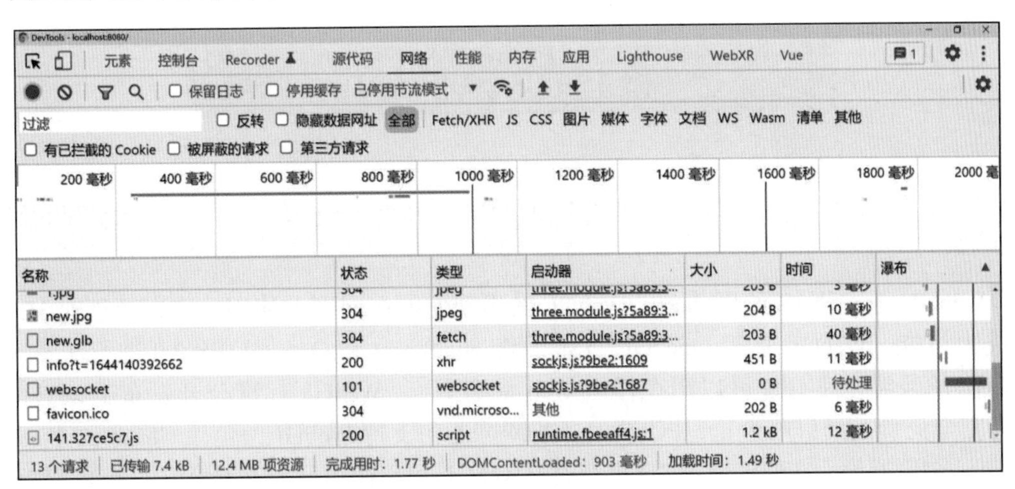

图 6.1　使用 Chrome 浏览器访问 WebVR 网页自动加载项

随着虚拟现实技术的不断发展，WebVR API 正在被 WebXR API 代替。目前 PC 端大多数浏览器已经不再支持 WebVR，转而支持 WebXR，后者拥有更好的性能以及更强的扩展性。

6.1.3　WebXR 概述

WebXR 是一个新的、仍在发展的 JavaScript API，与 WebVR 相比，WebXR 更加高效、性能更好，WebXR API 有望完全代替 WebVR API。WebXR 旨在将 Web3D 的应用场景及交互功能以 VR 的形式或 AR 的形式呈现到 VR 或 AR 外设中，并与这些外设完成交互，也就是说 WebXR 包括了 WebVR 和 WebAR。

目前，PC 端支持 WebXR 的浏览器有 Chrome 浏览器和 Edge 浏览器；移动端支持 WebXR 的浏览器有谷歌公司开发的 Chrome Android 浏览器和三星公司开发的 Samsung Internet[1]，具体情况如表 6.1 所示。

表 6.1　支持 WebXR 的浏览器

支持 WebXR 的浏览器		支持 WebXR 的浏览器	
PC 端	Chrome 浏览器 79 及以上版本	移动端	Chrome Android 浏览器 79 及以上版本
	Edge 浏览器 79 及以上版本		Samsung Internet 浏览器 11.2 及以上版本

目前许多 WebGL 框架都已支持 WebXR API，使用 WebGL 框架开发的 Web3D 场景，搭配上 WebXR API 便能将 Web3D 场景传递到 VR 眼镜或 AR 眼镜中，带给用户身临其境的体验，开发 WebXR 项目的学习成本也变得越来越低。例如，使用 Three.js 引擎开发 WebXR 应用，由于 Three.js 将 WebGL 进行了二次封装，并支持 WebXR API，因此使用 Three.js 开发 WebXR 应用时只需要先将 Web3D 场景搭建好，再引用 XR 相关的包便能轻松实现。

6.2 Three.js 引擎介绍

6.2.1 Three.js 引擎与 WebGL 的关系

WebGL 是一种 3D 绘图协议，WebGL 的出现使得在网页上使用显卡资源创建 3D 模型成为可能。WebGL 基于 OpenGL 技术，将 JavaScript 和 OpenGL ES 2.0 进行了融合，WebGL 的兼容性良好，可以用在任何 Web 系统中[2]。WebGL 标准公开发布于 2011 年，并且完全免费。到目前为止，PC 端大多数浏览器均支持 WebGL，包括 Chrome、Firefox 和 Edge 浏览器等。在处理网页 3D 模型时，WebGL 可以使用显卡资源来渲染场景，因此，使用 WebGL 进行简单的三维场景开发时，不必过多担心性能问题。

但是使用传统 WebGL 编程十分复杂而且容易出现问题。WebGL API 是一种非常低级的接口，使用 WebGL 开发图形场景需要开发人员有一定的图形学知识和数学知识，没有基础的开发人员很难掌握 WebGL。

Three.js 的出现解决了这一问题。首先，Three.js 提供了许多 3D 显示功能，开发人员能够很方便地在网页上创建三维空间，并使用显卡进行硬件加速。其次，Three.js 将 WebGL 进行了二次封装，从而降低了学习 WebGL 的成本，使开发人员能够用更快的速度进行三维场景开发。再次，Three.js 与 WebGL 相比增加了许多新功能，如 Three.js 支持更多的文件加载类型，开发人员可以在三维建模软件中搭建场景，再通过 Three.js 进行加载，减少了开发成本。最后，加载的三维场景还可以在 Three.js 中二次开发，改变颜色和材质，甚至可以创建交互式操作。

此外 Three.js 还添加了对象拾取操作，用户可以使用鼠标或 VR 手柄对场景中的物体进行拾取，通过鼠标或者手柄发射射线，在鼠标经过或单击时，通过 JavaScript 获取当前鼠标坐标 X 和 Y，并为坐标添加 0 到 1 的深度信息，得到近点坐标 A（$X, Y, 0$）和远点坐标 B（$X, Y, 1$) 两个点，再判断 A、B 连线是否经过物体。由于场景中的物体必然都在坐标系中，因此场景中所有物体都可以通过鼠标或手柄选中，且 A、B 连线经过的物体就是选中的物体。图 6.2 所示的物体 B 就是鼠标通过射线选中的物体。

对象拾取操作不仅对 Three.js 创建的对象有效，而且可以对加载进来的三维模型进行交互操作，如控制动画的播放速度、改变大小、改变颜色等。

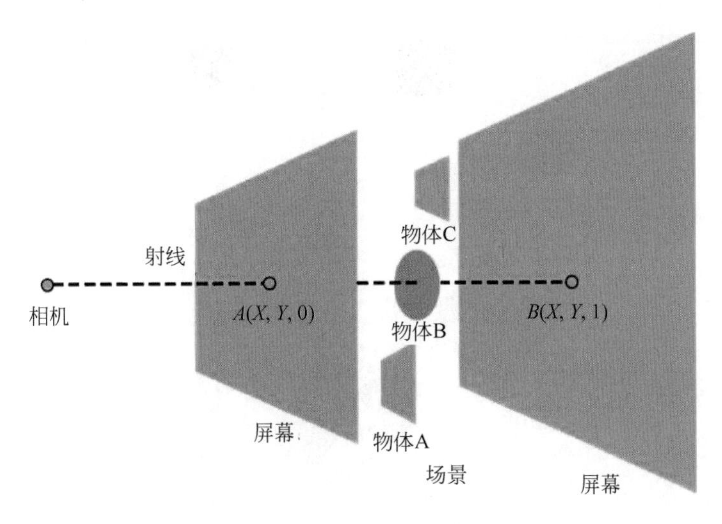

图 6.2 射线选中 object B 物体原理示意图

6.2.2 Three.js 引擎的优缺点

1. Three.js 的优点

Three.js 的优点在于它将 WebGL 原生的 API 细节抽象化，降低了 WebGL 的学习成本。原生 WebGL 学习成本较高，开发人员不仅需要有一定的图形开发经验，而且必须掌握一定的数学知识；而 Three.js 的使用对绘图能力和数学能力的要求就比较低，开发人员只需要掌握一定的 JavaScript 基础知识就能进行开发工作。

Three.js 的功能丰富，场景多样，打开 Three.js 官网可以看到 Three.js 丰富的相关案例，包括但不限于动画、游戏以及粒子特效，当然也包括如今技术仍不够成熟的 WebXR 技术，在后面的章节中会对这一技术进行详细介绍。可以说，在 WebGL 框架中 Three.js 引擎是佼佼者，曾一度爆火的微信小游戏“跳一跳”就是使用 Three.js 开发的。

Three.js 将三维场景分为网格、材质和光源，并支持 PerspectiveCamera（透视相机）和 OrthographicCamera（正交相机），开发人员可以很方便地对网格、材质、光源以及相机进行定义和调整，再分别添加到场景中。Three.js 提供了丰富的光源和材质，其中光源包括 AmbientLight（基础光源）、PointLight（点光源）、SpotLight（聚光灯光源）等，材质包括 MeshBasicMaterial（网格基础材质）、MeshDepthMaterial（网格深度材质）、MeshNormalMaterial（网格法向材质）等。

Three.js 的材质能够模拟现实中绝大多数的物体，如金属、塑料、模板、荧光灯等；不仅如此，Three.js 还支持混合材质，可以将两种材质附加到一个物体上，使一个物体同时具有两种材质的特点。如图 6.3 所示，将深度材质与基础材质融合，能使普通的方块既具有景深效果，又有基础的颜色信息。多种材质混合的实现使 Three.js 提供的材质和光源能够满足绝大多数网页三维场景开发需求。

另外，Three.js 支持常用的 3D 建模软件导出的格式，包括 OBJ、FBX、JSON 和 PDB 等格式，具体支持格式和描述如表 6.2 所示。Three.js 同样支持加载 3D 模型文件后对应的

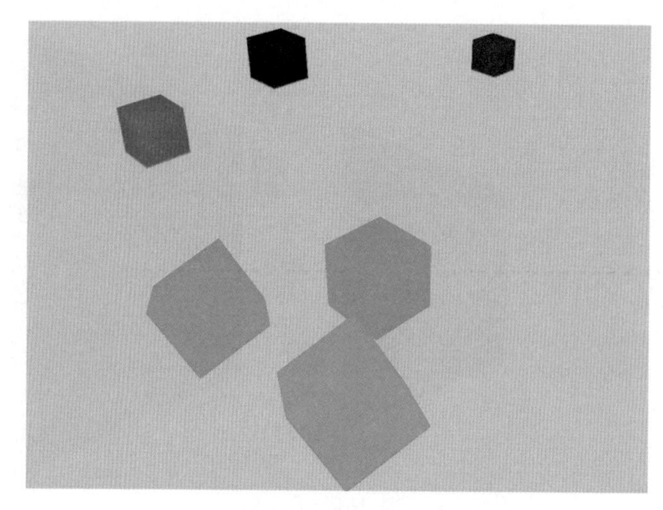

图 6.3　混合材质立方体效果图

动画、贴图，不仅如此，针对导入的场景，还能够通过获取节点信息和节点名称来编写事件，以便创建交互式操作，这些特性能够减少使用源码创建三维场景的工作量，提高网页三维场景的开发效率。这些格式的支持也让 Three.js 的普适性大大提高，各个行业都可以用 Three.js 创建网页三维场景。

表 6.2　Three.js 支持的部分三维模型格式

支持的格式	描　述
OBJ	OBJ 是一种简单的 3D 模型文件，但不包含动画，配合 MTL 可以同时导入贴图
FBX	FBX 是 FilmBox 这套软件所使用的格式，用于 3DS MAX、MAYA 等软件之间的互导，包含动画和贴图
JSON	JSON 是 Three.js 自己设计的 3D 文件格式，包含了模型材质和动画
PDB	PDB（Protein Data Bank，蛋白质数据库）原本是用于研究蛋白质结构的标准格式，存储的是蛋白质和其他化合物的三维结构信息，Three.js 可以加载 PDB 格式的文件并以 3D 形式展示
PLY	PLY 是多边形文件格式，使用多边形文件格式可创建 3D 图像文件

2. Three.js 的不足

在某些方面 Three.js 也有不足之处。首先，Three.js 的官方文档十分简单，官方文档对 API 的解释有限，并且只给出了部分代码，虽然有许多案例源码可以使用，但是源码极少有详细注释，甚至有些案例源码没有注释，开发人员想要深入学习 Three.js 就需要自己研究官网的案例与源码，有一定的困难。其次，Three.js 的版本更新较快，API 变化大，导致许多网上的案例只能使用旧版本的 Three.js 运行，并且 Three.js 的一些功能组件需要分别引入，而有些组件在更新迭代过程中已消失或被代替，导致一些旧的案例无法运行，无形中增加了学习成本。此外，有关 Three.js 的资料大多是英文版本，并且大多存在于 GitHub 中，不太方便国内用户获取和使用。

6.2.3 Three.js 引擎与其他 Web3D 框架对比

WebGL 在不断发展中也衍生出了许多其他 WebGL 框架，如 BabyIon.js、Phaser.js、Scene.js，这些 WebGL 框架的功能各有千秋。

BabyIon.js 与 Three.js 有较多的相同点。两者都比较简单容易上手，BabyIon.js 还贴心地准备了材质编辑器，以便节省开发人员和美工的时间。使用这些编辑器，只需要鼠标就能创建和配置粒子系统类似于 UE4 中的蓝图。与 Three.js 相同，BabyIon.js 4.2 版本也对 WebXR 进行了更新支持，增加了手部跟踪、命中测试、跨设备输入管理等功能，使开发人员能够很轻松地创建 WebXR 项目。

BabyIon.js 与 Three.js 的不同点在于它们的用途不同：BabyIon.js 最初设计为游戏引擎，因此更多倾向于基于 Web 的游戏开发，在碰撞检测上 BabyIon.js 有独特的优势；而 Three.js 方法多样，可扩展性强，设计更加灵活。

Phaser.js 是一款开源的 HTML5 游戏框架，同样也是一款 WebGL 框架。随着 Flash 退出历史舞台，越来越多的开发人员开始使用 HTML5 进行游戏开发，Phaser.js 就是在这种背景下产生的。Phaser.js 与 Three.js 的相同点在于两者都容易上手，且非常流行；不同之处在于，Phaser.js 致力于发展网络游戏，包括 PC 端的游戏和移动端的游戏，国内许多小游戏都是通过 Phaser.js 开发的；而 Three.js 的受众很多，在各行各业都有应用。

Scene.js 也是一款 WebGL 框架，它主要针对高精度模型，特别是刻画细节，因此多用于医学和工程学领域。与 Three.js 相比，它的优势在于能够呈现更多的细节。但是 Scene.js 没有阴影以及灯光反射效果，国内的使用者较少。

6.2.4 Three.js 引擎的可扩展性

作为国内广泛使用的三维引擎，Three.js 的可扩展性也很强。得益于 node.js 和 Three.js 都是采用 JavaScript 开发的，因此这两者结合使用能够达到前后端的统一，降低了开发成本 [3]。许多前后端结合的项目使用 Three.js 进行开发，存储在数据库中的数据可以通过后端提供的接口转换成 JSON 数据提供给前端开发人员，使用 JavaScript 读取 JSON 数据并绑定到 Three.js 的数据中，通过 Render 函数进行实时渲染，这样就能动态控制生成的三维场景。因此，Three.js 常被用于数据可视化，开发虚拟仿真系统、游戏系统以及三维地图系统。

除此之外，Three.js 还被用在 WebXR 中，包括 WebVR 和 WebAR。Three.js 对 WebXR API 进行了封装，以 WebVR 项目为例，使用 Three.js 开发 WebVR 项目只需要三个步骤。

第一步，引入 VRButton.js 以及 XRControllerModelFactory.js 两个模块，前者用于为普通三维场景添加进入 VR 模式的按钮，后者用于在虚拟现实场景中添加手柄控制器。

第二步，开启 XR 渲染模式，并将 VRButton 按钮挂载在场景中。该按钮会检测当前浏览器和硬件设备是否支持 WebXR，如果不支持便会显示“VR NOT SUPPORTED”，如果支持便会显示“ENTER VR”，如图 6.4 所示。目前支持 WebXR 的浏览器有 Chrome 浏览器和 Edge 浏览器，支持的虚拟现实设备有 HTC VIVE 以及 Oculus Quest2 等。

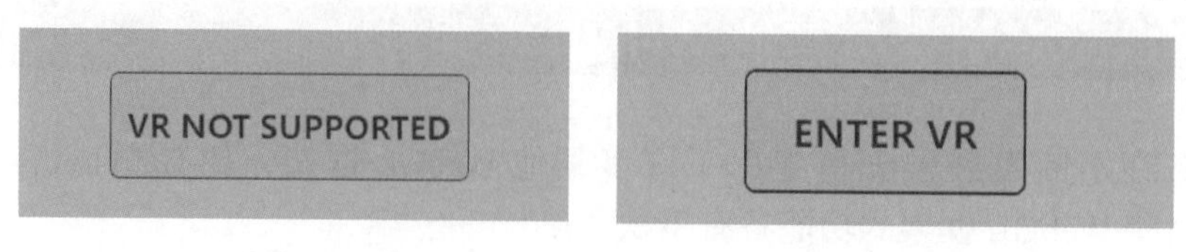

(a) 不支持VR的提示　　(b) 支持VR的提示

图 6.4　VRButton 的提示

第三步，将循环模式改为 setAnimationLoop。VR 模式下需要使用这种动画循环模式。

另外，Three.js 还可以进行二次开发。例如，Peter W.S.Butcher、Nigel W. John 和 Panagiotis D.Ritsos 共同开发的框架 A Web-based Framework for Creating Immersive Analytics Experiences(VRIA) 中的三维呈现部分就是使用 Three.js 引擎开发的。封装后的框架，用户根据需要改变 JSON 数据就能进行动态更新，并且可以使用 VR 外设观看，使用手柄进行交互式操作 [4]。

Three.js 能够做的不只是这些，随着新版本的推出，新的功能不断出现，Three.js 开发的应用也越来越丰富。相信随着 Three.js 的不断迭代更新，会出现更多更有趣的 Three.js 应用。

6.3　基于 Three.js 的 Web 虚拟现实应用开发举例

与 WebGL 相比，Three.js 引擎更容易学习和掌握，在日常使用中的应用更为广泛，常用于 Web3D 或 WebVR 的应用开发，且 Web3D 的应用开发较多。本节将对基于 Three.js 引擎开发的相关应用进行举例说明。

1. Three. js 开发的 Web3D 应用举例

Three.js 常用于 Web3D 场景仿真和机械仿真，使用 Three.js 开发的 Web3D 网页能够使用鼠标、键盘进行交互，通过对场景添加 OrbitControl 等控制器，可实现环绕观察场景、与场景交互等操作。

这种 3D 场景展示方法，突破了传统二维网站展示平面场景的束缚，将更多主动权交给用户，能够让用户更加直观地感受场景带来的信息，也能为网页增添趣味性。Three.js 在虚拟仿真方面的案例很多，其中著名的场景案例如美国国家航空航天局（NASA）开发的火星探测车着陆模拟器（https://eyes.nasa.gov/apps/mars2020/），用户可以通过单击或滑动场景的方式来 360° 观看火星车分离、降落到火星表面的全过程（见图 6.5），从而对火星车着陆有更直观的认识 [5]。

图 6.5 NASA 虚拟仿真项目

另外，在 Three.js 场景中，Render 函数下的场景是不断更新的，因此 Three.js 也常用于数据可视化与可视分析，JavaScript 可以通过遍历 JSON 数据或者 CSV 数据，传递到 Render 函数中来动态生成三维物体。图 6.6 所示是谷歌公司使用 Three.js 开发的全球人口可视化项目（https://experiments.withgoogle.com/chrome/globe），人口数量通过柱状图的长度来展示，用户可以通过单击标签切换年份，直观地感受地球人口的变化[6]。

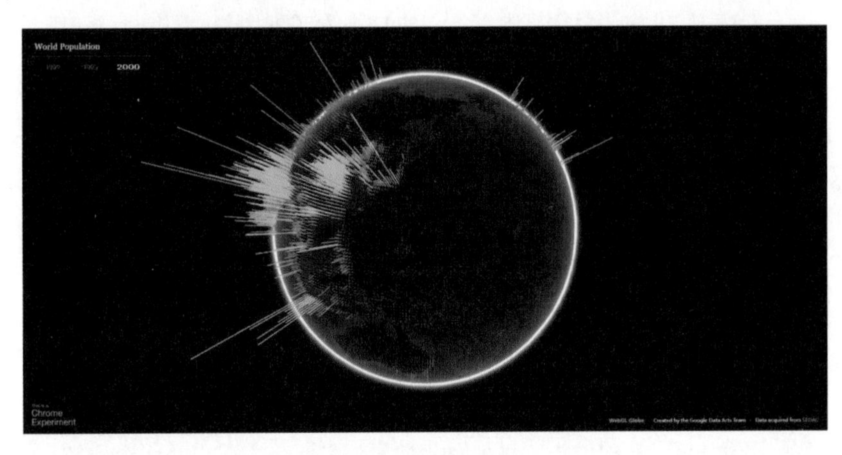

图 6.6 谷歌公司数据可视化项目

2. Three. js 开发的 WebVR 项目举例

在 WebVR 场景中，Three.js 可以很方便地为 VR 眼镜绑定摄像机，这样用户就能通过 VR 眼镜控制相机的移动；也可以在两个手柄上绑定射线，通过射线是否经过物体来判断物体是否被选中，通过手柄按钮是否按下来判断物体是否被拾取，这样就实现了通过手柄来拾取物体。

用户也可以为拾取物体添加自定义事件，如选中物体时变色、单击物体时缩小物体或者单击某个物体播放动画。总之，使用 Three.js 开发 WebVR 十分自由。图 6.7 所示为手柄发出的射线触发的事件：未经过球体时球体呈绿色，经过球体时球体呈黄色，经过球体并按下手柄时球体呈蓝色。

(a) 手柄发出的射线未经过球体

(b) 手柄发出的射线经过球体

(c) 手柄发出的射线经过球体并点击手柄

图 6.7　在 WebVR 场景中使用手柄射线拾取物体

得益于网页的跨平台性和高效传递性，Three.js 常用来展示商品信息。图 6.8 所示为 VR 看房效果图。相比传统的三维看房，WebVR 下的沉浸式体验能够让用户对房屋信息有更加直观的了解。而且基于 Three.js 强大的可扩展性，在后续二次开发中，基于 Three.js 开发的 WebVR 作品还可以根据需要，与沉浸式数据可视化与可视分析相结合，搭配手柄开发交互式的操作，实现用户单击物体便可显示物体详细信息的效果[7]。

图 6.8　WebVR 看房效果图

此外，Three.js 提供了用于在虚拟场景中对场景物体进行沉浸式编辑的编辑器，如图 6.9 所示。开发人员可以直接在虚拟环境中使用手柄编辑场景中物体的形状、大小、属性，并实时保存下来。在虚拟环境下编辑场景可以有效提高开发效率，减少开发成本，并且虚拟场景下“所见即所得”的编辑体验，在传统开发引擎如 Unity、UE4 中很难实现[8]。

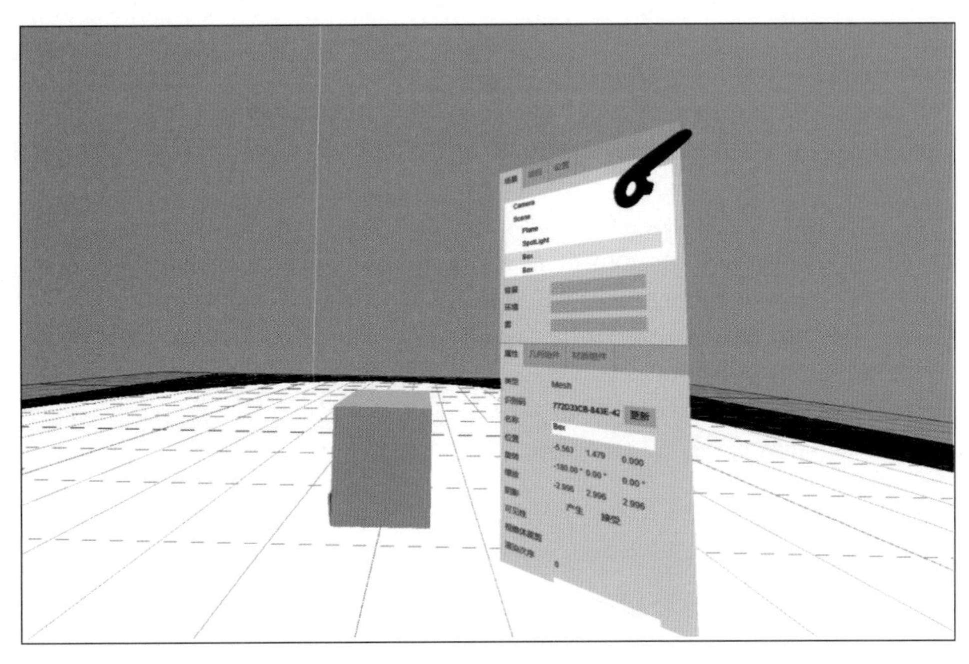

图 6.9 WebVR 下的 Three.js 在线编辑器

6.4 本章小结

虚拟现实的应用除了第 5 章所述的客户端应用形式外，基于 Web 的 VR 或 XR 应用也是目前业内较为普及的应用方式，尤其是在数据可视化及可视分析领域。另外，基于 Web 的 VR 或 XR 应用及其开发方法与第 5 章所述的基于游戏引擎的开发方法不太相同，所以本章专门针对 Web 端的虚拟现实应用开发进行阐述。

WebXR 应用起源于基于 Web 浏览器的 3D 应用。Web3D 技术最先用于在浏览器中展示三维场景，随着虚拟现实应用的发展，才出现 WebVR 乃至 WebXR 应用形式，而且这类应用的开发手段除了基于游戏引擎开发外，还能基于 WebGL 类库、Three.js 等封装类库。因此，本章先分别对 Web3D、WebVR 和 WebXR 进行概念性说明，而后对 Three.js 引擎进行重点说明，最后以应用举例的形式，列举了基于 Three.js 的部分 Web 虚拟现实应用，其中包括基于 Three.js 的 Web3D 应用案例和基于 Three.js 的 WebVR 应用案例，尤其强调了这些案例中的数据可视化功能特点，以帮助读者认知基于 Three.js 的 Web 端虚拟现实应用在数据可视化领域的作用。

参考文献

[1] MDN.WebXR 设备接口参考 [EB /OL].https://developer.mozilla.org/zh-CN/docs/Web/API/WebXR_Device_API [2021-12-27].

[2] 乐建炜，孙远运，宋燕蓉，等．基于 Three.js 的铁路数据中心运维数据可视化系统设计 [J]. 铁路计算机应用 ,2021,30(6):63-67.

[3] 吴学功，袁迎春，刘馨，等．基于 three.js 的机器人仿真平台的研究 [J]. 电子世界 ,2020(15):21-22.

[4] BUTCHER PETER WILLIAM SCOTT, JOHN NIGEL W, Ritsos Panagiotis D. VRIA: a web-based framework for creating immersive analytics experiences[J]. IEEE transactions on Visualization and Computer Graphics,2020.

[5] NASA. Mars 2020 Entry Descent Landing [EB /OL]. https://eyes.nasa.gov/apps/mars, 2020 [2021-12-27].

[6] GOOGLE. The WebGL Globe [EB /OL]. https://experiments.withgoogle.com/chrome/globe [2021-12-27].

[7] GREG ZAA. Lythwood Room [EB /OL]. https://polyhaven.com/a/lythwood_room [2021-12-27].

[8] MRDOOB. ThreeJS [EB/OL]. https://threejs.org/editor [2021-12-27].

第3篇

沉浸式数据可视化与可视分析

沉浸式数据可视化与可视分析是新兴的交叉融合技术，也是“元宇宙”中所需的数据呈现与分析技术。本篇是继读者对第 1 篇与第 2 篇有了初步了解之后，将二者进行结合的高阶学习内容。本篇内容与第 1 篇在章节上相互呼应，针对沉浸式虚拟现实技术的特点，全面阐述数据可视化在虚拟环境中的基础概念、将视觉通道扩展至多感知通道的编码映射、在沉浸式环境中的界面设计交互方法共三方面内容。本篇是全书的重点与核心篇章，也是全书的难点，更是应用开发的理论依据，因此可以作为读者扩展与提高的学习内容。

第7章 沉浸式数据可视化基础

7.1 沉浸式数据可视化概述

7.1.1 沉浸式数据可视化与可视分析简介

近几十年来，沉浸式环境下的虚拟现实技术的研究主要集中在仿真和游戏领域，多使用头戴式显示设备和洞穴状自动虚拟系统，使用户得以沉浸在虚拟场景中。随着数据可视化技术的逐步发展，沉浸式数据可视化与可视分析成为近年来兴起的一种交叉融合技术，尤其是在“元宇宙”的概念被提出后，沉浸式数据可视化的应用场景也越来越多。

沉浸式数据可视化与可视分析（Immersive Data Visualization and Visual Analysis）是指在沉浸式的环境中以可视化的形式展示数据信息，让用户使用新的界面和显示技术进行数据分析和探索。沉浸式数据可视化与可视分析将数据可视化、可视分析、虚拟现实、计算机图形学与人机交互等学科相结合，但不局限于特定的技术，如虚拟现实技术、智能传感器技术、用户界面、体感交互等常用于消除数据、软件工具、人类三者之间交流与沟通时的障碍。沉浸式数据可视化与可视分析是人类在进行数据理解、数据挖掘、决策分析时的一种有效途径。它不仅支持个人在本地对数据的分析与决策，也支持多人多地的交互操作，无论是独立工作还是协同工作，都能够支持不同地点和不同人对数据的理解与决策。

硬件制造技术的飞速发展，使人类在虚拟现实硬件研发方面取得了较显著的成果，如头戴式显示设备、挂壁式的大型显示屏、手持设备、可穿戴设备等。此外，传感器技术的进步也使姿势识别、手势识别、触摸界面、语音识别等交互方式得以发展。尤其是近年来机器学习技术不断完善，能够更好更精准地解释用户传达的手势与语音信号，也为推动沉浸式技术的进步做出了不小的贡献。

在新时代的语境下，人们将新型的交互技术与显示技术相结合形成了沉浸式技术，使计算机的使用方式发生了崭新的变化。人们不再只依赖于计算机屏幕，人机交互技术从传统的平面计算机桌面延展至三维空间当中，且支持多人交互、远程协作，为数据的沉浸式可视化与可视分析和决策提供了革命性的发展方向。

沉浸式数据可视化与可视分析领域的研究人员不断地探索沉浸式设计空间、开发显示和交互技术，并将这些技术应用于沉浸式环境中，使数据的展示与呈现更加真实，为用户无缝衔接本地和远程的协同工作。图 7.1 展示了本地数据分析人员借助头戴式显示设备，在沉浸式环境中进行数据交互探索工作。图 7.2 展示了本地与远程的数据分析人员同时借助头戴式显示设备，在沉浸式环境中进行数据的交互探索工作。远程交互的模式还在探索中，目前尚未普及，因此本书只用示意图进行展示。

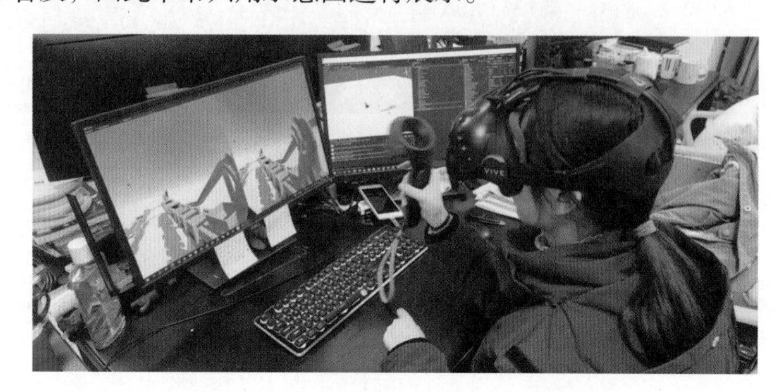

图 7.1　本地沉浸式数据交互探索

图 7.2　本地与远程沉浸式数据交互探索示意

7.1.2　沉浸式数据可视化的发展历程

沉浸式数据可视化作为一个新兴的研究方向，早期是由计算机图形图像、人机交互、数据可视化与可视分析三个方向交叉形成的，这三个方向的发展对沉浸式数据可视化技术的发展有着深远的影响。

计算机图形图像技术为沉浸式数据可视化的发展奠定了重要基础。矢量图形示波器早在 1950 年就已经出现。1974 年，计算机图形学成为计算机科学中的一个独立领域。随后，计算机图形学飞速发展，人类渐渐开始涉足虚拟现实场景的真实感渲染。计算机功能日益强大，处理复杂图形的能力也得到了提升，可视化技术出现了新的机会。1968 年，当第一个混合现实头戴式显示系统得以实现时，虚拟现实与增强现实的原型出现了。但此后又经过了二十多年的努力，专用图形硬件与实时渲染技术才有了进步，为第一个实用交互式虚拟现实系统开发奠定了基础。CAVE 系统是最早出现的虚拟现实应用。近年来，市场上出现了多家知名的虚拟现实相关设备供应商，常见的设备包括 HTC VIVE、Oculus Rift、Microsoft Mixed Reality、Google Daydream、Google Glass、Microsoft HoloLens、Kinect 和 Leap Motion 等。新兴的虚拟现实商业软件开发环境与软件标准也促使虚拟现实应用程序和软件生态系统快速增长，如 SteamVR 之类的软件工具能提供跨平台支持，Unity 3D 和 UnReal Engine 等游戏引擎能够为虚拟现实应用程序的开发和部署提供支持。

除了图形图像技术，人机交互（Human Computer Interaction, HCI）技术的发展也为沉浸式数据可视化的发展开辟了新的方向。计算机在 1980 年以前还是让人望而却步的昂贵设备，如今人类与计算机和其他相关硬件设备的交互操作，是超越当时人类的想象力的。研究者花了很多时间和精力研究计算机的硬件与底层编程，最终将计算机应用于各类应用程序，并使人机交互技术产生了极大的变革，在应用程序中发挥着重要作用。研究者在 1969 年提出“以人为本”的交互概念[1],因此早期的人机交互技术以简单高效为主要目标，主要的功能包括窗口界面、鼠标、超链接文档、视频会议、可视文字处理等。其中具有代表性的应用有哈佛大学研究者开发的荧光笔与图形直接交互的技术，以及第一个混合现实头戴式显示系统[2]。随着硬件设备的飞速发展，计算机的体积变得越来越小型化，在人类的日常生活中也变得常见，人机交互正式成为一个科学研究方向。在科学研究的过程中，心理学中的认知、感知和人体工学的研究成为人机交互技术发展的基础，为推动人机交互的创新发展起到了重要作用。硬件设备如鼠标、键盘、荧光笔等，也依据人们交互操作的需求被不断改良，与人机交互技术同步发展。运动追踪设备能够加速体感交互及自然交互的发展，为人们提供自然、流畅的互动体验，也为人机交互技术在沉浸式环境中进行数据可视化与可视分析带来新的可能。

计算机图形图像技术是数据可视化技术的重要基础。早期的数据可视化领域集中于科学可视化（SciVis），如生物数据（分子结构）、物理数据（天体运动）、地理数据（洋流运动、风向运动）、医学数据（人体扫描、核磁共振成像）等，这些科学数据可视化是沉浸式数据可视化的早期应用。沉浸式数据可视化利用 3D 显示技术，能够更自然地呈现科学数据可视化，但对于信息可视化来说，它建立在平面设计、统计学、人机交互的学科发展上，是可视化领域中的一个跨学科交叉方向，其目的是探索如何有效地利用图形学对抽象数据类型进行呈现及交互。虽然 3D 形式的抽象数据展示形式引起了人们的兴趣，但目前研究者的研究方向更集中于 2D 形式的展示和交互方式。在 2D 形式的数据可视化能够满足用户需求的基础上，对于某些特定的应用场景，3D 数据可视化的呈现方式是否可以更有效，仍然是一个悬而未决的问题。因此，在虚拟现实或者增强现实的沉浸式环境中，如何利用用户周围的 3D 空间来展示数据，是一个非常复杂的问题。

人机交互技术是可视分析的基础，即可视分析是在数据可视化的基础上通过交互技术进行数据分析和探索的过程。数据分析的任务是使信息可视化能够为海量数据提供可视化方案，增强信息呈现与分析二者之间的联系。利用可视分析技术，信息可视化能够完成更复杂、更高级的分析任务并提供交互方案。

以沉浸式方式展示信息与数据的思想，早在 1991 年就已经开始萌芽，直至 2015 年，研究者们正式提出了沉浸式分析的概念，并探索了虚拟现实与混合现实中数据可视化的可能性。此后又有多名研究者针对沉浸式数据可视化与可视分析进行探索。目前沉浸式可视

分析的应用集中于考古数据、电网数据、社交数据、医学数据等。沉浸式的显示与交互设备能够极大地影响用户的体验，从而影响用户在沉浸式环境中通过数据可视化技术对数据进行分析探索时的参与度、专注度，提交结果的正确率等，因此沉浸式环境的作用和意义值得数据可视化研究者深思。

7.1.3 沉浸式环境下的数据可视化应用

沉浸式数据可视化技术包括沉浸式数据可视化与沉浸式可视分析，其中虚拟现实技术作为计算机图形学的重要分支，已成为沉浸式环境的主要技术，并在人类的生活中被应用于多个领域，在提升和改善生活质量方面有着极大的潜力，是一种非常实用且能够改善和提高工作效率的技术。

成熟的虚拟现实技术能够为高维复杂的数据分析与决策提供技术支持，能为用户带来参与感和沉浸感，更能帮助数据可视化技术从较为专业的商业数据分析领域走进人们的日常生活中，使数据分析不再只是数据分析专业人员的专属技能。本小节以生物医学领域的医疗手术模拟仿真系统和灾难管理领域的消防模拟仿真系统为例，简要介绍沉浸式环境下数据可视化技术的应用。

在生物医学领域，医生及医学专家在对患者进行复杂手术前经常通过虚拟现实技术模拟复杂和细微的手术过程，利用沉浸感和参与感反复操练手术步骤。图 7.3 所示为目前市场上已有的一种医学仿真系统。有的医学仿真系统利用增强现实技术，将虚拟环境与患者的身体相叠加，给患者展示医学专家们认为比较适合的治疗方案。无论是利用虚拟现实技术还是增强现实技术，在整个治疗过程中，护士和医生都能够在不同时段参与到仿真应用中，进行同步或者异步协作，甚至远程共享的可视化探索和模拟。在医疗手术模拟仿真系统中加入数据可视化技术，可将患者的生命体征数据以可视化的方式实时呈现在沉浸式环境中，医护人员通过对数据进行交互探索，做出基于数据分析的医疗决策和对患者的针对性治疗建议，患者也能够更好地了解自己的病情，了解医护人员所采取的治疗手段。另外，在多感知技术日趋成熟的未来，设计人员可以将数据映射至视觉、听觉、触觉、嗅觉等多方面的感官通道，医护人员将能够感受到患者的病情数据，有助于做出正确的治疗决策。

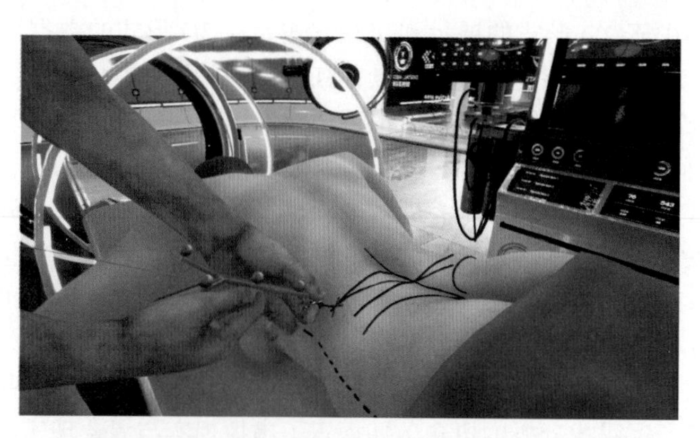

图 7.3　医学手术领域的沉浸式可视化应用系统

在灾难管理领域，消防员在实地救火前通常会进行技能演习和技术操练，但在真实生活中模拟火灾现场不仅会消耗大量人力和物资，还有可能造成空气污染并危及消防员的生命。因此，人们通常利用沉浸式虚拟现实技术或者增强现实技术来模拟消防灭火的现场，进行虚拟环境中的专业技能培训，如图 7.4 所示。在沉浸式环境进行救火模拟训练，不仅能够减少材料消耗、避免空气污染、保障消防员的生命安全，还可以多次模拟，帮助灾难管理人员制定策略。在消防模拟仿真系统中加入数据可视化技术，可将火灾现场的湿度、温度、烟雾浓度等数据以可视化的方式实时呈现在沉浸式环境中，使消防员对自己所处的环境做出更准确的判断，有助于实时应对突发状况；还可以将其他消防队员的地理信息位置及轨迹以沉浸式可视化的方式展示出来，帮助消防员判断安全通道的路线，更好地增强团队协作能力，对灭火及救援的方案提供决策建议。

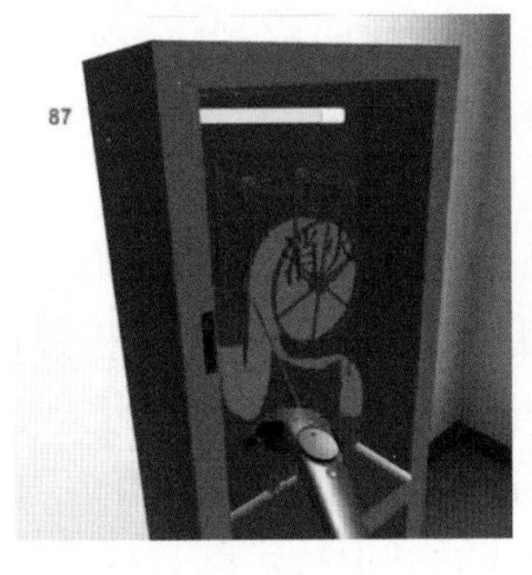

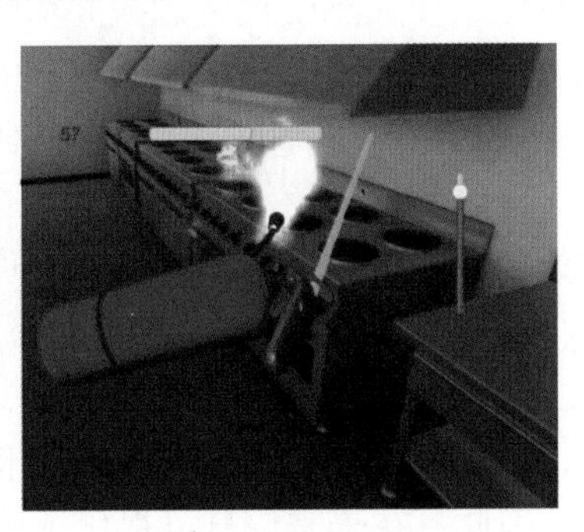

(a) 打开消火栓柜门　　(b) 用灭火器使火焰逐渐熄火

图 7.4　消防领域的沉浸式可视化应用系统

沉浸式环境下的数据可视化技术发展还有很多可能，如何将虚拟现实技术与数据可视化技术结合，为人类提供沉浸式分析的崭新方式，是未来研究者们需要探究的方向。依据不同的应用内容和不同的技术方向，我们在设计沉浸式可视化应用时可以考虑五个方面。第一，空间沉浸感提升方式探究。即研究如何提升空间沉浸感，使用户不再局限于传统的二维计算机桌面，将自己周围的空间扩展为三维的数据分析空间，在空间中展示 2D 或 3D 的可视化视图。第二，沉浸式数据分析方法探究。即研究如何将现实中的物理对象与用户可以控制的数据信息通过增强现实技术进行叠加或者覆盖，提供实时的个性化数据分析和探索交互，并应用于工作场所与日常生活场景中。第三，交互式数据探索方法设计。即研究如何通过鼠标、键盘等实体输入设备，或通过手势、语音等自然交互方式，对数据进行直观、高效的展示和探索。第四，多人协同交互方法设计。即研究分别针对本地和远程的多人交互操作、同步交互和异步交互的性能。多人协同操作的技术能够为人与人之间的沟通提供新的平台，也能够提供给人类更具社会参与性的交互操作。第五，多感知数据呈现方式探索。即研究包括视觉、听觉、触觉等多种感官体验的数据呈现方式。视觉感知是虚拟现实技术与数据可视化技术都在研究的重点，而基于音频技术的听觉、传感器技术的触觉等其他感知，也是信息表达与呈现的途径，丰富的感知方式能够为用户提供立体的信息感知通道。

7.2 沉浸式数据可视化的特点

在 3D 图形工作站刚刚被开发出来的时候，许多可视化研究人员都曾认为，利用线性透视、阴影、遮挡等方式将数据可视化以 3D 形式呈现,会比传统的 2D 呈现方式更具有优势。3D 形式的数据可视化是基于虚拟现实技术，通过立体建模、透视、双目成像等方式将 3D 环境和 3D 世界创建出来的，因此能够提供深度信息，并满足人类视觉上逼真的感觉，以实现空间中的沉浸感，使人感受视觉刺激并增强参与感。因此，研究者们对 3D 形式的信息可视化的热情曾经一度高涨，研究内容有利用锥形树图展示层次数据 [3]、利用“3D 焦点 + 上下文”的透视展示方式呈现 2D 的表格数据 [4]、采用数据山的形式存储 3D 空间中的数据 [5] 等。

虽然沉浸式数据可视化呈现的优势并未被研究者与开发者深度剖析和归纳总结，且业内对沉浸式可视化的应用贬褒不一，但是以 3D 散点图、3D 柱状图和 3D 饼形图等三维图形作为基础的商业数据分析应用依然与日俱增。此外，沉浸式数据可视化在科学可视化领域应用尤为广泛，证明了沉浸式数据可视化技术能够在某种程度上给用户带来更好的呈现效果和沉浸体验。因此，在未来信息可视化领域或者其他特定的数据可视化领域，沉浸式数据可视化必将普及，该领域也仍有大量的方向值得被研究者与开发者共同分析和探索。在开发和研究新的信息可视化应用程序时，最主要的论题集中于探索和分析是使用新颖的 3D 可视化技术还是继续使用传统的 2D 可视化技术。此外，在使用沉浸式数据可视化技术时，沉浸式数据可视化的特点是首先应该考虑的因素，如沉浸式视图的深度信息、沉浸式交互空间、用户参与度和专注度等。

7.2.1 沉浸式环境的深度信息

在之前的研究中，有学者指出，基于沉浸式技术的应用在未使用头戴式显示设备的情况下，并未表现出明显的优势；但有的学者也提出，使用 3D 的数据可视化有利于理解多维数据，如 3D 散点图。在沉浸式环境中，许多技术都被用于模拟三维视觉效果，如遮挡、线性透视、阴影、纹理渲染、全局照明效果、头部追踪、双目显示等技术，这些技术的应用可以给用户提供深度信息并增强沉浸感，这也证明了利用沉浸式技术进行数据可视化呈现，相比较二维数据可视化而言，存在特定的基于深度信息的优势。

目前探索的方向主要集中于视觉映射和硬件设备两个方面的深度信息，如图 7.5 所示。

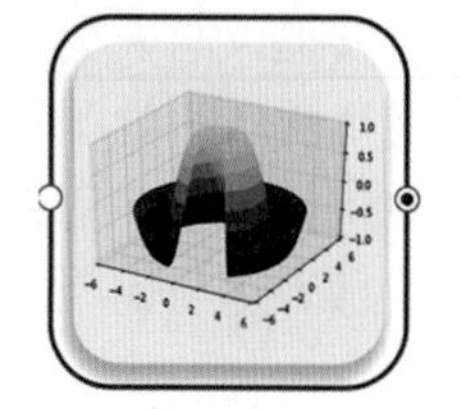

视觉映射

硬件设备

图 7.5　沉浸式环境的深度信息

第一，视觉映射中存在附加的深度信息。沉浸感空间中的深度信息可以作为数据可视化中一个新增的视觉通道，展示新的附加维度，因此在数据可视化中使用沉浸式技术遇到的最主要的问题，实际上就是如何选择正确的深度信息。沉浸式数据可视化的研究者能够利用虚拟现实技术，将 3D 视图的深度信息附加显示更多的数据维度，也能够利用增强现实技术，将抽象的可视化效果叠加至现实世界的对象上。这类似于在 2D 的可视化效果中使用动画过渡效果，给可视化观察者提供一个新增的时间维度，使得原有的数据结构依据时间排序，效果更清晰。虽然在沉浸式空间中，以不同视角观察视图时会出现遮挡、深度误差等现象，但很多研究都证明了新增的视觉通道对某些种类的数据可视化呈现有益处。未来的研究内容主要是探索在哪些情况或者应用中，新增的视觉通道能够被有效地利用，以及如何更好地利用深度信息进行抽象数据类型可视化与可视分析。

第二，在硬件设备方面存在新的沉浸式显示方式。近年来，头戴式的虚拟现实设备变得越来越普遍。这些新设备在虚拟场景中为用户提供了基于深度信息的沉浸感，逐渐将数据可视化从传统的 2D 显示器和系统桌面转移至虚拟空间，并应用于生活中的不同领域，为数据分析与探索提供不同的交互操作。通过利用基于这些硬件设备的深度信息呈现方式，一些应用甚至致力于开发提供多人协作和更具有故事性、叙事性的可视化。无论 3D 沉浸式可视化的形式是否合适，随着沉浸式虚拟现实和增强现实设备的不断更新，深度信息的展示方式正在不断提升，混合现实技术能够将数据抽象呈现，且能够与真实世界中的对象进行视图叠加，因此，研究者们更倾向于探索在虚拟环境中，如何基于这些先进的设备最有效地展示数据。

在此前的研究中，深度信息带来的附加维度在数据可视化应用中的潜在优势，已经在不同的可视化视图中被证明存在且有效，因此，使用沉浸式技术展示数据的方法，通过 3D 形式的可视化得以更清晰地显示数据结构，被越来越多地应用于多种数据和研究中，且逐渐成为未来的一种趋势和习惯。例如，在 3D 散点图中，通过将高维的数据投影到有附加维度的空间中，能够更容易地看到数据点之间的距离更接近原始多维空间中数据点间的距离。又如，在节点链接图的沉浸式布局中，深度信息能够更清晰地展示边缘交叉及边缘重叠信息。3D 网络图能够呈现节点间距离、图的结构、边的距离和长度信息等，将数据的结构直观地展示出来。

7.2.2 沉浸式交互空间

除了能够利用沉浸式视图中的深度信息增加新的视觉通道外，研究者还可以利用虚拟现实技术，扩展、挖掘和利用用户周围的交互空间，排列多个可视化视图，以第一人称视角进行交互探索，呈现以用户自我为中心的沉浸式应用。如图 7.6 所示，在虚拟现实环境中，用户倾斜手柄便可实现多视图观察。

图 7.6 沉浸式可视化交互设计[6]

目前沉浸式交互空间有三方面研究方向：基于硬件技术革新的交互技术、沉浸式工作空间、以用户为中心的交互理念。

第一，基于硬件技术革新的交互技术。众所周知，沉浸式硬件设备显示器的分辨率不断提高、渲染延迟时间不断减小、头部跟踪技术和交互技术也在不断进步，因此已经有了比较成熟的市场，这足以证明现代化的沉浸式显示设备能够不断克服不足，不断改进以前3D数据可视化中的显示与交互问题，甚至能为沉浸式交互空间提供新的交互技术，在有限空间中拓展无限的视野，让用户在沉浸式交互空间中更自由、更便捷地进行操作，完成数据可视化分析任务。

第二，沉浸式工作空间。在许多虚拟现实和增强现实的应用中，用户通过利用周围的空间环境，来扩展沉浸式交互空间。身临其境的工作空间不仅提供给用户一定的自由度，还能够突破传统桌面平面空间的局限。具有循环特性或者无边界的数据在3D成像技术的作用下，能够用球体或者圆柱体展示，从而消除2D平面呈现的视觉断裂感。如图7.7所示。但目前这种额外的自由度是否可以有效地促进用户完成数据可视化分析任务，会产生什么效果，如何被数据可视化工作者利用，都是亟待研究的方向。

图7.7　AR时空立方体[7]

第三，以用户为中心的交互理念。在沉浸式环境中以用户为中心呈现单独的数据可视化视图，用户既可以选择用2D平面视图展示，也可以选择用三维数据视图展示，还可以选择用2D与3D混合的视图展示。在以用户为中心的沉浸式工作空间中呈现多个数据可视化视图，用户可以移动视图或将视图放置在自选的位置上，如放置在用户的前后位置，或呈现线性透视图的排列，或以“焦点＋上下文”的模式排列视图。球体和圆柱体是比较常见的具体三维数据视图。用户从球体或圆柱体外部观察时，遮挡问题不可避免，但用户可以从球体或圆柱体内部的中心观察，并以自我为中心进行交互，这在网络数据可视化的应用中表现出一定的优势，且在某些常见的地理数据可视化任务中，以地心为中心的可视化更有优势，因为地心球或弯曲地图的性能优于标准平面地图。

7.2.3　用户的参与度

身临其境的沉浸感受对基于沉浸式环境的应用是至关重要的，对于沉浸式数据分析工作也是如此。让用户从认知上沉浸于分析和决策任务，是沉浸式数据可视化的基础任务，也是沉浸式数据可视化的意义所在。此前，在计算机游戏、人机交互、心理学等领域已经有研究者涉足沉浸式任务的方法探究。研究证明，沉浸感的最初阶段是参与，第二阶段是专注。若用户在虚拟环境中玩游戏时简单地投入时间与精力，则证明用户有一定的参与感；若用户投入大量精力并对游戏产生情感依恋，完全沉浸在游戏世界，则证明用户有一定的专注度。本小节首先讨论用户的参与度，用户的专注度将在 7.2.4 小节中讨论。

第一，用户的参与度与沉浸式环境的深度信息相关。7.2.1 小节讨论了沉浸式环境的深度信息，深度信息是沉浸式数据可视化中最重要的维度，其最大的作用就是帮助吸引用户，从而提升用户的参与度。在一些研究中，沉浸式技术或许对可视化的任务性能没有特别大的改善，但沉浸式技术可以通过增加深度信息带给用户沉浸感，从而在很大程度上提升了用户的参与感，使用户乐于了解 3D 的可视化。

第二，用户的参与度还与可视化的有效性密不可分。在传统的平面数据可视化研究中，衡量可视化有效性的方式通常包括测量完成任务的准确性和速度，基于此判断用户的参与度。在沉浸式数据可视化中，可视化的有效性以及用户的参与度除了上述两个方式外，还有着更广泛的评判标准，如用户的体验感、协同合作的深入度、体验的难忘程度、用户的愉悦感等，这些参数的提升有利于将沉浸式数据可视化从专业数据分析师推广至普通大众。

第三，用户的参与度与用户的存在感紧密相连。用户的存在感来自三个方面：空间存在感、社交存在感和自我存在感。空间存在感是用户在空间中的一种心理状态，在这种心理状态下，用户会自然地对虚拟世界中的环境与对象产生“在那儿”的感觉，也会产生“到访过”那个场景的感觉，这种感觉即被视作真实存在的实际的物理对象。社会存在感指的是在虚拟现实场景中，用户能够体验到“与他人在一起”的感觉，或者体会到实际的社会参与感。例如在元宇宙中，人际交流与文化渗透都在虚拟现实世界中得以实现，用户能够体验到多位参与者之间彼此的意识和心理参与度。因此，随着信息技术的不断进步，虚拟现实场景支持人际交流的程度也会逐渐加深，这是社交存在感的另一层含义。自我存在感是用户在虚拟环境中感受自我、体验自我的心理状态，也是自我认知的过程，包括个人的身体感知、情绪感知、心理感知、身份感知等。因此，自我存在感是虚拟现实世界中较为高级的体验。

为了增强用户的参与度，研究者探索了许多能够提升用户存在感的因素。例如包容度，即虚拟世界与现实世界相互包容的程度；生动度，即虚拟环境的真实感与逼真感，增加空间存在感的方法有提高帧频和开阔视野；多感知度，虚拟世界中的感觉通道范围越广，真实感与存在感往往就越强，通过视觉、听觉、嗅觉、触觉等多感官刺激，能够增强用户的空间存在感；虚拟自我表征，即用户自我状态与行为表征的真实程度，是影响存在感的因素之一；交流沟通通道，在虚拟环境中，无论是语言还是非语言，用户若能顺畅无阻地与他人进行交流，则用户的认知能力也能相应提升，增强存在感；行为合理度，在虚拟世界中对象与用户行为合理，则能够提升场景真实感、用户存在感；行为自主性，用户在虚拟环境中采取自主行为的能力，或自主与虚拟对象进行交互的能力，能够影响存在感，进而影响用户参与度。

除上述影响用户参与度的因素外，还有一些因素被研究者用来探索和衡量用户的参与度。可见，用户参与度的研究是沉浸式数据可视化领域一个重要的研究方向。

7.2.4 用户的专注度

专注度通常表示完全参与某件事而经历令人愉悦的主观感受及主观状态，以至于失去对周围世界的所有意识，如忘记时间、忘记疲劳或忘记除了活动本身以外的事。当一个人阅读精彩的小说、看催人泪下的电影、专注地下棋或从事某项体育活动时，这个人不仅需要参与其中，还可能专注地投入精力。在沉浸式可视化应用中，为了高效且正确地完成可视化的任务，用户不仅需要参与其中，还需要专注于该应用的探索与分析操作。

在计算机游戏领域，用户的专注度这一指标经常用于衡量一个游戏的成功与失败，因此也有许多研究者致力于这一指标的探索。在人机交互领域，用户的专注度也可用来反映用户界面的美学性和感官吸引力程度，衡量用户界面是否能够带给用户美妙的体验，从而判断该用户界面是否新颖有趣、具有一定的挑战性、更容易给予用户反馈，即用户是否将注意力集中于当下的活动中、是否专注于该界面。但是在沉浸式数据可视化领域，关于沉浸式技术是否能够增强用户的专注度、如何通过沉浸式技术增强用户的专注度，还缺少大量的研究和证明，因此尚不能下定论。

已有的研究证明，与他人建立联系能够产生更大的愉悦感和沉浸感，因此社交程度是用户专注度的影响因素之一。此外，情感专注度、认知专注度、与现实世界的分离度、挑战性、控制性这五种因素已被证明可以用于提升用户的专注度。在许多文献与电影制作领域中，叙事被证明是提升用户专注度和沉浸感的方式，但在虚拟游戏领域，叙事性并不是必要的，因为不是所有的游戏都有角色与场景。在新闻领域，许多工作者将数字媒体与新闻故事结合，利用虚拟现实技术呈现和还原新闻故事，允许用户作为演员体验新闻事件，也证明叙事性对提升用户的专注度有一定影响。因此，叙事性被应用于一些沉浸式数据可视化作品中，研究者也证明了作品的叙事性是能够提高用户参与度和专注度的重要因素。在如图 7.8 所示的沉浸式可视化装置中，根据铁的诞生、发现、冶炼及其与人类的关系展开了“铁加工”的互动之旅。沉浸式叙事与数据的结合使用户体验到感官的震撼并形成思维上的认同。

图 7.8　叙事性在沉浸式可视化装置中的运用[8]

7.3 3D感知与呈现

许多人对沉浸式可视化的价值和意义理解起来较为困难，原因之一是“3D”这个词在不同的子学科和不同的时间段含义不同，曾被用于表示不同的事物。早期在1980年时，首个强大的图形工作站问世，3D表示在2D电子屏幕上显示出具有三个空间维度的图形。之后，3D又被赋予双目演示的含义，表示双目立体视觉成像技术。这个含义常见于商业领域的可视化应用中，如在CAVE和头戴式显示设备中，3D是指复杂的双目演示、立体成像技术。在数据可视化领域，3D意味着“沉浸式数据可视化”，更强调立体视觉带给人类的沉浸感和真实感。近年来，研究者也在不断探索世界所依赖的呈现方式，研究人类如何看待和选择这些呈现方式，目的是使可视化技术能利用附加的深度信息更多更好地展示数据信息。图7.9展示了数据的3D可视化。

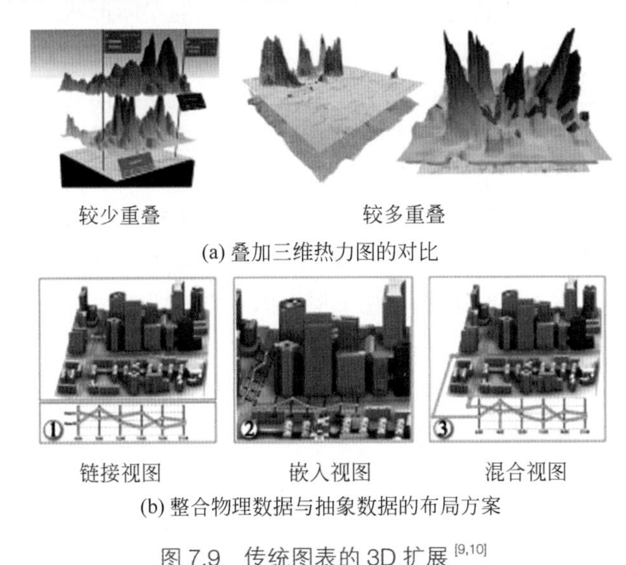

图7.9 传统图表的3D扩展[9,10]

7.3.1 3D感知与呈现的相关概念

在沉浸式环境中，深度信息是沉浸式数据可视化的主要维度，也是3D感知与呈现最主要的维度，因此研究者围绕着能够提供深度信息的参数不断进行探索。

提供深度感知信息的相关参数常被用于描述用户的视觉提示。其中，线性透视是深度感知作用下的视觉投射的主要特性。线性透视的重要元素包括遮挡、相对大小、相对密度、视野中的高度。①遮挡用于描述在空间上与相对观察者距离更近的物体对其后面的物体的视觉阻挡，后面的被遮挡的物体距离观察者更远。②相对大小用于描述在眼睛视野中投射的不同尺寸，例如，两个相同大小的物体在环境中与观察者的距离不同，在观察者的视野

中，两个物体呈现的尺寸不同，观察者可以根据尺寸的大小进一步判断两个物体与自己的距离信息。③相对密度区别于相对大小，是用于描述在空间中随着用户与物体视觉特征的距离增加或减少，观察者视野中物体密集或疏离的视觉效果，所以相对密度也能够帮助观察者判断物体与自己的距离信息。④视野中的高度指的是观察者在平坦的空间环境中，地平线位于远方，物体由于重力作用搁置在地面上，此时若物体与地面接触的底部相对于地平线的距离可以从视觉上进行测量，距离越远，则物体离观察者越近，物体在观察者视野中的高度值就越大；距离越近，则物体离观察者越远，物体在观察者视野中的高度值就越小。

除了线性透视相关的参数，还有许多其他与深度感知相关的参数。①空中透视相关的颜色特性包括色调、饱和度、亮度信息，这些参数都是由光的散射产生的。光的散射存在于观察者与距离较远的物体之间，空中透视是大气中光学密度较高时出现的效果。②运动透视是由观察者或物体在空间中移动产生的视觉变化效果，能够提供给观察者关于物体大小、结构、距离等信息。③双目视差与立体视觉这一组参数在深度感知中非常重要。双目视差即观察者左右眼在观察物体时接收到的物体成像信息存在细微差异，但正是由于这些细微差异，观察者才能够感知到物体的深度，对物体产生立体形状的辨识。④适应性是指观察者眼睛的焦距调节能力。当观察者关注中心物体时，因运动而产生深度或距离的变化，眼睛会成比例调节焦距，使视野具有景深效果，背景与其他物体变为模糊视图，只将中心物体较清晰地呈现，适应性也可以为观察者提供距离信息。双眼产生模糊程度与场景的光照亮度相关，场景的光照亮度也是产生投射阴影的原因。⑤投射阴影能够给观察者提供物体在平面上方的高度信息，阴影所处的位置也能间接提供物体的深度信息。⑥汇聚是一种视觉反射，当观察者的双眼中心对准目标物体或感兴趣的区域时，眼球会产生旋转变化，从而产生汇聚视觉反射，这说明眼睛的方向与物体在场景中的位置有关，能够帮助观察者通过视觉感知系统判断物体与眼睛的距离信息，观察者若与物体产生交互操作，则能够有助于提升距离信息的准确性，从而补充或增强判断效果。⑦受控视点是指观察者在虚拟空间中操控视点，在基于桌面的虚拟现实系统中，观察者可以通过鼠标等输入设备更改渲染场景的视点位置，并根据动作出发的位置变化判断深度信息，例如，观察者通过触摸操作得到运动透视视觉提示，从而感知深度信息。⑧主观运动是与受控视点密切相关的，观察者在场景中更改场景视角或在空间中进行实际物理运动，能够触发场景的变化，使观察者产生本体感受。然后观察者能够进行对象操纵，即根据本体感受继续进行运动控制，或通过输入设备或手部行为跟踪器操控对象，更改对象与观察者之间的相对位置，可以继续更改视图中信息的变化。因此，主观运动能够提供深度信息，对象操纵也依赖于观察者的本体感受和运动控制。

7.3.2 3D 感知与呈现的局限性

3D 感知与立体呈现技术虽然已较成熟，但目前仍有许多局限性。只有了解了 3D 感知与立体呈现技术的局限性，才能了解当前沉浸式显示技术的不足，才能使研究者更加明确何时使用立体呈现技术进行数据可视化、如何更合适地使用深度信息。尽管前文已经总结了关于深度感知的多模态参数，但人类对3D空间的感知并不是通过体积信息产生的，而是通过对画面在时间上的分层与多路复用技术，因此深度感知与3D感知是有区别的。有研究者甚至计算出了人类的视觉感知，确切地说只是2.5D感知[11]。此外，还有研究者提出超过30%的人口可能存在双眼缺陷[12]，且双眼视力的敏感度随年龄增长而降低。

在沉浸式数据可视化中，3D感知与立体呈现技术也存在一些亟待解决的问题，如视线遮挡、文本数据的易读性差、导航交互的局限、硬件设备的不足等。

第一，遮挡问题是由场景中物体数量决定的，物体数量众多时，观察者从不同视角进行观察，就容易出现遮挡现象。虽然可以利用透明度来区别不同的遮挡与被遮挡物体，以改善遮挡问题，但仍存在某种程度的遮挡可能会削弱沉浸感与真实感。研究者发现，即使是最好的3D体渲染技术也存在25%以上的误差[13]。为了解决遮挡问题，用户可以通过移动头部来探索不同视角，以便围绕物体进行观察。目前有研究者提出“物理可视化子区域”的概念来解决该问题[14]，即用真实的固体对象表示数据，这已超越了“虚拟现实”世界的感知，成为“真实”世界的物理感知。

第二，针对沉浸式环境中的文本数据可视化，由于当前头戴式AR与VR显示器的分辨率不够高，常常低于台式机，因此，文本易读性较差是普遍存在的问题，观察者观察文本数据时，文字的透视感和方向感不强，尤其是文字无法直接面向观察者的时候，其易读性会受到严重影响。

第三，在沉浸式空间中进行导航与交互操作更具有挑战性，具体体现在线性透视失真、不适当的视图比例、移动失真等方面。导航与交互操作的局限是由抽象3D空间中的交互比平面2D空间所需的自由度更高导致的。

第四，从硬件设备的角度来分析，在用户观看沉浸式数据可视化作品时，虽然可能会使用不同设备或者载体，每个设备或载体都能呈现三个不同的空间维度中的数据映射，且与数据信息是否抽象无关，但是，3D可视化呈现效果的优劣依赖于所使用的设备、载体质量和技术，设备之间存在的差异能够影响人类视觉系统对深度信息感知的效果。

7.3.3 3D、2D感知与呈现的比较

早在20世纪90年代，研究者就已经对3D与2D可视化进行了比较研究，包括树图、数据文档管理、航空数据展示、网络数据可视化、多维数据可视化、时空数据可视化等。早期的案例基于桌面3D系统进行呈现，并利用鼠标等输入设备进行交互操作，没有头部跟踪设备和双目立体呈现，可视化分辨率较低，但研究者依然认为3D形式的可视化比2D可视化更具有优势。此后的研究者会在不使用阴影、运动与双目提示的情况下比较3D与2D在形状和景观中的区别，或是比较在基本任务中的差异。还有研究者比较了具有头部跟踪功能的双目VR数据可视化应用，也发现3D可视化比2D可视化更具有优势。

3D感知与呈现较之2D感知与呈现具有的优势如下。第一，沉浸式环境中以线性透视图的方式展示，能够提供给用户更具视觉冲击感的“焦点+上下文”视图模式，这种模式有助于观察者理解数据的全局信息、细节信息以及所关注数据与其他数据之间的关联；第二，透视、照明与阴影的效果也能够提供深度信息，使用户体验深度错觉，有助于理

解数据；第三，观察者更偏爱具有强烈冲击感的3D视觉效果，在沉浸式环境中，用户有一种“生动鲜活”的感觉，这有助于提升观察者的参与度和专注度；第四，沉浸式空间中针对对象跟踪的互动动画能够减轻观察者的认知负荷；第五，3D形式的可视化空间充足，能够更有效地利用展示空间，从而呈现更多的数据信息，突破传统2D空间的限制；第六，在沉浸式空间中，用户可以随意拖动数据对象创建自己的视图布局，并进行分组操作；第七，在一些沉浸式数据可视化应用中，观察者对数据的记忆能力有所增强，这表明设计人员能够利用3D空间帮助观察者形成空间记忆，更好地理解数据中所包含的模式和特征，也证明3D形式的视图更有助于理解对象的整体形状，如聚类形状，更易识别与记忆；第八，沉浸式空间中，横向宽度信息与纵向高度信息的展示效果更好，两点之间的路径精度更高；第九，在沉浸式数据可视化环境中，通过主观运动与双目立体视觉进行数据观察的形式，对于观察者更有益，且双目立体视觉与头部跟踪运动结合效果更佳，能提高空间判断的准确性，有助于对复杂场景的空间理解和空间操纵，主观运动比双目立体视觉更重要；第十，3D空间对近似导航和相对定位有效，能更准确地比较点之间的距离、检测离群点，但2D平面视图更适用于精确判断相对位置和方向，2D与3D结合的方式对定位任务更有效。

虽然3D感知有很多优势，但对于精确操纵的任务或准确的数据值测量工作，2D感知也许更有效，且对于某些数据任务，3D形式的可视化可能在查看特定任务时性能较慢，导致用户的评价更差，而用户学习使用2D界面的速度也更快。因此，沉浸式数据可视化的效果没有明显强于平面数据可视化，平面数据可视化也不是总比沉浸式数据可视化效果好，这跟任务的内容与类型相关。甚至有研究表明，尽管在一些应用中2D感知会比3D感知更有效，但用户依然认为3D可视化界面更有效，在数据量庞大的情况下，在3D空间中的查看效率更高，任务的错误率也更低。沉浸式数据可视化能够更清晰地展示多维空间中对象的整体结构与形态，这是毋庸置疑的优势，且深度信息提示的使用方式值得研究者继续探索。此外，研究者相信随着科技的进步，硬件将提供更多的支持，使3D感知的发展前景更好。

7.4 沉浸式数据可视化的未来与挑战

7.4.1 沉浸式数据可视化中的多感知技术

在沉浸式数据可视化作品中，除了将视觉感知技术应用其中，还可以将听觉、触觉、嗅觉、味觉等多种感知结合，通过多感知技术使沉浸式的数据可视化作品传递信息的通道更加丰富、用户的沉浸感更强。

在目前的虚拟现实应用研究中，听觉是除了视觉外最常被使用的感知技术，声音的使用仍是非常值得研究的方向，尤其在听觉领域中，数据可听化是近年来研究者感兴趣的方向之一。数据可听化即将数据变量映射为声音变量[15]，许多研究者倾向于让观察者通过听觉和语言进行数据分析和探索。对于听觉感知，空间化与沉浸感是声音能够利用的两个重要因素。对于多语言沉浸式可视化应用来说，声音信息的使用率仍然比较低，而且针对听觉的交互界面还没有成熟的设计，环境噪声容易使针对有效信息编码的声音感知效果受到影响，如何使用头戴式设备来帮助降噪还不够明确。更重要的是，如何将声音整合到多感官系统中，使听觉与其他感知协同作用。上述都是沉浸式数据可视化应用领域重要的研究方向。

在触觉感知方面，由于硬件的制造与开发技术不断发展，基于物理设备进行的触觉交互操作，在沉浸式可视化应用中具有极大的发展潜力。目前可穿戴设备比较流行，由于廉价、坚固而被大众所接受。大型物理设备虽然能够使观察者在大规模空间内移动、旋转和定位，但设备造价昂贵，应用推广受限。目前研究人员正在研发更多的触觉设备，每种技术成熟后价格才会降低，价格降低后才更容易推广和普及。目前沉浸式可视化应用大部分的交互操作是通过触觉进行感知，但也只限于利用硬件设备作为信号传递载体，如点击按钮等。无载体的触觉操作技术还不成熟，如直接触摸物体和场景产生触觉反馈等。随着技术的成熟和设备的价格降低，触觉感知技术未来应用在沉浸式可视化中的机会会逐步增多。

嗅觉和味觉技术的使用在沉浸式可视化应用中尚不成熟。嗅觉和味觉密切相关，通常嗅觉和味觉结合，人们才能感知到“味道”，且嗅觉与味觉通常能够帮助人们关联记忆，即闻到或者尝到一种味道能够唤起人们对特定场景和事物的回忆。人类对气味的感知较复杂，当前的相关技术还无法在沉浸式可视化应用中动态地产生气味，也无法精确地将混合的气味传递给观察者。虚拟现实领域的某些应用也只能通过瓶子、罐子等容器收集气体，在应用中动态释放，气体的容量与浓度都是非常难以控制的。总体来说，传递气味的方式是沉浸式可视分析中需要研究的难点，散播气味后如何使用中性气味将原有气味消除也是研究者需要考虑的问题之一。在实际的生活中，香水店通常提供咖啡豆使消费者消除对原本香水的香味记忆。若将少量气味直接散播给用户，则用户需要佩戴鼻挂式设备，因此，对硬件设备的开发研究也是一个非常重要的方向。

随着人类在多感官环境中的不断进化，人类已经学会适应环境、优化感知并同时处理多种刺激。无论使用哪种感知技术，观察者在沉浸式空间中的感知都会不断迭代、循环，不同感知之间存在相互关联，最终多种感官感受会在沉浸式交互过程中将每一个步骤整合在一起，形成整体感知。

观察者在每个任务阶段都会感知不同的信息，在多任务切换时使用交互式连接方法，能够使观察者获得丰富的感知，但同时接收多感官的信息时，过于复杂的分析流程容易导致观察者短时间内记忆超负荷，使观察者对结果的理解更加困难。因此，对于沉浸式数据可视化研究者而言，如何让数据通过多感知技术更好地呈现“故事”是主要的研究方向，但最重要的感知探索方向是如何用多个感官刺激来源组合表示数据值，如何在空间中设计连接每个感官过程的多感知呈现方法。要使人类感知系统在多模式感知中协调，一方面应避免观察者的沉浸感中断，注意力受到影响；另一方面应尽量辅助分析任务，帮助观察者记忆与理解。

对于多人协同交互操作的任务，多个观察者的参与使多感官感知在不同阶段产生社交反馈，进一步迭代循环并相互作用。沉浸式数据可视化设计者应使多名观察者能够看到其他人正在进行的任务及操作，也应能够互相分享观点，利用社交反馈帮助观察者有效记忆

信息。在未来，多感官协同工作、多维度信息沟通是沉浸式可视化应用的主要方向。

此外，多感知传递技术依赖于硬件设备，未来的挑战和发展方向包括如何设计和有效地组合显示、输入、输出等多种技术，多种传感技术之间的关系如何交融等。对于行为有障碍的观察者来说，人脑操控也是可行的交互方式之一，为增强用户认知感知提供更广阔的平台，人脑操作也依赖于硬件设备制造和传感技术的发展。

7.4.2 沉浸式数据可视化中的人机交互

沉浸式数据可视化研究者期望的愿景包括两方面：身临其境的沉浸式分析以及在处理数据时增强人的认知能力。多感知技术能够帮助观察者身临其境进行沉浸式分析，以人为本的交互操作则能够为增强人对数据的认知能力提供新的模式。图 7.10 展示了沉浸式数据可视化中人机交互的场景。沉浸式数据可视化应用中的人机交互技术并不是独立存在的，它能够与多感知技术结合，通过不同感官感知系统的刺激与反馈，探索信息在沉浸式空间中的多种呈现方式，将物理空间环境的交互与虚拟空间环境的交互融合，使用户沉浸在交互式感知分析的过程中，不仅拥有沉浸式思考空间，还能创造交互式的认知模式。但是未来交互技术的发展仍会遇到不同的困难与挑战。

图 7.10 沉浸式数据可视化人机交互场景

沉浸式环境的交互很大程度依赖于硬件设备，尤其是输入设备，需要具有跟踪观察者行为轨迹与模式的功能，才能为研究者提供多种方式的交互信息。有的研究者利用注视检测与跟踪设备，引导观察者观察应该关注的空间区域，并将其记录下来，提供实时反馈。还有的研究者基于硬件设备研究多自由度的多点触摸 [16]，利用并行输入方式提供给观察者更加流畅的数据控制，使观察者能够有效地分析多维参数空间。用户与硬件设备交互时依然存在一些无法避免的问题。例如，对于手指点击较难的任务或无法通过手指点击解决的任务，需要通过文本输入方式或语言识别的方式解决。此外，硬件设备之间的切换交互也存在需要解决的问题。由于头戴式显示设备分辨率有限且输入跟踪受限，因此有的应用允许用户在头戴式显示设备与平板计算机之间切换操作，在平板计算机上设计绘制后返回头戴式显示设备中查看结果，这就造成了交互操作的烦琐。综上所述，沉浸式数据可视化应用未来在硬件方面研究的重点是不断更新交互技术与硬件设备，使用多个输入设备为每个可视化任务开发最合适的交互方式，且能够在不同的交互操作与硬件设备之间流畅切换与融合。

硬件设备存在精确性问题，需要算法进行支持和改进，因此许多研究者致力于利用人工智能技术将半监督机器学习算法与交互信息结合，以更好地支持感知过程，这也再次说明沉浸式环境中的数据挖掘与分析是以人的交互操作与反馈为基础的。因此在未来的研究中，设计沉浸式交互是一个关键问题，不仅需要为数据分析提供输入性操作，还需要支持用户反馈计算分析。除了人工智能技术，观察者可以针对沉浸式环境的信息进行认知，然后用语义重组信息或提供数据信息的注释。语音识别和语义交互虽然已经比较成熟，但如何加快识别的速度、减少识别的时间是需要解决的难题。

此外，对于交互操作的历史记录也是一个巨大的挑战。用户当前的视点、空间位置都需要进行识别与判断。在增强现实的应用中，还需判断场景中是否存在给定的人与物体。对于沉浸式环境中观察者的进入与离开，或者不同沉浸式环境之间的转换也是未来沉浸式数据可视化设计中的挑战。未来的沉浸式数据可视化涉及多人协同，支持多人协作交互和远程交互操作会成为基本的交互需求，因此，多个观察者之间的转换过渡以及远程和本地场景转换过渡的方式与流畅性都是研究的挑战。

7.4.3 沉浸式数据可视化中的数据故事

沉浸感在虚拟现实技术中常常从传统的角度进行定义，即着重于创造与现实世界尽可能接近的感官体验，不仅包含视觉，还包含声音、触觉、嗅觉等多感官刺激。然而，沉浸感在沉浸式数据可视化领域还可以通过数据的故事性进行提升。故事驱动下的数据能够与真实世界建立上下文联系，使观察者感知到的信息不再“冰冷”，从而提升沉浸感与用户专注度。电影或者小说能够带给观众和读者一定的沉浸感，正是因为其故事性产生了作用。此外,数据的故事性能够使多个观察者产生共鸣,使观察者之间通过数据故事产生共情链接。

在沉浸式数据可视化应用中提升数据故事性的方式很多。从硬件角度分析，大型的显示器或者 CAVE 等沉浸式设备也能够通过物理环境与照明功能将数据故事更真实地呈现，营造真实感气氛，为观察者创造沉浸感体验。从视觉角度分析，润色故事常见的方式是利用图像和象形文字帮助观察者通过视觉感知增强记忆和理解信息。但如何有效利用图像和象形文字帮助观察者读懂数据故事、产生情感链接、增强记忆，目前的研究尚未深入。从交互角度分析，交互式探索分析是增强用户专注度与沉浸感的一种途径，同时也是提高数据故事性的手段，互动体验能让观察者探索自己感兴趣的细节信息，以达到数据故事吸引观察者的目的。但有多少数据可以用于交互操作，不同交互技术对不同故事类型的有效程度如何，这些问题都还未被深入探索。

数据故事之所以能够吸引观察者，主要是因为观察者对数据故事产生了情感链接，但在数据可视化应用中，观察者通常很难对数据或信息产生同情或者共情的链接，因此研究者只能通过唤起观察者的情绪来增强与数据和信息之间的情感链接。例如，在探索空气污染的数据时，人们会感到惊讶或者产生恐惧的情绪；在探索新冠肺炎疫情死亡数据时，人们会感到悲伤和产生同情的情绪。由于情绪非常复杂，因此在沉浸式数据驱动的视觉故事呈现中，研究情绪的作用是一个非常大的挑战。已经有研究者对可视化的情感色彩进行了研究[17]，为可视化设计元素与数据故事叙事方式的映射研究奠定了基础。未来的研究方向可以集中于可视化中的信息，如注释、字体等元素，可能导致观察者什么样的情感投入，如何测量观察者情感投入的程度，如何衡量视觉数据故事的沉浸感等。一些相关的研究工作是通过问卷调查的方式进行探究，如何利用更有效的途径进行调查也是研究者可以探索的方向。图 7.11 所示的案例《流动的边界》中用电影分场方式进行叙事：将网页分为尘埃、灯火、泪雨和春华，从开篇事态失控及混沌的全局视角聚焦至个体命运，展开对沉浸式数据叙事体验的可视化探索。

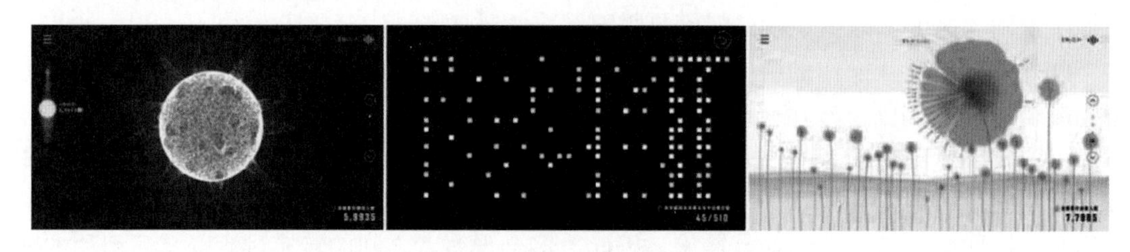

图 7.11　疫情可视化作品《流动的边界》[18]

除了在沉浸式数据可视化中通过现有方式探索数据故事，有些观察者也可能希望自己创作数据故事，沉浸感是否能够帮助观察者更好地呈现与创作故事，更有效地解释数据与信息，也是一个有意思的探索方向。

7.4.4　沉浸式数据可视化中的多人协作

沉浸式数据可视化的多人协作是一个新兴的研究领域，利用多人协作的技术能够将交互与展示共享给多人，并同时支持协作推理和分析决策。多人协同技术应不仅支持多种硬件设备的使用，还应该支持多种数据类型以及多种数据可视化呈现方法，最重要的是支持多人的交互，即支持团队式远程同步协作且提供最有效的交互方式。有研究者已经分析了协作视觉分析的特征，探索了主要的研究主题，但目前的研究还不成熟，仍有许多机遇和挑战。本小节将总结并分析一些未来可研究的主题。

第一，多人协作依赖于沉浸式空间与硬件条件。沉浸式硬件设备有多种形式，如 CAVE 环绕式屏幕房间、大型显示屏、多显示屏集成墙、头戴式显示设备、鱼缸形显示设备等。基于多人协作分析技术的沉浸式数据可视化应用需要对分辨率与硬件设备的形态进行选择，根据数据可视化任务与需求进行分析和设计，这会是一个研究挑战。例如，一些观察者使用 CAVE 而另一些观察者使用头戴式显示设备，不同空间和硬件组合使用应该如何支持相同或不同的数据分析任务，且这些设备是否具有足够的有效性及稳定性。未来的研究中，开发者需创造更多形式的沉浸式协作空间，制造更多形式的硬件设备，且可以支持多名观察者在沉浸式空间中利用不同的硬件设备对数据进行协同交互，如相互查看、交谈讨论等，而不同硬件条件下观察者协作分析的性能与效果也需要进行实验和讨论。

第二，多人协作在虚拟空间与现实空间中的切换与过渡。基于头戴式显示设备的多人协作使观察者的视觉感知完全处于虚拟空间中，而基于多显示屏集成墙和 CAVE 环绕式屏幕房间等形式的多人协作是基于现实空间的半沉浸式环境，观察者能够看到彼此的面部表情。面部表情的情感识别技术可以用于视觉信息提示，包括达成共识、建立评估认知、发现信息、交谈讨论，因此面部表情的遮挡对多人协作会产生一定的阻碍。在未来的研究中，针对无面部表情情景下的多人协作性能分析是一个有趣的研究议题，具体包括面对面式的分享是否有利于观察者的互动交流，对观察者参与度的影响程度如何，对团队动态和领导力有哪些影响；在语音交谈有效的情况下，面部表情信息的呈现是否对观察者造成信息冗余和认知负荷，等等。

第三，多人协作支持的人数及规模。目前无论是头戴式显示设备还是大型显示屏场景，有关多人协作规模的研究集中于两个观察者协作，如图 7.12 所示。但在未来的实际应用中，随着技术的发展，一定会涉及更大规模的协同。尤其是在元宇宙的概念被提出后，在虚拟世界中的协同技术更是研究热点，因此在沉浸式数据可视化中多人协作的研究至关重要。多人协作支持的人数和规模与硬件设备的条件和质量密切相关，硬件设备需能够适应并支持团队观察者的交互操作，且能够帮助团队观察者定位彼此的位置信息。在人机交互方面，数据可视化研究者需要设计能够支持不同规模观察者的界面与操作方式，帮助团队观察者探索数据故事的线索并进行分享，或帮助团队观察者彼此互助完成数据分析任务。这些研究题目有待于数据可视化研究者进一步探索。

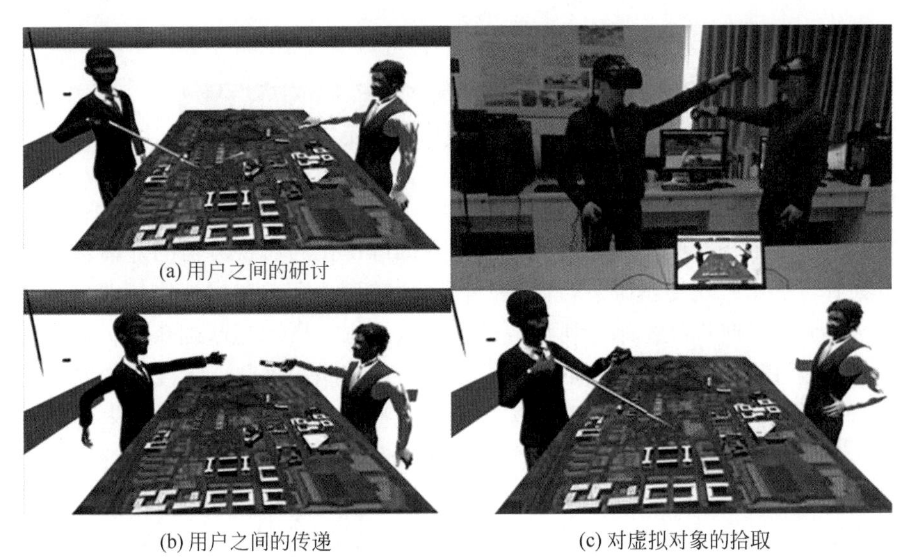
(a) 用户之间的研讨
(b) 用户之间的传递
(c) 对虚拟对象的拾取

图 7.12 多人协同在虚拟现实中的运用 [19]

第四，多人协同技术的异步协同。沉浸式数据可视化应用若想要支持团队观察者，必然会遇到异步协同的问题。例如，轮班制工作时替换观察者，或者在不同时区生活的多名观察者需要在不同的时间段完成查看、理解与分析数据的任务。因此，多人协作分析在某些应用中会存在异步的情况，异步协同也会出现移交者和接管者两种角色。作为可视化研究者，需要在设计开发时明确两种角色的需求和任务，更需要探索如何能够让任务顺利交接，尤其是应该研究如何在沉浸式异步协作分析中传达可视化任务的进展状态，即将上一观察者的手势、交互、身体姿态与面部表情通过运动跟踪技术记录下来，或使用立体相机记录信息，这些记录可以帮助下一个观察者了解数据故事。除了记录信息，用户的协作空

间可能还需要不断更新，上一个观察者在完成部分数据任务之后，如查阅信息、解决问题、回答问题等操作，下一个观察者应继续完成任务，此时的协作空间应将所有信息实时更新，避免重复工作。

第五，远程交互式协作与分析。当需要一个团队不同地点的多名观察者同时参与分析任务时，沉浸式远程协作是一个有效的解决方案。虽然研究者已经在科学可视化领域与机器人技术领域做了远程交互协作的探索研究，且探讨分析了观察者对可视化任务的执行能力，但协作式分析和理解数据的工作常常需要观察者更高的参与度。目前在数据可视化研究领域，针对沉浸式远程协作的成果不多。未来的研究主题可以探索沉浸式技术与远程协作的相互作用与影响、对多名观察者组成的团队和团队参与度有何影响、能够影响远程多人协作的质量的因素，以及沉浸式远程协作如何弥补距离差距带来的负面影响等。

第六，多人协同技术的分析与评估。在沉浸式数据可视化环境中，多人协作技术的分析与评估需要同时考虑数据分析任务和团队合作因素，其中包含大量需要考虑的变量，因此评估工作是非常有挑战性的。研究人员常通过对现场进行观察来评估，并探索多人协作的评估，以及试图总结影响多人协作的因素。但多人协作时每个人的协作交互都应该与沉浸式环境或沉浸式技术结合考虑，这使评估难度更大。未来的研究可以专注于通过主观、客观、集体策略建立评估框架，量化协作效率。

7.5 本章小结

与第 1 篇第 1 章相对应，本章作为沉浸式数据可视化与可视分析的开篇章节，主要对沉浸式环境下的数据可视化基础进行概述，旨在帮助有一定数据可视化基础和虚拟现实技术基础的读者了解将两种技术结合所形成的新领域的相关概念与基础知识。本章具体内容包括沉浸式数据可视化与可视分析的概念、发展历程与应用现状，沉浸式数据可视化的特点、3D 感知与呈现、沉浸式数据可视化的未来与挑战。其中沉浸式可视化技术的深度信息、交互空间、用户参与度与专注度四个特点是本章难点，读者应深入理解相关的理论和概念。此外，3D 感知与呈现相关的名词概念、局限性以及与 2D 感知的比较也是本章的重点，以帮助读者理解沉浸式数据可视化与传统平面可视化的区别与联系。多感知技术、人机交互技术、数据故事、多人协作是未来沉浸式可视化的发展趋势与挑战，读者通过此章节可以更好地了解交叉技术中的重点与难点内容。

参考文献

[1] PRESS A.International journal of man-machine studies[M].State of California：Academic Press,1969.

[2] SUTHERLAND, IVAN E . Sketchpad—a man-machine graphical communication system[M].New York:Association for

Computing Machinery, 1998.

[3] ROBERTSON, GEORGE G., and MACKINLAY et al.Cone Trees: Animated 3D Visualizations of Hierarchical Information[M].New York,1991.

[4] MACKINLAY, JOCK D. ROBERTSON, GEORGE G.CARD, STUART K.The Perspective Wall:Detail and Context Smoothly Integrated[M]. New York：Association for Computing Machinery, 1991.

[5] ROBERTSON, GEORGE, CZERWINSKI, et al. Proceedings of the 11th Annual ACM Symposium on User Interface Software and Technology[M]. San Francisco: Association for Computing Machinery, 1998.

[6] YANG Y, DWYER T, K MARRIOTT, et al. Tilt Map: Interactive Transitions Between Choropleth Map, Prism Map and Bar Chart in Immersive Environments[J]. IEEE Transactions on Visualization and Computer Graphics, 2020.

[7] SSIN S Y, WALSH J A, SMITH R T, et al. GeoGate: correlating geo-temporal datasets using an augmented reality space-time cube and tangible interactions[C] //Proceedings of the IEEE Conference on Virtual Reality and 3D User Interfaces. Los Alamitos: IEEE Computer Society Press, 2019: 210-219.

[8] 古奇夜游演艺策划 . 高科技光影体验：打造沉浸式叙事环境 [EB/OL]. https://mp.weixin.qq.com/s/5eUo7PfzK4Lb6BLFvTR5ug[2021-11-27].

[9] KRAUS M, ANGERBAUER K, BUCHMÜLLER J, et al. Assessing 2D and 3D heatmaps for comparative analysis: an empirical study[C] // Proceedings of the CHI Conference on Human Factors in Computing Systems. New York: ACM Press, 2020: 1-14.

[10] CHEN Z T, WANG Y F, SUN T C, et al. Exploring the design space of immersive urban analytics[J]. Visual Informatics, 2017, 1(2): 132-142.

[11] WARE, COLIN. Visual Thinking: for Design (Morgan Kaufmann Series in Interactive Technologies[M].California:Morgan Kaufmann,2008.

[12] HESS R F , LONG T, ZHOU J, et al. Stereo Vision: The Haves and Have-Nots[J]. Perception, 2015, 6(3):1-5.

[13] ENGLUND, RICKARDM, ROPINSKI, et al. Evaluating the Perception of Semi-Transparent Structures in Direct Volume Rendering Techniques[M].New York: Association for Computing Machinery, 2016.

[14] JANSEN, YVONNE, DRAGICEVIC, et al.Opportunities and challenges for data physicalization[J].Proceedings of the 33rd Annual ACM Conference on Human Factors in Computing Systems,2015(33):3227-3236.

[15] DU M, CHOU J K, MA C, et al.Exploring the role of sound in augmenting visualization to enhance user engagement[C]//2018 IEEE Pacific Visualization Symposium (PacificVis). IEEE, 2018: 225-229.

[16] KEEFE D F. Integrating Visualization and Interaction Research to Improve Scientific Workflows[J]. IEEE Computer Graphics & Applications, 2010, 30(2):8-13.

[17] BARTRAM L, PATRA A, STONE M. Affective Color in Visualization[C]// the 2017 CHI Conference. 2017.

[18] 朱钧霖 , 周薇 , 王瑞 . 流动的边界 [EB/OL]. https://m.thepaper.cn/baijiahao_7913799[2020-06-20].

[19] 袁帅 , 陈斌 , 易超 , 等 . 虚拟地理环境中沉浸式多人协同交互技术研究及实现 [J]. 地球信息科学学报 , 2018,20(8): 1055-1063.

第8章

多感知沉浸式数据可视化

8.1 多感知呈现与分析简介

第7章介绍了沉浸式数据可视化的基础知识，在分析和讨论未来挑战的内容中提到了多感知技术。众所周知，视觉是传统可视化依赖的信息传递通道，常用于可视分析应用，而多感知技术也能够通过非视觉感官通道呈现数据，帮助观察者以多种立体感知的方式体验数据并进行理解和交互，为沉浸式数据可视化提供了许多新的机遇和可能。因此，本章主要介绍多感知技术以不同方式在沉浸式数据可视化领域的应用现状。

感官指的是感受外界事物刺激的器官，包括眼、耳、鼻、舌、身等。感知即人类意识对外界信息的觉察、感觉、注意、知觉的一系列过程。在真实的世界里，人类生活在一个能够激发多种感官进行感知的环境中。例如当我们行走在马路上时，脚下踩踏的路面会通过粗糙感产生摩擦力，使我们步步前行，同时我们会感受到腿部肌肉压力的变化，还可以听到街上车来车往的声音、路人的谈话声，闻到空气中的草木气息以及路人身上的香水味道。视觉、触觉、听觉、嗅觉等所有的感知都可以同时发生，且能够帮助我们判断当下自己身处何方，正朝哪个方向前行，环境中的数据和信息使我们沉浸在真实世界中。

在虚拟的世界里，研究者利用沉浸式技术模拟人类在真实世界里的多感官环境。由于复杂的数据集常包含多个维度的信息，且每种维度都能以不同的编码方式进行信息传递，因此在与观察者进行互动时也可以涉及不同种类的感知。研究者在设计沉浸式数据可视化应用时不仅应使观察者直观地看到数据，还应将听觉、触觉、嗅觉、味觉等多种感知数据的方式进行融合，探索各类感知技术与视觉感知相融合的方式，以及混合多种感知的机会与可行性，使人机界面更好地支持自然交互，支持人类的日常肢体运动。在多感知沉浸式可视化应用中，观察者可以仅通过移动身体或者通过手势操作完成探索交互，还可以根据自己的需求进行个性化的感知映射，在互动中感受到所有在真实世界能够体验到的立体感官刺激，或者一些意想不到的体验，以期更好地理解底层数据与信息。

目前沉浸式数据可视化领域较成熟的视觉技术能够通过大型显示器、常规尺寸屏幕、小型微型屏幕的视觉界面进行抽象数据的呈现，有些研究者还将基础算法、机器学习技术、数据挖掘方法、统计分析算法等多种技术与视觉方法结合，使视觉编码和信息映射更有效。尽管这些工具和方法非常有用，观察者也知道自己位于虚拟的数据世界中，但只有视觉呈现的效果并没有给观察者以全方位身临其境的感觉，除视觉外的感官并未被充分开发和利用。此外，虽然多感官数据故事与多感官数据视觉呈现在很多年前就已经被研究者深入探索了，但都不是沉浸式的。近年来虚拟现实技术与增强现实技术的工程能力发生了巨大变化，也为多感知技术提供了软硬件支持。例如，传感器体积变得更小、质量变得更轻、价格变得更便宜，研究者购买更容易，且更易于上手使用，在研究中可以更快地构建数据可视化交互界面。目前市场上出现的多种数字设备和硬件设备，如 Oculus Rift、Microsoft HoloLens、HTC VIVE 和 Nintendo Wii 等大多采用传感器交互方式，如视觉显示、触摸屏、立体声、触觉反馈等。

虽然多感知技术很有意义，但跨越和结合多种感知形式的研究是较为困难和复杂的。利用视觉感知来理解数据的研究已经比较广泛 [1,2,3]，也有许多学者撰写了多本关于数据可视化的著作。声音方向的研究，如抽象声音、可听信号、数据可听化、语音化、声音空间化等内容，也已经有很多研究者在探索 [4]。图 8.1 所示为一种声音可视化效果。触觉的研究主要是触觉互动方式、物体的材料质感、肌肉运动与位置问题、运动与施加力度、触觉的输入输出等。嗅觉与味觉的研究与数据可视化的交互设计非常少，还有待研究者进一步探索。当多种感官技术结合在一起时，数据是否能够通过多感官通道进行信息互补，观察者是否能够从中受益或是感受到信息冗余与干扰，人类理解数据的技术与能力是否有界限，多感官交互技术是否对数据分析的体验具有保真度等诸如此类的科学问题是需要进一步探索和分析的重要方向。

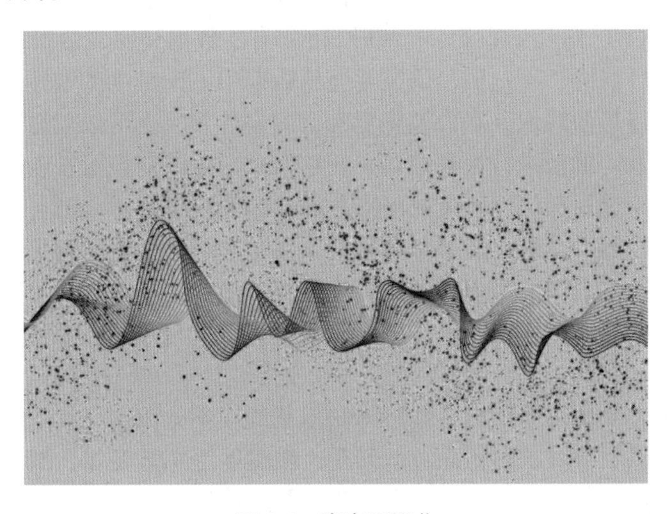

图 8.1　声音可视化

8.2　多感知沉浸式数据分析设计框架

多感知沉浸式数据分析从原始数据到人的感知，需要经过多个不同的步骤。如图 8.2 所示，在多感知沉浸式数据分析的设计框架流程中，设计者可以首先对原始数据进行编码，使数据通过可视化、可听化、触觉化、嗅觉化、味觉化等编码方式在多感知设备上映射、呈现，最后传递给用户，使其获得不同感觉通道上的感知。

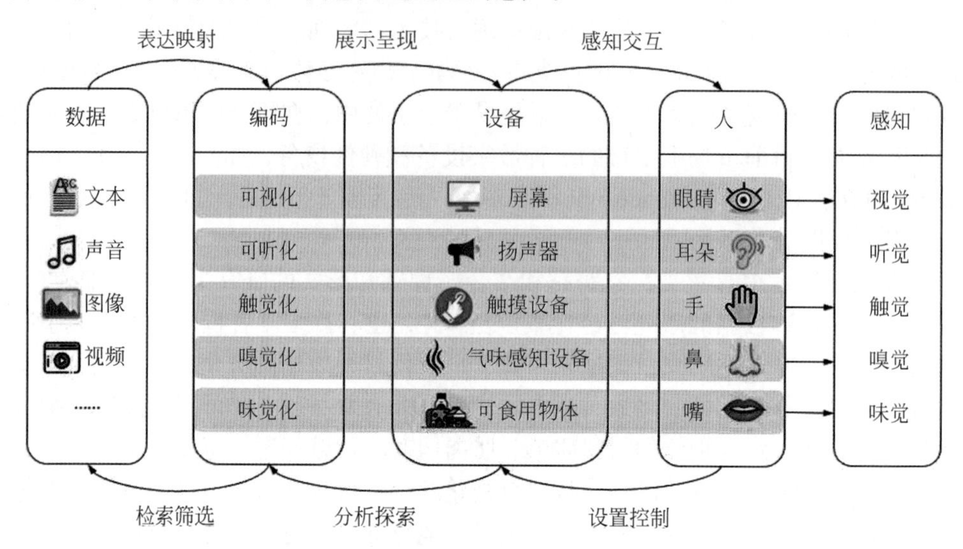

图 8.2　多感知沉浸式数据分析的设计框架

可视化是上述 5 种编码方式中最成熟的技术，因此本节先以可视化的流程为例，概括重要的概念，再扩展至其他感知技术。在数据可视化中，原始数据的类型多种多样，有文本形式的、声音形式的、图片形式的、视频形式的，有些数据是明文数据，有些是加密数据。在这些原始数据经过清洗、筛选后，研究者会将数据中不同维度的属性通过视觉编码技术映射并表达为点、线、面几何元素以及视觉和空间属性 [2]，也可以反复检索和筛选，不断调整和更换映射通道，重新进行视觉编码——这个把数据映射至可视变量的规则称为视觉编码或视觉映射。经过视觉编码所生成的图片是数据的视觉表示，即可视化。可视化图片使用屏幕设备进行投影，给观察者展示和呈现，在这个过程中研究者可以分析和探索编码后的可视化与屏幕设备之间的呈现方式，最终由屏幕传递给人的眼睛进行视觉成像，设备能够给人提供感知和交互操作，人也可以对设备进行设置与控制，完整的流程就是视觉感知的过程。

其他感知技术的原理是类似的。多感知映射是利用不同数据元素的不同属性，通过不同感觉通道进行编码映射，映射至颜色、间距、粗糙度等感觉变量，然后通过不同感知设备呈现感觉变量，并刺激人的感觉，使人感知这种感觉映射。

理论上，在多感知映射的编码中，数据属性都可以映射成任何感觉变量，例如，较大的数值能够映射至视觉中较深的颜色、听觉中较大的声音、触觉中较硬的材质、嗅觉和味觉中较强的气味和味道。但是对于观察者来说，在执行可视化任务时，有的映射方式会比其他映射方式更加有效，以便使观察者区分数据值的大小、比较不同的数据含义，这是由人类感觉系统的特性或者呈现设备的局限造成的。例如，有效的视觉映射会将不同类别的数据映射至不同的颜色种类，如红色、蓝色、橙色、绿色等，但无效的映射就会将不同类别的数据映射至相似的颜色，如深红色、浅红色，或者过多的颜色，如十种以上的颜色，人类的视觉系统无法快速分辨和解码过多的颜色 [3,5]。

数据通过不同感知映射被动地呈现给观察者，观察者也可以主动地与所呈现的数据进行交互和探索。不同的感知提供不同类型的交互模型，人通过耳朵听到声音，也可以用嘴巴发出声音，因此基于多感知通道的交互是一种双向的模式，这种模式中既存在输入也存在输出。在沉浸式数据可视化应用中，研究者需要进行大量的研究以探索这种双向的交互模式。通常对于给定的可视化任务，研究者尚不清楚如何将数据的什么属性通过哪种感知通道进行映射并最终呈现给观察者，也不清楚可以使观察者通过什么交互方式与哪些数据进行交互探索，从而方便分析数据中的信息。因此，在进行沉浸式多感知编码前，研究者应该首先探索和分析数据集的类型。如果数据类型是表格数据，则每行、每列对应不同的数据记录和属性，数据之间可以链接组成网络，代表数据之间的抽象关系；若数据类型是空间数据，则数据与地理位置和区域之间存在关联，地理信息的组织方式便是较自然的数据呈现方式。数据的属性值可以是数值型的，也可以是没有固定顺序的类别型。数值型数据可以排序或者被比较，类别型的数据通常可以组织为层次结构。不同结构和类型的数据所具有的属性，能够对感官映射产生不同的影响。

8.3 沉浸式视觉感知与数据可视化

视觉是人类对环境的主要感觉之一，也是学术研究领域中研究最多的数据呈现通道。本节主要从沉浸式可视化中的视觉特征、视觉映射方法、视觉呈现技术等方面进行介绍，为后续章节其他感知通道的数据呈现设计提供思路。

8.3.1 沉浸式视觉特征

人类的视觉系统允许观察者通过在眼球上呈现 2D 投影，从而快速建立物体在环境中的 3D 模型。人类的视觉系统还具有感应光的能力及广阔的感知范围，能够不断获取各类信息，采集不同的视觉特征，这些信息与特征以并行的方式传递给人类的视觉系统，人类不需要与对象发生物理接触，只需集中注意力，就能够从中获取更具体、更详细的信息 [3]。

人类视觉系统在接收到对象的信息后，首先并行提取颜色、纹理、线条和运动轨迹等低级别的视觉属性；然后通过相似的颜色、纹理快速串行地划分视野，以实现表面、边界、深度等针对原始对象的识别工作；最后视觉系统将产生视觉记忆 [3]。

人类的视觉有很多特征，且在沉浸式环境中的特征与在真实环境中的特征基本一致。格式塔理论 [6] 对人类视觉感知所具有的多种特征进行描述。格式塔理论是图形处理的基础，也是设计学的基本原理，包括大脑预先对图形元素基本感知和图形分组的规律。本书在 2.2.2 小节中对格式塔理论进行了详细的介绍，在此不再赘述。这里强调两点：一是人类的视觉具有前期意识。关于颜色、纹理、线条和运动轨迹等低级别的视觉属性提取，是在前期意识中进行的视觉处理，也就是说人类是不自觉地识别这些视觉元素的。例如，当很大的蓝色方框中有一个小面积的红色形状时，人类会在有意识的认知活动发生前感知到红色形状从蓝色方框中“弹出”的视觉效果，如图 8.3 所示。二是人类的视觉还具有深度提示的能力。根据在眼睛上呈现的 2D 图像构建 3D 对象的模型，其中深度提示包括遮挡、线性透视、运动变化以及视觉系统焦距调节、汇聚、双眼视差等，详见 7.2.1 小节和 7.3.1 小节。

图 8.3　红色单词从蓝色方框中“弹出”的视觉效果

8.3.2　沉浸式视觉映射

在平面数据可视化中，人类的视觉系统使用基本的视觉元素与视觉变量对数据的属性进行视觉映射。其中，视觉元素也称为视觉标记，视觉变量也称为视觉通道。点、线、面是二维数据可视化中的三种基本视觉标记，这些视觉标记具有不同的视觉通道，包括位置、大小、颜色、不透明度、方向、纹理和形状等 [7]。在沉浸式数据可视化中，视觉系统丰富的视觉标记能够用以表示数据的不同属性和信息。3D 空间中物体的表面和体积是最常见的具有沉浸式特征的视觉标记 [8]，传统的平面视觉通道也被扩展为容量、容积、坡度、运动频率、运动方向、运动节奏等。

在平面数据可视化中，研究者们已经总结了视觉标记与视觉通道的有效性。同样，众多学者也研究了沉浸式视觉标记与通道在表示不同数据时的有效性 [2,8,9,10]，如大小、颜色、运动和形状的有效性递减，且可以针对分类数据属性进行编码。而线性位置、长度、角度、面积、深度、颜色以及曲率和体积则能够更有效地显示有序数据的数值属性。在研究中，视觉标记与视觉通道的不同组合，能够具有一定的可分离性，使得其中某一种或几种视觉标记与通道预先被感知，但使用过多或者不恰当地使用视觉标记与通道，也会造成视觉感知过程中不同标记与通道之间的相互干扰 [3]。

在以往的研究中，也有许多研究者提出了适合沉浸式可视化的视觉映射方法，用于理解、描述、探索可视化的基本结构，以便于评估可视化的感知效果。例如，散点图、柱状图与曲线图都使用位置作为视觉通道，使用不同的视觉标记对不同的数据类型进行编码，如图 8.4 所示。在这些方法中，视觉通道用于信息感知，具有高带宽和并行处理的能力，

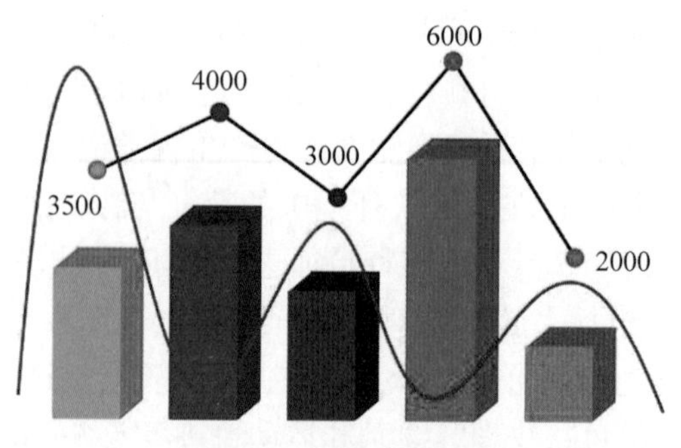

图 8.4　三维视觉呈现

有完善的框架和工具，便于创建有效的可视化效果。即便一些应用无法通过视觉给使用者提供沉浸感，如针对视障者的应用，视觉依然是大多数沉浸式分析应用中的主要感官渠道。

8.4 多感官的感知通道

8.4.1 听觉感知

听觉与视觉一样，都能够给人带来很强的沉浸感，让观察者体验身临其境的感觉。事实上，听觉的重要性不亚于视觉，是人类仅次于视觉的第二感知通道。人类有能力判断和区别声音中细微的差别，也可以通过声音和回声在空间中进行定位，在沉浸式环境中了解自己的位置并进行导航。

声音具有独有的特征。声音通过空气、水等物理介质进行传播。响度、音调和音色是声音的三个最重要的组成元素。人类可以感知到的最小响度为 0dB，90dB 以上的声音会让人有疼痛感。健康成年人感知到的音调范围为 20Hz~20kHz。对频率在 1kHz 到 4kHz 之间的声音感知最敏感。音色是具有特定频率的声音，如钢琴和小提琴能够演奏相同的音调，但音色听起来却有所不同。在沉浸式环境中，声音除了响度、音调与音色三个重要元素外，还具有空间性。人类能够在空间中识别声音的节奏，并定位声音的来源、方向，如声音从前方或者后方传递到身体周围，或者声音来源于头部的上方或者下方，但人类感受不同方向的准确率不同。这主要依赖于声源到达耳朵所用的时间以及在聆听时环境中不同物体对声音的反射。产生良好立体视觉效果的因素取决于两只正常健康的眼睛，与之类似，对声音位置的正确感知也依赖于两只正常健康的耳朵。当具有不同响度、音调、音色的声音进行组合，且从不同方向产生并传播，声音就变得像交响乐一样，所有的声音都能够被单独区分，且具有不同的特征。

听觉与视觉提供给人的感知有很多相似的特性。在不接触物体的状态下，视觉和听觉都可以用于感知物体，描述视觉与听觉感知特征的词汇也相似，如“明亮的”“突出的”“有差异的”“清晰的”“模糊的”等，当然，其中一些词汇也常常用于其他感官的知觉，如触觉等。人类能够并行处理多个视觉元素，也可以同时处理多个声音。视觉与听觉都具有格式塔理论中关于位置的基本原则，如相似原则、接近原则、共方向原则，在视觉上这些原则能够帮助人类建立环境中对象的 3D 模型，而在听觉上，这些原则也可以帮助人类建立环境中对声音的 3D 感知。此外，声音无处不在，听者不必刻意将注意力集中于听觉感知，就像观察者不必刻意去观察环境一样，声音和画面都能够被轻易地感知到，人类也无法轻易地逃脱听觉与视觉感知。在沉浸式环境中，背景音或者环境音虽然能够被观察者轻易感知，如空调运转的声音或远处的交通噪声等，但恒定的低分贝声音会快速从人类意识中消失。相反，突然发出的高分贝声音会引起人的注意，但长时间感知高分贝声音会引起不适，让人产生疲劳甚至痛苦的感觉。因此在设计沉浸式感知应用时，应考虑这两种声音带来的效果。

在日常生活中声音是普遍存在的，且不需要依赖于视觉显示，即便在没有视觉显示的情况下，或在视觉信息无效的情况下，声音依然能够给人传达数据信息。图 8.5 所示的是《俄克拉荷马州的地震频率》[11]，映射方式为：每一次地震用音符叮铃声代表；震级越高，音调越低，音量越高。数据范围设定在 2005—2015 年的 11 年间，每一年的数据在音乐呈现中持续 5s（10 个节拍）。创作者有意识地选择了较为沉郁的 D 小调，充分发挥了音调和情绪之间的关联性[12]。

图 8.5 《俄克拉荷马州的地震频率》截图

这个特性表明，声音能够间接传达信息，但是背景声音如果变化很小且连续产生，则容易在人的意识中消失，声音的感知特征只有在变化时才能引起人的注意。声音被作为环境中的背景音进行信息监控时，能够有效地提示数据信息的变化。例如，医院里对患者生命体征的监控器用声音提示脉搏、血压等。这种形式称为数据可听化（Sonification 或者 Auralization[13,14,15]），与数据可视化相似，是将数据或信息通过特征映射，即听觉编码，映射为声音的特征，如音调、响度、音色、方位等。音调（Pitch）是表示数据中相对幅度最有效的特征之一，因为信息到音符的映射是一种人类可识别的模式。响度（Loudness）能够吸引人的注意力，但不同的音调或者音色能够引起不同的响度，因此在进行映射时需要谨慎。音色（Timbre）是一种可以有效地区分数据类别的特征，常见的声音或音乐编辑器能够提供音色库，使编辑者从中选择特定的音色。方位（Location）虽然能够给人提供声源的位置，但人类对位置的感知精确度较低，只能对几个离散值进行有效区别和定位。其他的音乐成分如节奏（Tempo 或 Rhythm）等，能够用于提示数据中的时序信息。节奏的变化可以使数据信息通过时间进行分隔。旋律作为一个联想元素，能够使人较容易产生联想，因此可用于沉浸式数据可视分析，也能作为与情绪相关的影响因素。图 8.6 所示的《通勤》中，融合了数据可视化与可听化，探索了通勤过程中城市公共交通线周围的噪声污染。算法匹配收集的声音分贝值和谐波频率（五声音阶系统）把收集到的噪声污染数据转化成一种和谐的旋律，音乐所及之处可以看到其所在的地铁线路以及声音频率，使得影响健康的噪声污染变得真实而可见[12,16]。

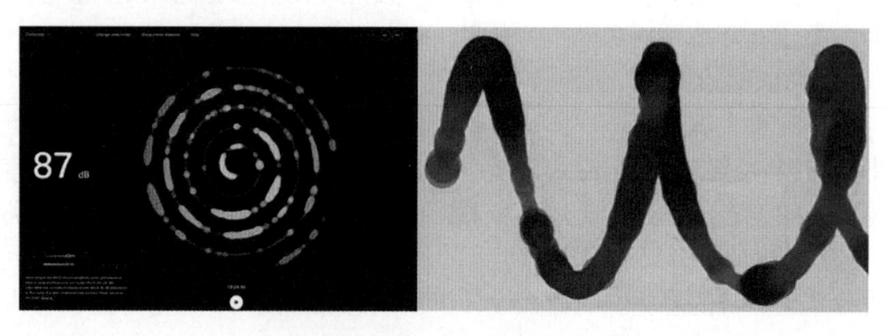

图 8.6 《通勤》两种观看模式截图

在实际的应用中，数据可听化的应用多集中于有视觉障碍的用户。很多研究者对听觉变量的感知进行了研究，但如何将声音映射为不同的数据与信息、如何利用声音设计感知方法这类问题，仍处于未完全发展状态。数据到声音特征的参数映射、交互式探索任务或者沉浸式环境中的听觉支持，都是数据可听化设计框架的基础。声音是一种重要的叙事手法，在观看电影时如果关闭声音，观众会缺少一个信息传递通道，从而使整个电影的叙事效果大打折扣。这说明声音能够帮助人类识别和预期未来发生的事件、电影中角色的出现和消失，帮助增强视觉动作，对过去的事进行反思等。此外有学者提出，声音的象征意义很多情况下也与地方文化有关，因此声音的接受度没有视觉的接受度高，在使用声音传递信息时应综合考虑多方面。

8.4.2 触觉感知

触觉是人类重要的感知之一。首先，人类除了能通过视觉、听觉了解世界，也能够通过触觉感知周围物体的材料、质地、温度等。例如人在拿起一个杯子时，可以触摸到杯子的材质，也能够感知到杯子里液体的质量，还能够感受到液体的温度。其次，在场景中，人类除了通过触觉感知物体的特征，还能够通过触觉与物体进行互动，如拿起物体、推动物体等。最后，在感知与交互之外，人类还能够通过触觉感知自己的身体方向。例如，人躺在床上时背部因重力作用而紧贴床的表面，因此感知到自己正处于床上，且为平躺状态。当利用触觉感知物体的特征和感知方向时，触觉是物体对人类的输出；而当通过力量与场景进行交互时，触觉则是人类对物体的输入。所有的触觉输入都能帮助人类建立意识，有助于人类的判断或推断过程。图 8.7 所示为用 VR 体验划船的过程。

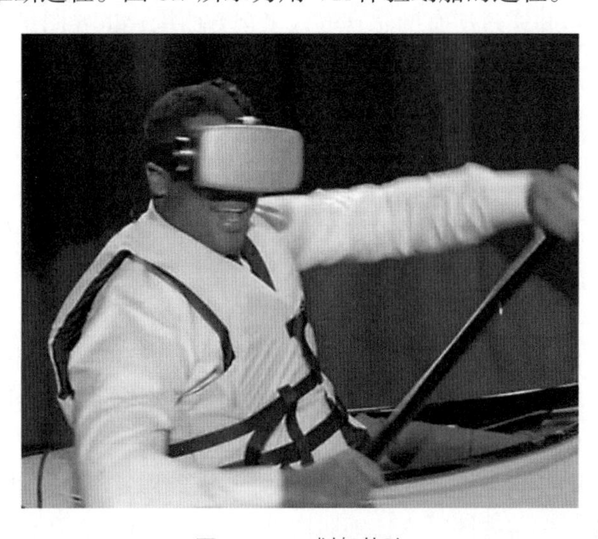

图 8.7　VR 划船体验

触觉具有不同的生理特征。人类的神经遍布全身，因此人类对不同物体有不同的接触和操控经验，也对不同的材料有不同的反应和感知了解。例如，摸着金属的感觉通常比较冷，而摸着木材比摸着金属的感觉更温暖，人与人之间的触摸能让我们知道对方是否发烧生病。这是因为人类的身体存在特殊的细胞，当受到刺激时，会将信号通过神经传递给大

脑进行感知，这种特殊的细胞称为受体细胞。由无数个受体细胞组成的网络与神经末梢组合而成的完整系统，称为体感系统[17]。通过体感系统，人类能够区分瞬时触觉与持续触觉，也可以感知施加压力（当身体部位受到刺激时感受到疼痛）。

人体具有四类触觉感受器，即机械感受器、温度感受器、疼痛感受器、本体感受器。机械感受器能够感知皮肤表面的压力、振动、拉伸、质地、纹理，最敏感的机械感受器位于皮肤表层和身体非毛发部位，如嘴唇、舌头、手掌、脚底。机械感受器能够帮助人类检测骨骼的振动、皮肤的伸展和四肢的运动。温度感受器遍布人的全身，包含热感受器和冷感受器，帮助人类感知皮肤表面温度。热感受器与冷感受器分别在较高温度与较低温度下起作用，且为局部反应，若温度过高或过低，疼痛感受器会接着发生作用。疼痛感受器能帮助人在疼痛刺激下保护自己的身体免受伤害。不同的疼痛感受器能够感受机械、温度和化学刺激，并对刺激做出反应。例如，在人类接受疫苗注射或受到蚊虫叮咬的时候会感受到针刺一般的疼痛刺激，而在靠近火源的时候会感受到烫的疼痛刺激。当疼痛刺激超过忍耐阈值，疼痛感受器会发出信号并转换为疼痛体验。皮肤中的疼痛感受器主要有三类：机械敏感疼痛感受器、机械热疼痛感受器和多模态疼痛感受器。前两类传导速度更快，能够选择性地对有害的机械和热刺激做出反应，多模态疼痛感受器倾向于对热、机械和化学刺激做出反应。本体感受器能够帮助人类了解自己的身体，它们存在于肌肉、肌腱和关节等部位，也是一种低阈值机械感受器，给人类提供关于四肢和其他部位位置信息，或传递肌肉骨骼系统等信息。

触觉与视觉是互补的感知。尽管人类的视觉是获取信息最主要的通道，且眼睛可以检测到非常细致复杂的光线变化，提供的外部信息比其他感官都多[3]，但我们不能忽略了解周围环境复杂性的其他通道，每种感知都是互补和不同的。第一，人的大脑会通过不同的传感器获取外界信号，并通过所有的感官输入来全方面构建世界图景。在不同的任务驱动下，有时触觉感知甚至比视觉感知更重要[18]。例如，我们在感知一个物体太热之后，会立即将该物体放下，并不愿意再碰触，此时，视觉感知是无法帮助人类做出准确判断的。第二，在视觉上，人类的双眼位于面部前方，虽然能够建立立体图像，但也只能朝向前方，位于人体身后的场景与物体，需要转动身体才能看到。此时转动身体的过程，就要依赖于肌肉中的本体感受器向大脑发送信号，使人类感知转动的程度，这是触觉辅助视觉进行感知的过程。因此，在沉浸式数据可视化应用中，触觉与视觉是密不可分的，设计者应考虑不同感官之间的关系，将不同感知技术组合应用。例如在观察者面对一个大屏显示器时，屏上的物体放大显示，或使观察者走近屏幕，这两种方式都能够得到放大视角的效果。再如当观察者在沉浸式环境中运动时，在视觉上，环境与物体的大小会随之变化，观察者由此判断与对象的距离和对象的大小。第三，视觉只能够提供头部前方的感知，头转向哪里才能看到哪里，但触觉的各类感受器位于全身上下，因此触觉能够用于创造更好的沉浸感。例如，覆盖全身的穿戴设备能够将人体的肌肉紧紧包裹，观察者在沉浸式环境中能够感知模拟的躯体受力程度，体验类似背负重物的模拟事件。第四，人类只能被动地通过视觉感知场景的光线，但触觉具有双向性，例如在人们通过手指输入计算机命令时，人类可以感知并移动肌肉的位置，计算机会因为这些触觉而产生变化，产生的变化和反馈又能够被人类接收，从而形成动态的反馈环，这是视觉感知所不具备的。近年来眼球跟踪技术也依赖于眼部的肌肉运动和眼部的触觉传感器。第五，许多研究者认为触觉系统没有视觉系统的准确性高，或者在大部分的情况下是由视觉主导触觉，但也有很多应用支持观察者通过触觉操控抽象的对象、不熟悉的对象或者用指尖触摸对象。因此，触觉虽然无法准确识别所有物体，但还是可以有效识别出熟悉的物体[19]。例如，沉浸式环境中有一堆放置在黑匣子中的不同物体，观察者从中选择某一特定形态的物体时，就会利用触觉去触摸物体并选择。当前的技术还无法完全满足指尖触碰物体时对物体材质、温度进行的真实感知反馈，且目前大部分的触觉设备只能够激活人类触觉感受器中的一种，这就限制了触觉技术在沉浸式数据可视化中的应用。因此，能够模仿真实对象复杂和细微差别的触觉技术是当下的研究方向之一，但该方向也充满挑战。例如，多种触觉感知同时作用时会使人的感知具有自我运动与触碰运动叠加的复杂性，或者指尖触碰会随着手指姿势变化而消失，所以设计并实现触觉的有效信息传递是具有挑战性的。

触觉编码映射与触觉感知技术具有重要意义。沉浸式数据可视化应用中，触觉的应用是为了支持数据的感知和理解，从而提取数据中有价值的信息。但是如何通过触觉有效地传递数据信息呢？或者说，触觉都有哪些触觉标记和触觉通道，能够允许人类对物体进行触觉感知呢？对比视觉标记和视觉通道，视觉标记有点、线、面，视觉通道有颜色、大小、位置、纹理等，而触觉标记有点击、抚摩、抓取等，触觉通道有力度、位置、振动、纹理、质地、温度等。在进行数据和触觉的编码映射时，可将数据中较大的数值映射为高频率的振动、较大的力度、较高的温度。例如在盲文中，字母被组织为凸起的点，或一组振动，运动和作用力能够呈现触觉字形。在映射完成之后应该考虑的问题是，利用什么样的技术能够让观察者感知到数据信息，用什么样的技术能够刺激观察者的触觉反馈。要解决这个问题，就必须先考虑如何以触觉的方式操控对象，也就是映射完成之后的交互方式。通常的交互方式需要借助物理设备，因此这个过程也可以称为数据物理化的过程，是沉浸式数据可视化中非常重要的步骤。例如当人拿起一个水杯时，在移动的过程中，手能够感受水杯对皮肤的刺激，通过触觉不仅能了解水杯的材质是玻璃或是塑料，还能了解杯子的温度，从而知道水的温度，通过手与水杯的摩擦力能够了解手指握住杯子的力与杯子自身的重力，也可以间接感受到水在杯子内部的运动。人类通过产生的肌肉运动反应激发了触觉感受器，探索了物体的材质、纹理、运动等信息。数据物理化包括静态数据物理化和动态数据物理化。静态数据物理化可以通过创建静态对象并使观察者对其进行交互操作的方式来实现。目前常用的静态数据物理化技术是 3D 打印，打印出来的物体能够被视障者触摸并获取有效的数据信息。动态数据物理化可以使用计算机设备动态模拟不同的作用力与材质纹理，称为数据触觉化。动态的数据物理化技术包括各种可交互的设备，如在具体的案例中使用滑动条、手柄、可触摸屏幕等，观察者能够随着输入数据值的变化而感觉到数据。触觉设备可用于触觉编码及映射，帮助使用者进行触觉感知。常见的触觉设备包括远程遥控设备、小型触觉设备，能够实现重力、振动、温度、纹理、疼痛等触觉感知。虽然目前触觉设备已经比较成熟，但在沉浸式数据可视化领域还有较长的路要走。

在很多沉浸式数据可视化与可视分析的应用中，触觉都能够被有效地利用。例如，利用触觉感知使观察者沉浸在数据中心或在数据空间中移动，增强沉浸感，也可以使观察者处于静止的位置，或借助跑步机等步行平台感应运动。尤其是在医疗数据可视化应用中，触觉技术可以广泛应用于触诊、注射、手术等操作。但是，这些应用通常都处于相对较小的空间中，很难长距离跟踪观察者的轨迹，这是目前沉浸式数据可视化应用面临的一个挑

战。许多研究者用重定向的方式[20]解决空间问题，这实际上是一种视觉上的“欺骗”，让观察者认为自己在绕行，但实际上只是沿着直线行走。

8.4.3 嗅觉与味觉感知

嗅觉和味觉相互关联，是沉浸式应用中的重要感知。嗅觉是气味分子与鼻子中的嗅觉受体结合形成的，鼻子能够分辨出数百种不同的物质，但也取决于环境和人。而味觉是由舌头区分五种特质（酸、甜、苦、鲜、咸），让人感知到不同的风味。嗅觉与味觉都是与记忆紧密相连的，当闻到或尝到某种味道，人们常常能够回忆起特定的情况、事件，还能让人联想到各种情绪、危险等，甚至有研究证明气味能够对人类选择伴侣产生影响。

嗅觉和味觉在人类生活中不可或缺。人类每分每秒都在呼吸，为了生存也会不断进食，因此嗅觉与味觉在现实世界中无处不在。我们经常能在餐厅闻到咖啡味，也经常能在办公室闻到同事的香水味，还经常能在野外闻到青草与花朵的清香，在品尝食物时能够辨别不同种食物的味道。因此在沉浸式数据可视化应用中，嗅觉和味觉感知能够增强虚拟环境的真实感，从而帮助观察者增加对虚拟世界的信任度，也能够使场景更加真实，从而提升沉浸感。

嗅觉和味觉的编码映射能够传递数据信息。如何利用气味和味道传递数据信息，是一个非常具有挑战性的工作。最简单的映射方式是用较强较浓的气味或比较重的味道表示数据中较大的值，然后利用如酸味、甜味、臭味等不同种类表示分类数据。在研究工作中，关于气味与味道感知的标记、通道等技术还不成熟。有研究者将气味分为四个维度[21]：令人作呕的气味，如腐烂气味、刺激性恶臭气味等；烧焦的气味，例如烟熏、木头、花生酱、坚果的气味等；香甜的气味，如花香、糖果香、水果香等；化学医疗的气味，如消毒水、汽油、油漆的气味等。可以用不同的颜色、形状代表不同的气味，在颜色选择上遵循一定的规律，如黄色代表“温暖、辛辣”，红色代表“花朵”，绿色代表“绿叶”，浅米色代表“巧克力粉”。气味地图中可以选择特定标志表示河流、山峰等，如用同心圆表示气味强度和气味范围，气味范围随风漂移，形成扭曲的轮廓[22]。

嗅觉和味觉的特性与视觉特性有一定的区别。在可视化领域，观察者经常用可视化相关的词汇呈现数据信息，且观察者易于理解，如颜色词汇中的红色、黄色、蓝色等，这些词汇不会与产生反射波长的物体相关。但在嗅觉和味觉领域，嗅觉与味觉词汇经常与物理来源联系在一起，例如酸甜味来源于橙子、香浓的苦味来源于咖啡、麻辣味来源于花椒和辣椒，这就导致观察者常常因为不太理解描述的词汇而不能很好地理解气味和味道。

嗅觉与味觉技术的应用存在限制，都只能在短时间内有效。产生气味的分子会随着气味挥发扩散而减淡，而吃进嘴里的味道也会随着食物进入肠胃而减淡，无论是气味还是味道都无法长时间持续，只能产生短时的效果。此外，气味和味道都会因为具有相似的分子而让观察者分辨的准确率下降，如柠檬与橘子都具有柑橘的香甜，在气味和味道非常淡的时候就会难以区分。人类长时间沉浸在相同的气味和味道中，会变得习惯，分辨能力和敏感度会下降。例如，长期在药店工作的人可能不会觉察到场景中的药味非常浓，但刚走进药店买药的人会觉得药味非常重；经常吃辣椒的人比从来不吃辣椒的人接受辣的程度更高。这就意味着很难通过味觉和嗅觉感知数据的变化，尤其是变化速度较快的数值。在沉浸式数据可视化应用中，嗅觉和味觉对沉浸式可视化的作用有限，不同设备能够提供的气味与味道种类有限，且不同的场景需应用特定的气味与味道，这增加了应用的难度。

8.5 多感知沉浸式数据可视分析系统

人类有能力适应多感官、多种刺激同时存在的环境，当多种感官协同工作时，能够给人提供更丰富的信息，多感官渠道的信息交流也有助于提升身临其境的感受，帮助观察者保持参与感和专注力。当前沉浸式数据可视化应用涉及的技术包括人机交互、机械系统、显示与输入输出设备等，这些技术之间的关系、技术之间的融合为多感知通道的信息传达带来许多发展空间，但同时也具有一定的挑战性。主要的研究问题包括如何将多感官通道结合以表示数据信息，即数据的多感官映射，以及如何描述人类对多种刺激的感知。

8.5.1 数据的多感官映射

多感官映射是视觉映射的多维扩展。在传统的平面数据可视化应用中，研究者为特定的数据分析任务设计数据映射，将视觉感官属性布局在2D空间上，然后用现有的可视化方法进行呈现。例如，节点链接图支持网络数据中的路径跟踪任务；散点图支持呈现两个不同数据属性之间的相关性；平行坐标能够同时显示更多的数据维度，从而进行多维数据可视化；邻接矩阵则支持集群检测。在多感知沉浸式数据可视化应用中，视觉表征的概念多维化为多感官表征，即视觉感官属性转化为多种感官属性的组合，多种感官通道为多种感官表征的呈现提供映射途径。

在研究数据的多感官映射方式之前，有诸多问题需要研究者思考和明确。例如，当前的沉浸式数据是否有适用于多感官映射设计模式的属性；多感官映射是否支持不同数据维度的呈现；在非视觉映射中的标记和通道对应的对象是什么；单独使用某一个感官通道的有效性如何；要开发的沉浸式可视化应用系统应该支持哪些感官的感知；多感官通道在应用中的作用时长是应按需设置还是永久存在；多种感官技术是同步存在还是异步存在；多感官技术对所有观察者都提供还是可以自定义；多种感官的表现形式如何组合为协调合作的用户界面；是否有特定的可以重复设计的多感官映射方法；多感官的呈现是否能够支持多种数据分析任务；多感官映射后的结果真实程度如何，多种感官的组合具有互补作用还是冗余效果；等等。

“以用户为中心”是可视化设计者的重要原则。数据可视化工作者应当与界面设计者和最终的观察者进行充分的沟通，了解他们的需求、考虑他们的经验，确定感知通道的有效性，避免引起身体不适。在组合多感官技术的时候，应确定观察者最终的任务内容，如是进行某个信息的检测还是进行路径跟踪，并根据需求选择同步或异步、永久或按需、冗余或互补的方式。

多感官映射也存在多重编码。在视觉映射中，可视化工作人员经常会用两个不同的视觉通道对同一信息进行双重编码，目的是提高观察者解码时的可视化效果或者精度。在多感官映射中，设计人员通常具有更多更广的可选空间。多重通道的使用意味着跨感官组合刺激，使多感官映射组合的方式更丰富，如音色和颜色同时作用于数据的不同种类。同时，还可以在这些多通道编码中加入交互，如当观察者点击某个数据点或者触摸物理按钮时才播放声音。图8.8所示的《53027条留言背后，网络树洞里绝望者的自救与互助》可视化作品中，收集了因抑郁症自杀的网友“走饭”生前的所有微博文本并对其进行了文本情感分析，将视觉和听觉进行结合编码。除了使用较为明快和低沉的音调表示情绪起伏之外，可视化元素能够帮助用户辨别音符所对应的文本内容和情绪状态。这种视听结合的“情感乐章”在丰富用户感官体验的同时，也在创造一种独特的情感体验，有助于用户以同理心去理解抑郁症患者以及为自杀倾向所困扰的群体[12]。

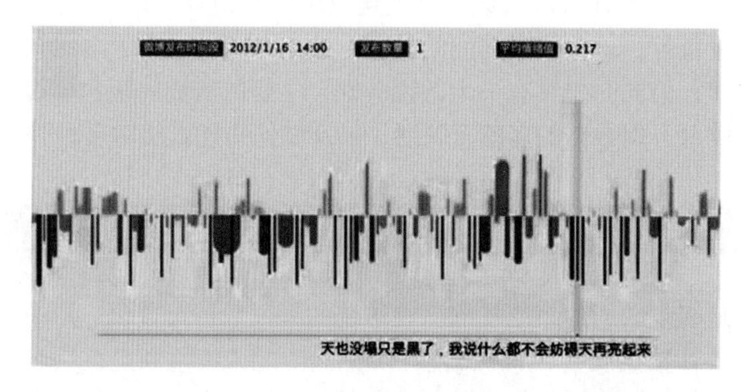

图8.8 《53027条留言背后，网络树洞里绝望者的自救与互助》可视化作品

8.5.2 人类的多感官感知

不同感官能提供具有自身优势的感知。可视化设计者将数据映射至不同感官通道时，通常需要思考所要呈现的数据以及数据分析任务，选择合适的感官通道。视觉感知毋庸置疑是沉浸式可视化与可视分析应用中最重要的感官通道之一，视觉标记和通道的有效映射已经被研究者充分讨论，其优势不言而喻。数据的听觉映射常常与人类的情感表达相关，选择适当的听觉表现形式，能够让人印象深刻，且对不同情感信息的分析有帮助，适当选择多样化的感官表示还能够反向丰富情感信息的表达。触觉设备通常用于对系统的控制与交互操作，但在沉浸式环境中的触觉有效性、安全性、舒适性与人的感知程度和容忍能力有关。嗅觉与味觉对于提升环境的沉浸感和真实性有帮助，也适合呈现食物和与自然环境相关的数据。

人类的不同感官感知的能力具有差异性。当把数据映射到特定的感知通道时，感官刺激会增强，感知效果会更好，这不仅取决于要传达的数据属性以及观察者需要完成的任务，还取决于不同人之间的感知能力。在完成可视化数据分析任务之前，观察者通常需要接受不同时长和不同难易程度的训练，熟悉映射原理和交互技术。例如在视觉映射中，通过训练，观察者能够对颜色分类或者形状分类有较高的敏感度，因此当他们在使用系统进行数据分析时，可以在视觉范围内对不同的颜色和形状进行专注搜索，而忽略视觉标记的其他属性，如位置、尺寸。在某些情况下，某些感知通道的刺激可以破坏观察者原本具有的专注力，如环境中突然出现快速运动的对象，或背景中突然发出响亮的声音或浓郁的气味，观察者的大脑会将注意力转移到这种新出现的刺激上。除了训练某种通道的敏感度，还要训练大脑进行更复杂、更高级的辨认分析，如检测多种混合声音中的不协调因素、声音的方位、声音的远近等信息，这有些类似于专业的音乐家和调音师。很多视障人士的触觉和听觉格外敏感，这是由于他们长期以来都专注于自己这些特定技能的训练。

8.5.3 多感知设计的挑战与限制

人类的感知能力并不完美。由于衰老或者意外事故的发生，人类的感知能力会衰退，如年长的人视力和听力会下降。此外，人类对光谱和声波的感知能力也是有限的，可见光以外的光谱人类肉眼无法感知，如红外线、紫外线、γ 射线、X 射线、电磁波；超声波也不能被人耳所感知，如蝙蝠发出的超声波。因此在进行数据可视化设计工作时，设计者应尽量全面地考虑感知限制的因素，使开发出的沉浸式可视分析系统能被尽可能广泛地使用。

感官通道具有自身的限制，分为五个方面。

在视觉方面，视觉限制的原因包括疾病与天生的缺陷，如近视、散光、老花眼和色盲。此外，视觉标记的排列与相对位置很重要，在沉浸式可视化中更为重要。由于物体排列和光线照射引起的视觉遮挡，能够为观察者提供深度信息的顺序，作为沉浸式环境中的视觉线索，若遮挡与深度信息不一致，则观察者会感到困惑甚至迷失方向，引发潜在问题。通常情况下，透明度的使用与颜色混合易造成视觉遮挡的错误。

在听觉方面，人类耳朵能够感知到的声音会因为自然环境和听力退化或损伤而失真。如距离会使声音减弱，较大的声音会掩盖较小的声音，声音的回声会干扰原声，这些都属于因环境而失真的情况。再如人年纪大了会丧失一部分听觉能力，或在嘈杂的环境中遭受长时间的噪声影响而导致听力损伤，他们感知的声音也会失真。

在触觉方面，残疾人具有一定的感知限制，硬件设备的操作也有不同程度的触觉误差。

在嗅觉与味觉方面，疾病可能会导致人的嗅觉或味觉系统损伤，如重感冒患者因为鼻塞而暂时丧失嗅觉，新冠病毒也会攻击人类的呼吸系统而使人丧失味觉与嗅觉。

多感知之间也存在相互影响。在两种不同感官刺激相互矛盾的情况下，人类的感知力会受到限制。例如在看到某种食物时，大脑会产生对该食物的软硬度、黏稠度等信息的预测，但在闻到这种食物的气味时，可能会与预期不相符，从而导致两种感知相互冲突，造成信息误差。再如当我们看到大街上飞驰的汽车但却听不到汽车驶过的声音时，当听到空中传来的飞机声却看到空中乌云密布的场景时，即视觉刺激与人所感受到的平衡感、方向感等感知互相矛盾时，就会使人产生信息矛盾与冲突。这些矛盾有时候会造成身体的不适，如身体移动但视觉不移动会导致晕车，这也解释了为什么人在坐车低头玩手机时容易产生强烈的晕车感受。此外，人们对于现实世界的经验、自身头脑中的回忆都会产生固有的惯性认知，如看到具有石头纹理的物体就会觉得很重，大脑会让手臂的肌肉准备承受物体的重力，但若举起物体时并没有感受到物体相对应的重量，就会让观察者觉得讶异。感官串扰[23]也是一种多感知限制。大脑不断地处理来自不同感官的刺激并在大脑不同区域之间进行信号交换与处理，此时多种感知的叠加和干扰会导致感知错误。例如，在读唇语时听到的声音与唇语对应的声音不符，在大脑中会产生与唇语对应的正确的声音，此时就会造成信息干扰。

多感官感知的设计具有一定的挑战性与限制。虽然多重刺激能够提升大脑感知信息的能力，但当大脑接受不同或相同渠道的刺激，或者相同渠道的刺激时间较长时，过多的感官刺激也会导致观察者感官疲劳，甚至信息冗余，使观察者的知觉和认知均超负荷，此时观察者会有意忽略和过滤一部分感知刺激，即选择性过滤与注意，降低了认知能力，因此原本想要传递的信息就会丢失。在视觉编码中，感知负荷会导致选择性过滤。例如，当图中有过多的形状或颜色时，过多的视觉元素就会降低观察者的视觉敏感度，也会降低其对数据信息的解码能力；在动画中若有过多的动态视觉变量或闪烁元素，也容易使观察者的注意力无法集中于关键的变量。同样的原则在其他的多感官映射中也适用。例如，听觉编码中过多的听觉变量组合，会使观察者无法轻易提取出重要的信息。综上所述，多感知沉浸式数据可视化与可视分析系统的挑战之一是支持观察者的心理状态，最大限度避免其分心，使不同感知作用下的干扰最小化，使感知刺激尽可能适应观察者当前执行的任务。研究者应当谨慎组合不同的感官刺激方式，更谨慎地控制感官通道的数量。虽然有时候设计人员也会在多种感官上映射信息，避免在特定的一种感官上产生超负荷映射，但仔细选择最适合某些数据属性的映射通道并谨慎组合始终是多感官映射与感知的基本原则。

8.6 本章小结

与第 1 篇第 2 章相对应，在沉浸式环境中数据编码与映射的方式是基于多感官通道的，且多感知技术是沉浸式应用中最核心的技术之一，因此本章围绕多感知技术的特征与映射进行了重点介绍。“多感知呈现与分析简介”的内容旨在使读者对多感知的概念与呈现方法有简单的了解。多感知技术在沉浸式数据分析中的设计框架是本章的重点内容之一，旨在使读者明确如何在沉浸式数据可视化与可视分析中应用多感知技术。此外，视觉与其他多感知通道的特性和映射方法、多感知技术在沉浸式数据可视分析系统中的应用，这两部分是本章内容的重中之重，也是读者学习的难点。视觉是沉浸式数据可视化应用最主要的信息传递通道，沉浸式环境能够提供具有深度信息的视觉特征和视觉映射方法，而其他多感官通道也是一样，每个通道在沉浸式环境下都具有自身的特征与独特的映射方法。本章在讲解视觉通道的基础上介绍了多感官通道组合映射的方法，还介绍了人类对多种感官进行感知的原理与过程，最后介绍了多感知技术未来的挑战与局限性，旨在使读者了解沉浸式环境中多种通道的特点及其编码与映射方法，并帮助读者在未来的应用开发中实现更合理的设计。

参考文献

[1] CARD S K, MACKINLAY J D, SHNEIDERMAN B. Using vision to think[C] // Proceedings of the 11th annual ACM symposium on User interface software and technology, 1998, 11: 153-162.

[2] MUNZNER. Visualization analysis and design[J]. Wiley Interdisciplinary Reviews Computational Statistics, 2015, 2(4):387-403.
[3] WARE, C. Information Visualization: Perception for Design[M]. New York: elsevier inc, 2014.
[4] DU M, CHOU J K, MA C, et al. Exploring the Role of sound in augmenting visualization to enhance user engagement[C].2018 IEEE Pacific Visualization Symposium (PacificVis). IEEE, 2018.
[5] POST D L, GREENE, E. Color name boundaries for equally bright stimuli on a CRT[M]. Berlin:Springer Science+Business Media,1992.
[6] WERTHEIMER M . Untersuchungen zur Lehre von der Gestalt. I. Prinzipielle Bemerkungen [Investigations on the theory of Gestalt. I. Main remarks][J]. Psychological Research, 1922, 1:47-58.
[7] BERTIN, J. Sémiologie graphique: Les diagrammes, les réseaux, les cartes[M].Paris: Éditeur Editions de l'Ecole des Hautes Etudes en Sciences Sociales,2 013.
[8] MAZZA, R. Introduction to Information Visualization[M]. London: Springer-Verlag London Limited, 2009.
[9] CLEVELAND W S, MCGILL R. Taylor & Francis Online :: Graphical Perception: Theory, Experimentation, and Application to the Development of Graphical Methods[J]. Journal of the American Statistical Association, 1975(79): 387.
[10] STEPHEN FEW.Information dashboard design[M]. O'Reilly:O'Reilly Media, 2006.
[11] MICHAEL COREY. Listen to the music of seismic activity in Oklahoma[EB/OL]. https://revealnews.org/article/listen-to-the-music-of-seismic-activity-in-oklahoma/[2022-01-11].
[12] 方惠 . 数据可听化：声音在数据新闻中的创新实践 [J/OL]. 新闻记者 ,2020(11):68-74.DOI:10.16057/j.cnki.31-1171/g2.2020.11.007.
[13] HERMANN T, HUNT A, NEUHOFF J G . The Sonification Handbook[M].Berlin:Logos Verlag Berlin,2011.
[14] HERMANN, THOMAS. Taxonomy and Definitions for Sonification and Auditory Display[J].International Conference on Auditory Display, 2008(57).
[15] KRAMER G, WALKER B, BARGAR R . Sonification report: Status of the field and research agenda[C].Sonification Report:Status of the Field and Research Agenda, Acoustic Research, 1997: 1-35.
[16] LUDOVIC RIFFAULT. Commute by Dataveyes[EB/OL]. https://iibawards-prod.s3.amazonaws.com/uploads%2F2019%2F85c01a9%2FCommute_Abstract.pdf[2022-2-12].
[17] DALE PURVES, DAVID FITZPATRICK, GEORGE J. AUGUSTINE.NEUROSCIENCE Third Edition[M]. 2004.
[18] BOWMAN, DOUG A. 3D User Interfaces: Theory and Practice[M].Boston: Addison-Wesley Professional, 2004.
[19] RL, KLATZKY, S J, LEDERMAN, V A, METZGER. Identifying objects by touch: an "expert system". [J]. Perception & psychophysics,1985,37(4):299-302.
[20] RAZZAQUE S, SWAPP D, SLATER M, et al. Proceedings of the workshop on Virtual environments 2002[J].Eurographics Association, 2002: 123-130.
[21] KOULAKOV A. A, KOLTERMAN B E, Enikolopov A G , et al. In search of the structure of human olfactory space[J]. Flavour, 2011, 5(1):1-1.
[22] 凯特・麦克莱恩 . 气味的视觉语言 [J]. 景观设计学 , 2016, 4(4): 131-141.
[23] HOWES, DAVID. Cross-talk between the Senses[J]. Senses & Society, 2006, 1(3):381-390.

第9章

沉浸式数据可视化的界面与交互技术

9.1 沉浸式数据可视化交互界面概述

9.1.1 沉浸式数据可视化中的鸿沟与壁垒

在数据可视化应用中，人与可视化视图的互动和人的自我意识一样重要。在沉浸式环境中，观察者能够感受真实存在的感觉也是至关重要的。除了3D视觉呈现技术外，交互也可以增强观察者的沉浸感，是沉浸式数据可视化重要的技术。

唐纳德·诺曼曾提出“针对交互系统设计的主要挑战是执行的鸿沟与评估的鸿沟”，即人们在使用计算机时，如果界面给人们的操作带来不便，那么人们也会难以理解系统界面输出的信息[1,2]。虽然我们在实现一个应用时会尽全力去设计，但理想和现实总会存在一些难以逾越的鸿沟。罗杰斯（Rogers）等人在《交互设计：超越人机交互》一书中也提到，在设计过程中，最初的设计目标与真实建造的物理系统之间存在鸿沟，需要通过实践执行与评测验证架起两者之间的桥梁[3]，如图9.1所示。对于数据可视化的设计者而言，数据可视化的工作是针对数据进行设计，使观察者对数据更了解。因此，数据可视化设计者把脑海中建立的对数据设计的概念模型以可视化视图的形式进行表达，当观察者看到可视化视图时会在脑海中产生对数据认知的概念模型并进行验证。但设计者呈现的视图会与脑海中想象的概念模型有所不同，不能百分之百地呈现心中所想，而观察者认知数据时脑海中的概念模型也会与设计者原始的设计意图有所不同，这便是数据可视化的双重壁垒，如图9.2所示。减少双重壁垒的主要解决办法就是交互操作，这也是设计者与观察者共同的需求。

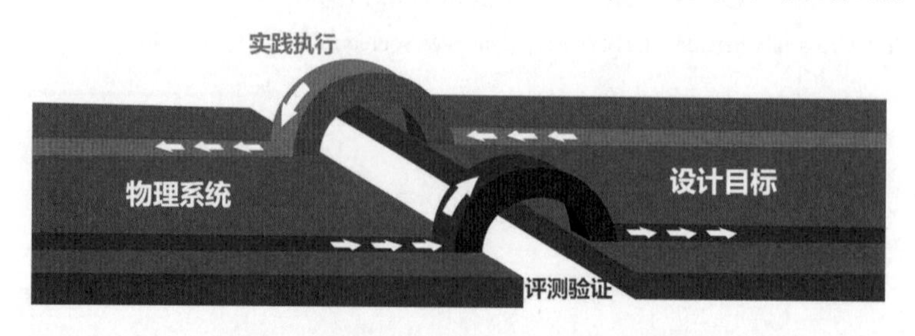

图9.1 物理系统与设计目标之间的鸿沟

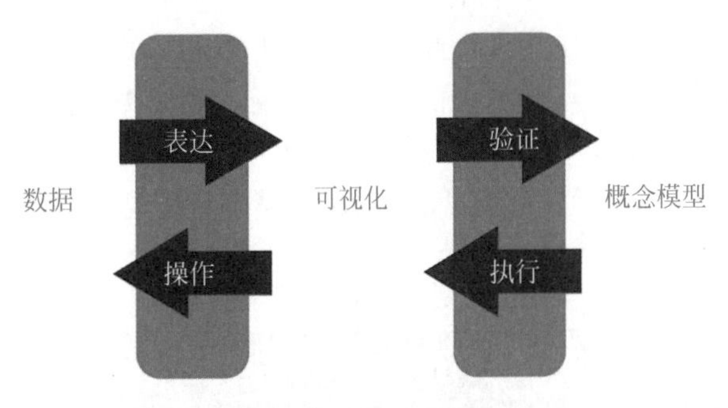

图 9.2　数据可视化的双重壁垒

目前在数据可视化领域，研究者大多在最小化评价验证鸿沟的方向上努力不懈，但使可视化尽可能容易理解这一实践执行的鸿沟还没有得到充分研究。有些研究者提出，在沉浸式可视化应用中直接操纵需要显示的信息和元素，使输入输出紧密连接，可以减小实践执行的鸿沟，也有利于提升观察者的沉浸感。总之，针对探索可视化、过滤数据和调整参数等可视分析的基本任务，开发适当且直观的交互技术，对于高效和可靠的数据可视化应用系统来说是必要的条件。

在沉浸式数据可视化领域，分析工作者期望利用沉浸式技术以增强观察者的认知，提升数据可视化呈现与分析的效果，减小鸿沟，打破壁垒，且可视化研究者一直期待用更高级的人机交互技术来设计和实现可视化界面，带给观察者多角度的感官体验。早期的研究者利用 3D 图形进行信息可视化展示，并验证了流畅与高效率的交互系统能够更好地支持数据分析工作，也能提高观察者的认知，但对于交互的机制及硬件设备并没有深入研究[4]。所以早期的 3D 图形渲染技术虽然取得了快速发展，但当时的研究者没有意识到更自然、更有效的交互方式与沉浸式空间相结合可能带来的交互挑战。近年来，交互技术研究取得了相当大的进展，例如，观察者可以不局限于鼠标与键盘等硬件操作，能够通过手势、姿势、语音等多种形式进行自然交互。在未来沉浸式可视化的研究中，我们应尝试探索如何将特定的沉浸式交互技术用于数据分析，以进一步缩小实际系统与设计目标之间的鸿沟。

9.1.2　沉浸式数据可视化对交互技术的影响

交互技术能够增强沉浸式可视化观察者的沉浸感和参与感，缩小可视化的鸿沟；反之，沉浸式可视化呈现也有助于改善和提升交互技术。

通常情况下，沉浸感能让观察者体验到存在感，而存在感又能够促进观察者的参与感。系统的物理功能通过交互技术传递给观察者，给观察者以“感同身受”的体验，从而更投入、更有效地完成数据分析工作，这也与观察者的个体感受和对空间的记忆相关联，通过观察者对自身和环境的理解认知完成交互操作。在硬件方面，传统的用户操作依赖于键盘、鼠标、手柄、头盔等设备，但近年来由于 CAVE、多点触控桌面、HoloLens 等设备的出现，观察者得以通过更自然、更流畅的交互操作进行数据探索，因此新型便携式沉浸设备也为交互技术带来了新的可能。在多人协同的数据探索任务背景下，沉浸式环境中观察者的头部与身体跟踪技术能够影响交互技术。例如，在共享环境下为远程协作的工作人员提供共享交互信息，或隐藏和展示私人视图与工作区域，不仅可以使多名工作人员更轻松地协同工作，还可以利用社交意识与技能进行互动，提高工作人员的参与度和存在感。此外，沉浸式环境下多感知通道也为交互技术提供了新的途径。例如医生探索病患的历史数据、医学图像时，可以通过语音交互与眼球跟踪技术实现，为额外的诊断信息、现场决策提供帮助。未来的研究中，沉浸式环境的交互需求会越来越多，也会促进交互技术的发展。

9.2 沉浸式数据可视化交互界面设计基础

9.2.1 交互界面设计原则

唐纳德·诺曼先生在《设计心理学》[2] 中定义了许多设计用户界面的规则和原则，但这些规则和原则并不一定适用于沉浸式环境与自然交互技术，书中所提出的可供性等概念在沉浸式环境中也容易被观察者误解。例如，当观察者在增强现实环境中与真实物体和虚拟物体同时进行交互时，真实物体的可供性并不一定以界面的形式呈现。所以在设计沉浸式空间中的可视化交互时，应该考虑可视化呈现与虚拟环境以及真实环境中观察者所受到的运动限制。此外，在沉浸式环境中，数据可视化技术中的“上下文”被定义为一种抽象概念，包括流畅操作、无缝链接的交互技术，可以提供反馈、交互、快速更新功能的图形，以及全面、细致的用户体验。若沉浸式数据可视化应用中的“上下文”能够具有这样的特征，则有助于吸引观察者，让观察者更愿意体验应用，能够实现更深层的沉浸感。本节内容总结了沉浸式数据可视化的交互原则，以期为沉浸式数据可视化设计和分析人员提供界面与人机交互设计的思路。图 9.3 展示了一种沉浸式可视化交互界面。

图 9.3　沉浸式可视化交互界面

第一，在沉浸式应用中观察者往往会在不同的场景之间切换，观察者在进行交互运动时，虚拟场景和物体也会予以视觉反馈。运动追踪和虚拟场景转变过程中的算力不足，易导致低分辨率与低帧率的动画效果，会使观察者出现晕动症。因此在沉浸式环境中，数据可视化设计者应利用平滑的动画效果，使不同的场景切换自然，或对运动追踪过程产生的视口转换做平滑处理，以此提供给观察者更流畅的交互体验。

第二，在设计沉浸式可视化时，应尽量提供给观察者即时的视觉反馈。观察者与场景或虚拟物体进行交互时，无论是使用键盘、鼠标等传统的交互方式，还是使用头部追踪、姿态识别、手势识别等自然交互方式，即时的视觉反馈可以消除观察者在使用沉浸式应用时的心理恐惧感及卡顿体验，使观察者的沉浸感和参与感增强。

第三，交互技术是观察者与沉浸式应用系统进行对话的桥梁。在观察者与系统进行交互时，不仅应该提供即时的视觉反馈，还应该给予用户新颖的视觉刺激，这样的刺激是一种“奖励”。观察者对系统的新鲜感会随着交互体验时间的增长而降低，适当的新颖性刺激有助于使观察者对沉浸式环境保持探索的意愿，但新颖性刺激如何传递、何时传递以及传递的效果如何评价，都是未来需要研究的问题，也是沉浸式数据可视化交互技术中的迫切需求之一。

第四，在沉浸式数据可视化应用中，应使观察者尽可能使用直接操作的方式与可视化视图进行交互。例如，通过手势识别等自然交互方式完成可视化任务，避免使用传统虚拟现实应用中控制面板式的用户界面组件，即在沉浸式环境中使用2D界面，或尽可能使控制面板式的用户界面组件无缝集成到可视化视图中，而非单独分离出来。这样可以使交互成为视觉呈现的一部分，也能够提高用户的沉浸感和参与感，但集成的位置是一个需要思考与验证的研究方向，且随之而来的透视、失真、遮挡、文本可读性等问题也为该领域的研究带来了挑战。

第五，交互探索在沉浸式数据可视化中应该允许用户不断地探索，即便观察者已经完成了数据分析任务，也应该保留探索交互的功能，尤其是在导航技术中，应允许观察者自由移动沉浸式场景与场景中的物体，避免让观察者感受到结束的体验。

第六，在观察者完成数据分析任务的时候，交互操作应具有可逆性。当观察者返回之前的状态或者撤销之前的操作时，观察者脑海中对系统的模型与逻辑会更加清晰，这是一种强化概念的效果，有助于观察者更了解系统的状态与功能，更快速有效地完成数据可视化分析任务。

第七，若观察者在沉浸式数据可视化应用中使用多种不同的交互技术，如语音、触摸、手势、眼睛凝视或头部跟踪等，烦冗的切换不仅会中断观察者的操作，也会降低观察者的沉浸感，使观察者产生放弃参与的想法。因此在设计与开发沉浸式应用时，交互方式应尽可能统一并尽量集中，使观察者在同一交互模式下集中完成数据分析与探索的任务。

交互技术存在多个设计原则，这些原则不仅涉及交互的可扩展性、观察者注意力的管理与认知意识，也涉及跨设备交互的协同问题。有效的交互技术能够推动硬件设备的发展，尤其是实时响应跟踪的技术以及多模式的交互融合技术的实现，能够减少观察者交互与系统反馈之间的延迟，从而增强观察者的沉浸感和参与感。

9.2.2 交互界面设计任务

沉浸式可视化与可视分析能够协助观察者探索和理解不同类型的数据集，而用户界面与交互技术能够支持数据分析任务。反之，数据分析任务也是探索沉浸式分析交互设计的

基础。常见的数据分析任务主要有数据的视觉编码、可视化呈现、视图操作、过程与来源探索等方面[5,6]，本节将从这些方面更详细地阐述数据分析任务。

（1）与数据分析相关的任务。数据选择通常是数据筛选任务前的第一步，是一个针对沉浸式可视化视图进行操作的基本交互式分析任务。数据筛选任务即依据特定的筛选标准，将全部数据中的一部分过滤掉，保留观察者所需要的数据，使沉浸式可视化变得具有可扩展性，不仅呈现原始的全部数据，还可以支持观察者进行动态查询等交互，这属于基于沉浸式视图交互操作的数据转换和视图转换任务。数据分类任务与数据筛选任务不同，但也是一种通过基本交互能够实现的数据分析任务，且数据分类任务是沉浸式视图转换操作中的基本交互，同时可以给观察者提供数据分析的过程。数据的排序属于数据分类任务，因为大多数的数据排序有多种选择，例如，针对学生成绩数据，可以依据数值大小进行排序，也可以依据科目进行排序，还可以依据年级进行排序，为数据标识了不同的分类标签。由于观察者往往会在分析的过程中获取除了基本数据信息之外的衍生信息，因此数据派生也尤为重要。例如观察者在完成数据任务时，对数据进行自动计算，包括数据聚合、数据聚类、数据模拟等，然后将自动计算的结果集成到沉浸式可视化视图中并呈现出来，这也是把派生数据的来源与派生过程提供给观察者的一种数据任务。数据的重新配置是在分析过程中更改或重置特定数据的沉浸式可视化呈现，这也是分析人员经常需要执行的一项基本任务。数据调整是观察者为了从主要输入数据导出次要数据而修改自动分析的参数设置的任务。数据注释任务能够在沉浸式可视化视图中添加标签，或通过高亮显示的方式突出强调信息，观察者在完成数据任务时能够通过上下文跟踪和注释的提示判断信息的重要度。数据的注释还有助于观察者向其他人解释和分享结果，支持观察者洞察信息的来源，增强数据的特征记忆。

（2）与视图操作相关的任务。视觉编码与可视化呈现任务即根据数据的特征进行分析，然后通过合适的沉浸式可视化呈现方法进行视觉表达，这是可视化视图的创建任务。沉浸式用户界面导航是信息可视化的核心任务之一，也是沉浸式用户界面的探索性特征之一，还是沉浸式可视化视图操作的主要交互技术。导航任务通常包括信息概述、缩放、过滤等功能，与焦点和上下文、缩放和平移以及语义缩放等方法结合。沉浸式可视化视图的坐标与连接任务通常在可视分析系统中出现，观察者将不同视图相互关联，将高亮、刷选、链接等交互技术作为关联的桥梁。沉浸式可视化视图的组织任务是将比较复杂的沉浸式可视分析系统中不同的可视化视图、用户界面、选项卡和标签页进行组合，且在屏幕上以不同的方式排列和分组，观察者能够通过排列的方式更高效地完成数据的分析任务。可视化引导任务是指沉浸式数据可视化的呈现应具有指导性解释，使可视化中包含的信息不言自明，这种引导不仅可以使用静态的方式，如 2D 新闻数据可视化领域的信息图，也可以利用动画或者阶梯式引导和交互式演示，使数据故事生动且有效地进行表达。

（3）与信息分享和记录相关的任务。交互操作记录任务是数据分析过程中典型的问题，在整个分析过程中，沉浸式可视分析系统应能够记录观察者的交互操作，且应提供后退、撤销、重做等操作，观察者不仅可以更清晰地了解到系统的结构，还能够发现和探索系统的细节，以及所探索的数据信息的来源。信息分享任务通常是由多名观察者在沉浸式环境中协作分析进行的，数据交流与视觉检测能够极大限度地帮助不同观察者进行交流和分享，如数据注释、交互操作等内容，这使协同操作更容易。

9.2.3 交互界面设计方法

在讨论了数据分析任务后，本节要讨论的是将不同的交互技术与数据分析任务组合和匹配的方法，并应用于沉浸式可视分析系统中，提供给观察者丰富和流畅的交互操作。常见的交互技术包括导航交互、选择交互、过滤交互、排序交互、重配交互、标记注释交互，如图 9.4 所示。

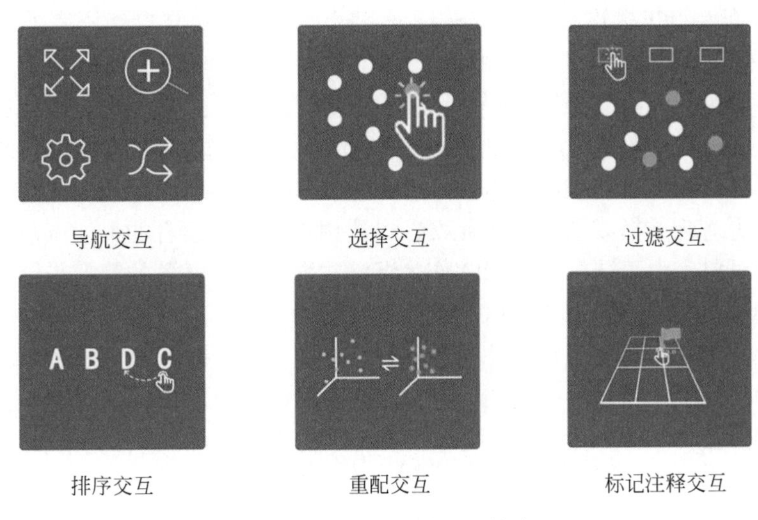

图 9.4　常见的六种交互技术

1. 导航交互

在沉浸式环境中，导航技术的研究已经有较长的时间[7]，且较为成熟。导航交互通常与数据可视化的概览和细节呈现相结合。在沉浸式环境中，观察者可以在空间中移动，进入数据视图以查看数据的细节，走出数据视图以查看数据的概览。观察者还可以利用缩放技术查看概览与细节：将数据视图放大以查看细节，将数据视图缩小以查看概览。缩放可以避免观察者在空间不足的条件下进行移动。缩放功能不仅具有导航功能，也有利于观察者在探索和分析数据时增强对空间的记忆，尤其是在有限的空间下观察大型数据集时更能突显缩放技术的优势，避免物理碰撞等问题。缩放技术也常常与旋转技术结合，当观察者将视图缩小以观察全局视图时，可以通过旋转操作调整所需的合适视角，在放大视图后，观察者也能够通过旋转交互重新定位自己在空间中的位置，避免迷失方向。在虚拟环境中将观察者从某一场景切换到另一场景时也可以通过导航技术，帮助观察者定位至新位置，尤其是在地图可视化与可视分析的沉浸式系统中，导航交互更能够体现概览、细节、定位等优势。

2. 选择交互

选择交互是沉浸式可视分析基本的交互技术之一，也通常用于数据分析任务的第一步。选择交互可以完成的数据分析任务包括选择数据、获取更多信息、重配元素、沿某个特征或者维度进行排序等。在 2D 数据可视化应用中通常用单击的方式进行操作，但在沉浸式环境中人们已不再使用单击的形式，而使用手势交互或手柄射线点击的方式。手势交

互的方式有多种，例如用手指指向某一元素，或者手指对某一元素画圈。使用手柄射线点击的方式即将射线瞄准某一元素然后点扣扳机。由于沉浸式硬件设备的精确度不够高、反应速度慢，无法给观察者提供即时、连续的反馈，因此手势交互的方式可能会导致观察者耐心不足，感觉疲劳，造成一定的观察者交互压力。已有许多研究者致力于设计和开发使观察者更舒适的手势，或使用其他形式的交互技术代替手势作为信号输入，如语音交互或自然语言处理（Natural Language Processing，NLP），相比手势交互可以更方便地选择观察者感兴趣的数据属性或数值范围，观察者甚至可以用语言描述选择条件。当手势交互和手柄射线的方式需要点击多次才能完成选择任务时，语音交互与自然语言处理技术只描述简单的一个短语即可完成，更高效快捷。但语音交互与自然语言处理技术在选择交互的应用中也存在一定的缺陷，相比选择单个元素或取消单个元素的任务，可能更适用于对具有相同特征的数据和元素进行选择的任务，描述单个元素的特征对于观察者而言会更困难。另一类代替手势作为信号输入的技术是眼球跟踪技术，且眼球跟踪技术比语音交互与自然语言处理技术更适合选择或取消单个元素，也适用于追踪观察者的关注点，用于选择观察者更感兴趣的对象。由于选择交互通常作为沉浸式数据分析任务的第一步，因此在沉浸式环境中设计选择交互时，还需要考虑当前的选择行为与后续的交互操作是否可以结合且更协调和流畅[8]。针对不同沉浸式硬件设备进行选择交互设计时，也需要考虑沉浸式显示器的特征。例如，触摸式的显示装置与非触摸式的显示装置有不同的选择交互方式，触摸式的显示装置存在触点精确度的问题，而非触摸式的显示装置可以进行更精确的选择控制。

3. 过滤交互

过滤交互用于将沉浸式环境下未选定的数据或对象筛除，留下选定的对象，或用于过滤掉选定对象，留下未选定的对象，因此过滤交互通常与指定查询的操作相结合。过滤交互也可以通过手势或者语音完成操作。例如，观察者可以利用语言描述将筛选的条件传达给沉浸式系统，沉浸式系统通过语言识别查找并分离符合条件的数据或元素。可视化视图通常需要配合过滤交互产生动态的视觉变化。例如，当观察者想要在复杂的数据集中筛选出异常值，但不确定哪些数据是异常值时，可视化视图应随着过滤交互的操作，从繁杂混乱的所有数据呈现效果动态过渡到只具有正常值的部分数据呈现效果，且过渡动画平滑可逆，能够让观察者返回过滤之前的效果。过滤交互还应该允许观察者修改过滤所需要的条件或数字阈值，并同样使用动画效果呈现平滑的筛选过程。无论是手势操作还是语音操作，过滤交互都应该能够满足沉浸式环境下观察者手部或身体连续的输入操作，支持观察者多次过滤数据的需求。

4. 排序交互

排序交互是对沉浸式环境中的数据属性进行数值排序的操作。通常在进行排序前或排序过程中先完成数据选择交互，然后再进行排序交互。排序交互在沉浸式环境中的实现基本上依赖于手势识别技术和语音识别技术，观察者依照数值指定需要排序的规则，如按值升序、按值降序或依照字母顺序排序。排序交互也需要用到平滑的动画过渡，让观察者在沉浸式环境中看到排序的全过程，帮助用户针对某一属性进行跟踪，或针对所有数据进行总体安排。动画会在观察者进行手势操作或执行语音命令后触发，应具有即时性和连续性，能够实时基于观察者视觉提供反馈，并允许观察者在观看动画时随时暂停动画、终止排序，或者返回排序之前的视觉呈现。

5. 重配交互

重配即重新配置，通常用于将数据分配至视觉标记与视觉通道。例如，沉浸式可视分析系统的三维空间至少存在三个轴，观察者可以将自己感兴趣的数据分配至三个不同的轴。在正确识别语音数据属性的名称后，语音交互技术可以用于重配交互。手势技术在重配交互中的应用更多，尤其是在基于头盔显示器的虚拟系统中，观察者能够利用硬件设备重配数据和轴以组成不同的可视化形态。例如，将三维空间的三个轴排列为平行坐标轴，观察者可以体验到同一个数据集不同的可视化效果。这样的重配交互能够让观察者直接操控可视化视图并更改类型，系统给予观察者的实时连续反馈能够避免不同视图的显示切换模式，提高用户界面与视觉呈现之间的耦合性。

6. 标记注释交互

为了支持多个观察者进行数据分析和讨论，在沉浸式环境中的标记注释交互操作显得尤为重要。标记注释交互包括高亮显示数据、为数据添加标签、注释数据含义等操作。语音识别技术是文本输入技术的高级形式，文本输入主要依赖于使用移动设备或交互式显示器上的触摸键盘，或者基于硬件设备的画笔输入。但随着自然语言处理技术的发展，语音识别能使观察者在沉浸式环境下的输入时间缩短，从而更高效地完成标记和注释任务。

本节阐述的是沉浸式环境中基本交互操作的设计方法，不同的交互操作可以组合成为更高级的交互。例如，一个观察者不仅需要选择数据和可视化元素，也需要从列表中离散地选择数据，则选择交互与过滤交互应能够有效地进行链接，并平滑地过渡。此外，沉浸式输入设备和触摸的方式、眼球跟踪或手势识别等技术也可以组合起来，使观察者在多模态的交互界面中使用相同或不同的交互形式进行操作。例如，观察者在通过眼球跟踪技术进行兴趣点的选择时，可以通过语音识别技术进行确认。在设计交互的过程中需要考虑的另一个问题是，不同的交互模式有各自的局限性。例如，语音命令通常不适用于连续的多选交互，但触摸、沉浸式输入设备、手势识别则能够更好地完成连续多选交互。

9.3 沉浸式数据可视化交互界面设计进阶

9.3.1 后 WIMP 交互设计

20 世纪 80 年代初，计算机已经允许用户进行基本的交互操作，“窗口、图标、菜单、指针”（Windows, Icons, Menus and Pointers，WIMP）是当时主流的交互模式。很多案例证明了这样的交互模式在工作中甚至在可视化分析软件中的应用是非常成功的，甚至当前的可视化与可视分析应用系统仍然依赖于这个经典的交互模式。但是 WIMP 交互模式存在很多局限性，不适合在沉浸式环境中使用。例如，WIMP 交互模式是借助其他硬件设备的输入与屏幕进行交互，本质上是间接的，因此会使交互变得复杂和混乱[9]。这也许是由于

WIMP 交互模式针对的是台式计算机，并没有将人类丰富的感官与输入能力充分利用起来。因此，近年来不断有新的交互技术在创新发展，被称为后 WIMP 交互模式，即 post-WIMP。例如，触屏输入、手势识别、语音识别等自然交互方式能够处理并行输入流，且支持多个观察者同时输入，因此随着触屏手机与平板计算机的普及而成为主流的交互模式之一[10]。后 WIMP 交互模式在不使用鼠标和键盘的虚拟现实或增强现实环境中变得越来越重要[7]，是未来沉浸式可视分析所依赖的主要交互技术。

后 WIMP 交互模式与自然用户界面（Natural User Interface, NUI）的概念有部分重叠。自然用户界面旨在创建一个界面，在交互的时刻使用用户最合适、最熟悉的动作，使用户的行为表现像一个自然的人[11]，而后 WIMP 只是一个由自然输入形式定义的交互术语。需要强调的是，有研究者对“自然”一词提出争议[12]，因此后 WIMP 交互模式中的交互方式并不一定是“自然”的。

后 WIMP 交互模式在沉浸式可视化设计中应考虑四个方面。第一，对真实世界中的物体有基本的认识，例如物体在环境中具有重力，运动物体在重力作用下具有一定的惯性。第二，观察者在环境中具有环境意识和技能，如观察者可以选择物体，估测物体与自身的距离，抓住物体，估测物体的大小。第三，观察者能够控制和意识到自身在场景中的运动和四肢的位置，这是人类所具有的身体意识和技能。第四，观察者在虚拟环境中需要与他人进行协同操作，因此观察者需要具有基本的社交常识，以及与他人合作的能力，这是社会意识和技能。

用户界面与自然交互技术的目标是最小化实践执行的鸿沟，后 WIMP 交互模式让观察者的输入由繁变简，能够减少观察者认知与系统意图之间的偏差。该模式虽然在沉浸式环境中已被广泛应用，但仍面临极大的挑战。诸如交互技术在大型硬件设备及沉浸式空间中如何使观察者探索非空间数据的问题，交互技术如何支持观察者以更好地感受“沉浸在数据中”的问题，以及使用后 WIMP 交互模式且同时不分散数据工作者的注意力、不破坏沉浸感的问题，都需要大量的基础研究与实验。

9.3.2 “以用户为中心”的交互设计

在沉浸式可视化与可视分析的应用中，“以用户为中心”的交互设计是至关重要的，观察者不仅需要完成自身对数据的分析探索，还会与其他协作者进行交互操作。因此，针对沉浸式环境中的交互设计，应该在 2D 数据可视化交互设计原则的基础上，尝试实现使观察者更容易访问的沉浸式系统界面，以及更容易支持观察者快速进行数据分析工作流程的交互操作，通过交互设计增强观察者的沉浸感，增强对数据的理解与控制。在实现的过程中，设计人员不仅需要考虑多个数据可视化视图、多个视角的沉浸式场景、多名不同的观察者，还应考虑硬件显示与交互设备、机器与人类双方的交互操作等均应能够以人为中心，提供计算分析、实时反馈与实时控制的功能，使人类在虚拟环境中流畅地控制机器，理解操作的结果，进一步进行探索。

“以用户为中心”的交互设计离不开对数据分析任务的支持。9.2.2 小节回顾了沉浸式分析系统需要支持的数据分析任务，但只考虑了比较基本的信息可视化数据任务[13]，每个任务仅能支持数据分析的单一概念性操作，如数据操作任务、视图呈现规范、视图操作任务、数据处理过程与来源探索等。在实际的沉浸式数据可视化与可视分析应用中，数据分析任务在具体的交互操作中具有大量的细节要求，这些细节可能与观察者自身对数据的理解与观点有关，其难度与细节都超越了基本的数据任务，包括共享数据给其他分析人员、对数据进行标注和解析等。此外，还有许多潜在的沉浸式可视分析活动，如收集信息、形成假设、提炼查询、组织信息等。这些任务应该依赖于“以用户为中心”的沉浸式交互技术，不仅能识别数据特定的特征，还应使观察者以更全面的方式理解数据。例如，使观察者基于眼球追踪技术控制数据的探索功能，或用手动交互与自动交互结合的方式将系统中的结果进行组合，用于后续的操作。因此，沉浸式可视分析应用中的交互技术需围绕完整的数据分析工作流程进行设计，使沉浸式视觉分析的应用更有意义。此外，在将数据可视化与可视分析任务自动化的过程中，观察者会进行大规模的协作分析，并在分析过程中扮演不同的角色，从而辅助机器或辅助他人，交互技术将与人工智能等技术相结合，辅助完成基于沉浸式数据分析任务的可视化设计。

数据分析是沉浸式环境下数据探索的主要步骤。下面针对典型的数据任务讨论“以用户为中心”的沉浸式交互技术设计，如搜索、记录、组织、分享、注释、导航、感知等，如图 9.5 所示，不断提高数据探索过程的各个数据任务的难度，并将多名观察者的协作和自动化“智能”处理技术集成到沉浸式分析过程中。

图 9.5 常见的“以用户为中心”的沉浸式交互技术

第一，搜索信息的任务是数据分析任务的基础，观察者需要适时地根据需要查找和访问不同信息，有时应用虚拟现实技术，有时应用增强现实技术。在增强现实环境中，观察者能够利用空间“上下文”将虚拟的数据对象与现实世界中的物体对象进行关联，在现实世界的环境和物体之上叠加虚拟数据对象和信息。但在虚拟现实环境中，观察者应能够以类似于图标的方式通过虚拟模型呈现数据源。需要强调的是，虚拟的场景和模型之间可能还具有除了数据自身含义之外的语义，并不是所有的场景与模型都是使用数据控制、表征数据属性的，这对于数据分析的任务来说具有两面性。从积极的方面来说，模型和场景能够提醒观察者其作用是什么；但从消极的方面来说，在模型和场景同时具有表征更抽象的度量和数据意义的情况下，观察者难以将其与具体的数据含义相关联。通常情况下，观察

者能够通过视觉通道访问大量信息从而获得对信息搜索任务的支持。因此，旋转头部是最基本的交互方式，观察者与视点之间一对一的映射能够通过物理导航的技术实现。当空间位置与所搜索的信息相关联时，观察者强大的记忆能力也使自己能够更轻松地找到信息。此外，自动搜索信息可以通过高亮显示的技术，为所寻找的信息保留一定的空间位置，再利用“上下文”的模式定位信息。在沉浸式环境中进行信息搜索，需要特别注意虚拟现实与增强现实技术的分辨率是否有限，尤其在处理文本数据的时候，高分辨率的显示器对搜索信息更加有效。基于视觉的搜索还可以将沉浸式环境嵌入现实世界，通过抽象数据的显示来增强现实世界的场景，增强抽象数据与真实场景的关联性。

第二，记录信息的任务能够使观察者在使用可视分析工具时提高对整个分析过程变化的认知。如果在观察者进行操作时只提供简单的重复访问与重复操作的功能，类似于视频重播或屏幕截图等方式，则不足以使观察者对数据变化过程中的每一个细节进行分析和探索，在重复步骤时也不一定能使观察者得到相同的认知和见解。因此跟踪协作的过程中涉及的推理过程应该被合理地保存下来，使观察者能够反复审查与反思。这是一项非常具有挑战性的任务，观察者在快速查看视觉呈现的过程中，了解已执行的操作，并捕捉或筛选自己感兴趣的步骤，无须像重播动画一样将所有历史操作全部执行。记录信息的任务相比搜索信息的任务而言，更专注于数据的操作，这在当前技术不成熟的沉浸式环境中可能更难以高效地完成，交互操作也会带来更多的挑战。但是，设计人员仍然可以利用更大的自由度使观察者与空间中大量的信息进行交互，如通过语音、手势等不同的输入模式，弥补沉浸式空间中的交互缺陷。

第三，组织信息通常处于数据分析任务的中间步骤，观察者对需要探索的数据集提出假设，然后将有效信息收集并综合，作为证明假设的支持证据。这一步骤在沉浸式环境中通常需要足够大的物理交互空间或者相对较大的展示空间，空间能够辅助观察者高效地完成信息组织和整理工作。观察者可以利用位置与数据之间的相对距离来组织信息，表征数据之间的关系，并进行移动和放置等操作。

第四，分享信息的任务也是多人协作中的一个重要方向，虽然目前还没有足够优秀的研究成果和工具进行支持，但可视化设计人员仍然可以通过交互技术予以补足。一个沉浸式可视分析系统应能支持多位观察者在同一时间、同一地点或不同时间、不同地点自由组合的情景下进行不同的交互操作。交互协作包括讨论、传递信息、共享互动等，使多位数据观察者得以高效地协同操作。同步与异步网络分布式分析能够作为沉浸式可视分析系统的技术基础，使数据的协同操作可行。

第五，注释信息的任务是可视化系统对有趣元素的标识功能。观察者可能需要在探索可视化视图时对单个图形特征或模式进行评论，这对数据的分析过程非常重要，对多人协作环境下的讨论任务也很重要。数据可视化并不是单纯的静态图像或者图表呈现，而是会随着观察者的操作而改变的图形图像，因此在数据分析时对信息所做的注释应尽可能稳定和持久，且能够随着数据图形图像一起变化。例如在实时社交的网络数据分析中，人与人之间的联系是一种动态变化的情况，网络节点可能出现也可能消失，布局也会随着观察者拖曳的操作或更改布局算法的操作而进行重配和改变，而无论算法、布局和网络节点是否改变，注释都应保持一致，观察者可以查看注释前后的可视化视图，进行对比分析、观察变化过程等操作。

第六，导航信息通常以线性的形式存在，但数据分析的过程通常是非线性的。引导观察者进行共享分析是多人协同工作中一项非常重要的任务，但目前的研究成果尚且不足。可视分析系统数据导航功能包括基于多个观察者的输入对系统的实时交互导航、使用基于情绪跟踪的方法进行导航、给观察者提供建议和支持等。导航的功能在未来需要支持轻松、高效、无缝地切换沉浸式场景与真实场景。例如观察者想要退出沉浸式系统，在2D的环境中使用文字编辑器记录信息或撰写报告，或使用平板计算机进行触屏编辑操作，然后再次进入沉浸式系统继续探索与分析数据；又如观察者想要退出沉浸式系统，在真实环境中与其他观察者进行意见交流，则需要沉浸式分析系统具有强大的导航功能，允许观察者自由切换不同形式的系统与界面，且不能影响观察者的认知。

第七，感知信息在沉浸式环境中至关重要。沉浸式环境作为一个巨大的“画布”，不仅提供给观察者可以访问的信息，还可以让观察者通过多感官通道进行沉浸式体验，因此不论是利用虚拟现实技术在虚拟场景中呈现，或是利用增强现实技术将分析结果与真实世界叠加，沉浸式环境都能够增强分析结果的呈现。观察者在沉浸式空间中移动行走时，能够亲身体验数据之间的关系，感受空间位置与数据的表征含义，并通过身体记忆感知和探索数据属性。

综上所述，沉浸式环境中的交互设计可能更自由、更容易，但也可能更艰难，更有挑战性。设计者和开发者应权衡不同角度和不同程度的用户界面需求，在实现沉浸式可视分析系统时秉持“以用户为中心”的原则。

9.4 多人协同合作的沉浸式可视分析

9.4.1 多人协同的基本需求

在多人协同操作的沉浸式分析系统中，沉浸式环境通常被作为“画布”提供给不同观察者协作和展示结果的空间。为了更好地辅助和支持自动化的流程，交互技术通常需要结合计算生成、人工智能等技术进行更高级的设计。

多人协同合作的一个重要原则是，任何单个观察者都不应该出现不允许的行为，不能破坏其他观察者的工作。首先，这个原则需要足够大的沉浸式显示设备，提供给观察者足够大的操作空间，大的操作空间能够在某种程度上增强观察者的感知能力，帮助人们处理更多的信息或提供更轻松的管理功能。足够大的空间在保持观察者的意识方面也具有一定的效果：能够使观察者更专注，避免被其他观察者的操作干扰。

其次，需要沉浸式的场景与分析探索操作共存且并行工作，且沉浸式分析系统能够支持并提供相关功能和管理的模块。例如，观察者能够将给定场景或分析任务单独分离，或者将给定场景或分析任务合并进展，还可以为了避免重复性的工作，将相关联的分析任务前期工作予以保存和灵活调用。在非沉浸式环境中，数据分析者通常借助于使用源代码来控制分析系统或处理分析工作的传统方式，提供分离和合并等功能。但沉浸式分析系统与源代码控制有着根本的不同，沉浸式分析系统具有视觉特性，源代码控制只是基于文本的操作，图形与文本具有不同的特性，因此源代码控制不一定能够为数据分析提供最佳的工

作方式，沉浸式分析系统更需要基于图形用户界面进行分离与合并的探索工作，这也是生成式设计对于分析任务分离与合并的一个探索方向。

再次，除了显示空间与管理功能，沉浸式分析系统还应对协同操作的不同观察者提供活动认知的跟踪与保存以及数据的注释与信息维护等功能。例如，一个观察者在进行信息收集时，计算机同时也在对信息进行记录和保存，信息的记录保持有利于信息的收集与搜索，检索信息后为信息添加标记与注释，也可以将搜索后的原始数据提取出来并添加至新的文件中，还可以为搜索后的多个数据添加强相关性，使它们具有更强的关联性。针对这些并行工作，通常可以用视觉线索或者空间组织与呈现进行辅助性交互技术的实现，帮助观察者区分信息的先后顺序，还可以提供自动化标记功能。观察者可以借助认知跟踪技术查看某个指定观察者对数据分析的新贡献，也可以查看信息探索过程中的每个细节变化。

最后，观察者针对自己所完成的数据分析工作，可以选择共享或私有模式，也可以选择在本地或者远程进行信息的查看与修改，这些功能都不应该未经同意影响其他观察者的工作。所有功能的实现都依赖于沉浸式多人协同交互技术，这是未来沉浸式数据可视化与可视分析研究领域中非常大的挑战。

9.4.2 多人协同的基本类型

在一个沉浸式可视分析系统中，观察者可以扮演不同的角色。例如，在数据驱动的虚拟场景中，存在不直接参与演示和交互而只作为观众的工作成员，还存在直接交互和数据探索的分析人员。因此本小节针对多人协作环境中的角色进行了分类。

根据沉浸式环境中观察者的参与程度可以将其分为查看人员、探索人员，如图 9.6 所示。查看人员只在不与场景和数据交互的情况下观看数据，类似于观看演讲者演示的模式；而探索人员则可以通过交互技术对可视化视图进行选择、探索、创建、共享等交互操作。在实际的应用中，探索人员和查看人员可以具备不同的专业知识。在探索人员进行类似演示者控制模式的操作时，沉浸式系统中显示的图像能够对查看人员可见，这是一种知识共享的功能。探索人员能够根据查看人员的反馈对可视化视图进行操作（如增加与删除）和调整（如显示和隐藏），以增强数据在沉浸式环境中讲故事的能力，而沉浸式系统独特的性质也为数据故事的查看者提供了感官优势。在同一个应用中，观察者可能会经常在查看人员和探索人员两个角色中来回切换，这也需要沉浸式系统具有支持混合角色的能力，提供

查看人员

探索人员

图 9.6　沉浸式可视化中观察者的角色

更高的中介性与交互性。

另外，沉浸式可视分析系统中的观察者可能会在执行命令和控制场景时，花费大量的时间监控数据并传输分享给其他观察者，此时的工作可能是一个人完成的。而在分析探索数据任务时，观察者可能会根据“上下文”切换为分析师和探索者的角色，此时的工作可能是多个人同时进行的。因此沉浸式可视分析系统的数据接口应该能够支持单个与多个不同角色之间的流畅切换。在设计交互时，也应该考虑角色的数量。常见的角色数量模式分为一对一、一对多、多对一、多对多。在早期的可视分析应用中，用引导分析的方法创建的可视化视图为一对一模式。商业智能行业的仪表盘与数据视图报告通常需要提交给多个部门内部的观察者，该场景下为一对多模式。近年来可视分析技术的发展使自助分析的方式得到了广泛应用，用户能够自行访问、分析数据或演示给其他观察者，也允许更多人提出更多问题并解决更多问题，也是一对一模式、多对一模式的代表形式。沉浸式可视分析系统不仅能作为数据探索的工具，还能作为一个讨论平台，以供观察者围绕数据进行讨论，即允许多名观察者以民主化的形式进行分析和探索，这是体现多对多模式最好的应用。

近年来人工智能技术不断发展，与数据可视化结合的应用越来越多，许多开发者使用人工智能来自动化分析过程的各个方面。开发一个高级数据分析系统，不仅涉及数据清理、建模、基于自然语言的可视化动态创建，还包括异常活动提醒与未来趋势预测。在未来基于人工智能技术的沉浸式可视分析系统会越来越成熟，可将深度学习与专家系统相结合，取代人类的部分工作。因此在数据分析过程中，机器将作为额外的参与者或计算者，为多人协同带来新的复杂方向。机器的加入增加了一个新的模式，即机器的行为也需要被意识到，且能够被人类协作者合理地解释，使未来的沉浸式可视分析系统互动性增强，围绕数据进行人机对话，使更多的参与者聚集起来，为数据分析任务做出更大贡献。

9.4.3 多人协同的交互技术

沉浸式分析系统的多人协同交互技术十分重要，不仅是促进观察者与数据之间对话的桥梁，也是观察者与其他角色进行对话的窗口，交互技术的设计能够影响协作的性质和观察者的意识，且直接影响多人协作的效果，因此本小节主要讨论不同交互技术如何支持多名观察者完成分析任务，以期为可视化研究者针对沉浸式协作环境中的挑战和机遇相关问题提供思考方向。

硬件交互在沉浸式可视分析的应用中对观察者的沉浸式体验起着决定性作用。例如在沉浸式环境中，视觉显示设备提供的视觉空间足够大且渲染能力足够强时，观察者可以得到更好的视觉体验；交互设备对于观察者手势或姿态的识别能力强时，观察者的操作也能够更自然和流畅。沉浸式环境中的设备包括显示、扫描等视觉呈现设备，也包括支持基础旋转、平移的物理交互工具，甚至平板计算机等专用移动设备。对于多人协同交互工作中的硬件设备，首先应使其他观察者能够容易和方便地识别，且这些设备应具有较高的自由度及较强的普适性，能适应不同情况下的数据类型与分析任务操作，允许映射多种不同的交互方式，从而更好地对观察者的认知起到辅助与增强作用。例如，智能手机与平板计算机等移动设备可以自由、灵活地移动放置，为观察者的工作提供空间上的便利，也能对多人协同中的个人视图呈现空间提供个性化的界面，允许观察者自定义绘制属于自己的可视界面。

虽然硬件设备的灵活性与普适性可以帮助观察者实现多种数据任务，但有时却只能有限地了解其他观察者的行为，这需要在多人协同操作的过程中为观察者提供额外的信息。例如，用不同颜色的光标或高亮效果区分不同观察者的工作[14]，帮助他们对当下的工作产生正确的认知与意识。还需要注意的是，移动硬件设备通常具有一定的体积与质量，观察者携带移动设备会感到不便捷，且操作易产生疲劳，这是沉浸式多人协同交互中需要考虑的问题。

运动交互在多人协同的工作中尤为重要。虽然在沉浸式环境中，静止交互或与鼠标键盘的交互仍然能够实现，但并没有与沉浸式环境的特色相结合。数据观察者在沉浸式环境中可以不被 2D 屏幕限制，在数据内部移动自己的观察位置与视角，还可以切换至数据外部，以宏观的视角进行探索，不仅可以看到数据不同的比例，还可以查看数据的详细信息，这比 2D 屏幕下观察者处于静止位置的交互更能够增强沉浸感和参与感。运动交互还能够作为触发视觉呈现和渲染的判断依据，如根据观察者的位置与运动对数据进行调用与过滤等操作[1]。虽然运动能够增加观察者在沉浸式环境中的交互维度，但在设计与开发的过程中仍需要谨慎，运动是一个简单的隐式动作，在多人协同时很容易触发大规模的视觉变化，也会由于运动带来的遮挡与阴影问题扰乱和影响其他的观察者，尤其是基于大型立体环境的沉浸式可视分析系统，即使系统能够支持多人在空间中进行移动，但大部分的视角和交互控制基本还是由一个人完成。

触摸交互能够为其他观察者提供共享工作空间中的位置与即时感知信息，在大型物理设备的沉浸式环境中，通常以平板计算机触屏交互的形式存在，但也有很多应用允许观察者直接在大型显示器表面进行触摸交互，如图 9.7 所示。在沉浸式可视分析应用中，触摸技术虽然直接且便捷，但观察者需要靠近显示器或触摸屏才可以进行操作，这就产生了空间运动限制，与运动交互所能带来的自由度相悖，丧失了运动交互的优势。很多研究者因此将显示器和墙壁上的触屏交互转移至平板计算机和智能手机等移动终端，也为多人协同的本地与远程交互提供了途径。此外，语音交互也可以弥补触摸交互的空间限制，辅助提高观察者之间的行为认知能力。

图 9.7　触摸交互

手势交互在现有的虚拟现实应用中很常见，能够实现自由移动中的手势交互，在如 CAVE 和多屏显示墙的研究中也已经能够广泛支持手势指向交互。手势交互技术可以结合沉浸式环境中的菜单实现基本数据分析任务，且指向的动作在多人协同的工作中容易被他人看到和理解。但在手势与菜单进行交互时，菜单的显示可能会持续很长一段时间，也占据了一定的数据显示空间，对于显示和呈现的效果具有一定影响。此外，在沉浸式环境中的菜单通常能够被移动位置，动态布局的菜单也可能会破坏沉浸式空间中其他协作者的观察与操作。因此，在针对多人协作的沉浸式可视分析系统进行交互设计时，可使用整个身体或者手作为姿势和手势的命令形态，而不使用菜单的形式，这样不仅避免过度占据视觉空间，且整个身体或者手的形态比普通手势的形态大，其他的观察者也能够更容易看到和识别，从而更易理解其他观察者行为的意图。当然，开发者还需要考虑的是，在长时间基于整个身体和手进行交互后，观察者容易感到疲倦，有时也由于映射目的较多，出现设计不合理或相似形态识别误差大等情况，观察者在进行数据分析之前需要投入一定的学习成本。

除了上述单人与多人共有的交互技术外，在沉浸式多人协同工作中，还能够创建新的协作交互技术。优秀的沉浸式分析系统允许观察者将自己的交互操作进行协作设置，创建更强大的交互行为。例如多个观察者同时操作的全局行为，系统可将其解释为单个命令，触发整个系统的更新，并且作用于所有观察者。再如系统允许观察者将触摸交互与语音命令组合，进行数据集分类、筛选与链接交互，同时将该交互结果共享给其他指定的观察者。但需要注意的是，多名观察者进行语音交互时容易发生背景音互相影响的问题，且结果被发送至指定观察者时，如何避免该观察者的当前视图与发送结果相冲突，以及该过程所需的视觉呈现空间，凡此种种也都是设计者需要考虑的问题。

上述交互一般为同步交互，在沉浸式可视分析系统中还存在异步交互与同步异步混合的交互模式。在长期的数据分析任务下，观察者们可能无法总是在协作环境中同步交互，因此异步协同交互也是研究者需要考虑的方向。观察者可能在单独完成分析工作后再分享他们的分析成果，或不同观察者可以在同一个数据分析工作流程中轮流完成不同步骤，即异步分析切换[15]。这需要在完成单用户交互后保存成果，并传递给下一个观察者，例如使他们了解前一个观察者停止的位置，他们的关注对象和关注重点等内容。在异步协同交互中，不同观察者的共同定位与空间分布是非常重要的，成果及进展追踪和保存方法也是值得深入研究的，沉浸式可视分析系统不仅需要讲好数据故事，也要帮助观察者讲好他们的工作故事。

对于同步异步混合的交互模式，在基于增强现实技术或混合现实技术的沉浸式可视分析系统中，常会有不同观察者在场景中处于同一物理地点的情况发生，因此他们完成数据分析任务时呈现的视图与个性化视图可能在虚拟场景中产生叠加，在虚拟场景中发生触摸交互、运动交互的位置可能也会叠加。若不同观察者的视图与交互对其他观察者是共享的，那么呈现出的视觉效果可能原本是可见的，但由于不透明而造成遮挡，或完全透明而造成干扰，都易造成观察者对位置、距离等信息的意识错误。若不同观察者的视图与交互对其他观察者不是共享的，则呈现的视觉效果在系统中是否可以分布式共存，是未来多人协同交互研究方向中最大的挑战。

9.5 本章小结

与第1篇第3章相对应，本章重点介绍了在沉浸式环境下的可视化界面与交互技术。首先介绍沉浸式环境中关于可视化设计的鸿沟与壁垒，然后引出界面与交互技术的重要性，

再介绍界面与交互技术与沉浸式数据可视化应用的相互作用及影响。这部分内容是本章的难点，读者对可视化设计的鸿沟和壁垒的深入理解将有助于未来自己的应用设计。对于在沉浸式环境中进行界面交互设计的原则、任务及方法是本章的重点内容之一，后 WIMP 和“以用户为中心”的设计理念也是沉浸式可视化领域中的重要研究方向。此外，在沉浸式环境下通常涉及多人协同操作，因此多人协同的交互技术是沉浸式数据可视化与可视分析应用中十分重要的内容，也是本章的重点与难点。多人协同的基本需求、基本类型和交互技术是设计沉浸式可视化应用必不可少的理论基础。本章的意义在于帮助读者结合沉浸式环境的特点设计可视化界面与交互，提高沉浸式可视化应用界面的可读性及可操作性。

参考文献

[1] HUTCHINS E L, HOLLAN J D, NORMAN D A. Direct manipulation interfaces[J]. Human-computer interaction, 1985, 1(4): 311-338.

[2] NORMAN D A. The design of everyday things: Revised and expanded edition[M]. New York:Basic books, 2013.

[3] KURNIAWAN S. Interaction design: Beyond human-computer interaction by Preece, Sharp and Rogers [J]. Universal Access in the Information Society, 2004, 3(3): 289-289.

[4] CARD S K, ROBERTSON G G, MACKINLAY J D. The information visualizer, an information workspace[C]//Proceedings of the SIGCHI Conference on Human factors in computing systems. 1991: 181-186.

[5] HEER J, SHNEIDERMAN B. Interactive dynamics for visual analysis[J]. Communications of the ACM, 2012, 55(4): 45-54.

[6] KERREN A, SCHREIBER F. Toward the role of interaction in visual analytics[C]//Proceedings of the 2012 Winter Simulation Conference (WSC). IEEE, 2012: 1-13.

[7] LAVIOLA JR J J, KRUIJFF E, MCMAHAN R P, et al.3D user interfaces: theory and practice[M].Boston:Addison-Wesley Professional,2017.

[8] DRUCKER S M, FISHER D, SADANA R, et al. Touchviz: a case study comparing two interfaces for data analytics on tablets[C]//Proceedings of the SIGCHI Conference on Human Factors in Computing Systems. 2013: 2301-2310.

[9] VAN DAM A. Post-WIMP user interfaces[J]. Communications of the ACM, 1997, 40(2): 63-67.

[10] STEVE BALLMER.CES 2010: A transforming trend—the natural user interface. The Hufngton Post[EB/OL] [2022-01-17]. https://www.huffpost.com/entry/ces-2010-a-transforming-t_b_416598.

[11] WIGDOR D, WIXON D. Brave NUI world: designing natural user interfaces for touch and gesture[M]. Amsterdam:Elsevier, 2011.

[12] NORMAN D A. Natural user interfaces are not natural[J]. interactions, 2010, 17(3):6-10.

[13] HEER J, Shneiderman B. Interactive dynamics for visual analysis[J]. Communications of the ACM, 2012, 55(4): 45-54.

[14] GUTWIN C, GREENBERG S. A descriptive framework of workspace awareness for real-time groupware[J]. Computer Supported Cooperative Work (CSCW), 2002, 11(3): 411-446.

[15] ZHAO J, GLUECK M, ISENBERG P, et al. Supporting handoff in asynchronous collaborative sensemaking using knowledge-transfer graphs[J]. IEEE transactions on visualization and computer graphics, 2017, 24(1): 340-350.

第4篇

应用案例

鉴于本书旨在将虚拟现实、数据可视化与可视分析相结合，凸显沉浸式数据可视化与可视分析的应用特性和实践教学要求，第 1 篇和第 2 篇分别对数据可视化和虚拟现实的基础知识做了介绍，并在第 3 篇对沉浸式数据可视化与可视分析进行理论阐述的基础上，第 4 篇将以团队成员的原创作品为例，介绍沉浸式数据可视化应用的设计过程、开发方法及最终呈现效果，并以电子资源的形式提供应用案例的完整素材，旨在为读者提供从理论学习到实践操作的渐进式学习内容。

第10章

《红楼一梦，一梦三解》案例介绍

10.1 案例介绍

作品介绍

本作品是结合虚拟现实技术和可视化技术而制作的沉浸式可视化作品。作品名称“红楼一梦，一梦三解”指的是在虚拟的红楼梦场景中，用三种可视化方法对红楼梦中的人物关系进行解析。

本作品的场景参考《红楼梦》一书中描述的古代建筑风格进行搭建，在该场景中的不同位置设置了三种沉浸式人物关系可视化模块：家谱树模块、人物关系网络模块、人物轨迹图模块。用户可以对不同可视化模块进行交互操作，如选择、过滤、拖曳等，可通过一系列交互操作对《红楼梦》中主要人物关系进行分析探索。

本作品中的三种可视化模块分别使用了不同的人物关系数据，数据的获取有两种方法：一种是手动提取；另一种是使用Python语言统计《红楼梦》中主要人物的出场频次和人物相关性。家谱树模块使用的是贾氏家族关系数据。首先通过查阅资料获取详细的内容，接着根据作品需求将搜集到的信息手动转换为特定格式的JSON文件进行存储。人物关系网络模块使用的数据是借助Python对《红楼梦》原文中的人物出场频次和人物之间的相关性进行统计，并将统计结果存储在Excel表格中。人物轨迹图模块使用的轨迹数据是通过人工提取获得的，本模块通过对《红楼梦》中第25、26、27、28回中贾宝玉、林黛玉、薛宝钗三人所经过的地点进行人工筛选，将轨迹数据手动录入Excel表格中。

根据获取到的数据在Unity引擎中完成三种可视化视图设计并实现一系列交互功能，图10.1所示为本作品的开发流程图。

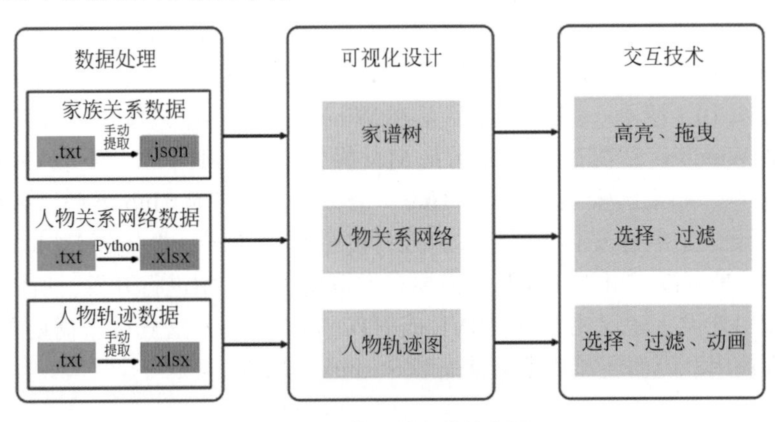

图10.1 作品的开发流程图

10.2 环境配置

环境配置

1. Python 安装

本作品数据获取部分用到了 PyCharm 软件。

首先在 PyCharm 官方网站（https://www.jetbrains.com/pycharm/）中下载安装包，如图 10.2 所示：打开官网页面后，单击右上角的 Download 按钮跳转到下载页面，然后单击免费社区版本下方的黑色 Download 按钮，从这里可以下载最新版的 PyCharm 软件。如果需要下载其他版本的 PyCharm 软件，则单击左侧的 Other versions 链接，下载所需要的版本。本作品使用的版本是 PyCharm Community Edition 2020.2.3。下载好安装包后双击打开，根据安装向导完成安装即可。

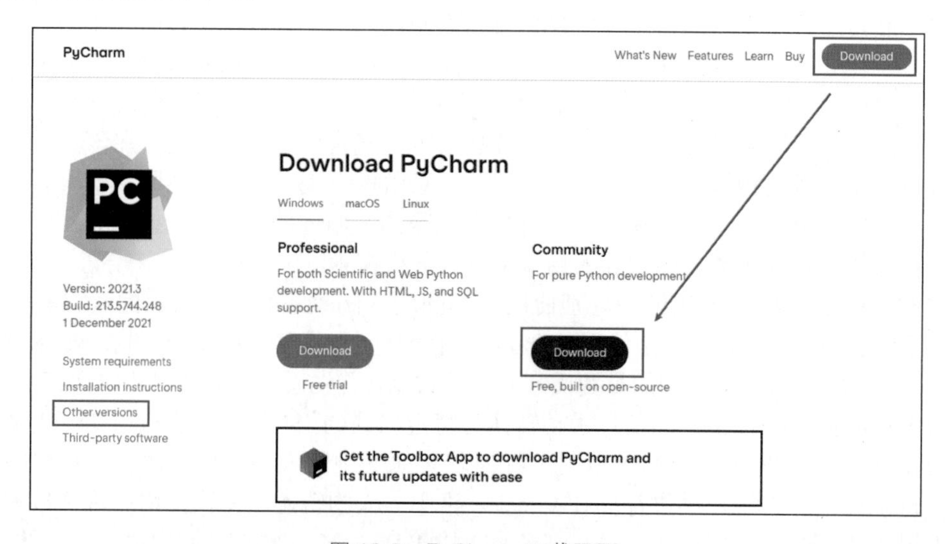

图 10.2　PyCharm 下载界面

2. Unity 安装与虚拟现实开发环境配置

本作品是基于 Unity 引擎进行沉浸式可视化设计与开发的，所使用的软件版本为 Unity 2020.3.8。在浏览器地址栏中输入网址“https://unity.cn/releases”，按回车键打开 Unity 官方网站，在正式发布的 Unity 版本中找到“2020.3.8”，单击“下载 (Win)”按钮进行下载，如图 10.3 所示。因为本作品是在 Windows 10 操作系统中开发完成的，因此这里需要下载 Windows 适配版本。如果是 Mac 操作系统，则单击“下载 (Mac)”按钮下载 Mac 适用版本。如果已安装了 Unity Hub，也可以单击“从 Hub 下载”按钮，直接从 Unity Hub 中下载。下载好安装包后双击打开，按照安装向导一步一步操作即可。

由于本作品是沉浸式可视化作品，需要在虚拟现实环境中进行开发，所以本作品使用了虚拟现实专用外设，建议用 HTC VIVE 或 HTC VIVE Pro，这套设备需要配合 Unity 及 SteamVR 软件使用，因而还需要下载并安装 SteamVR 软件。

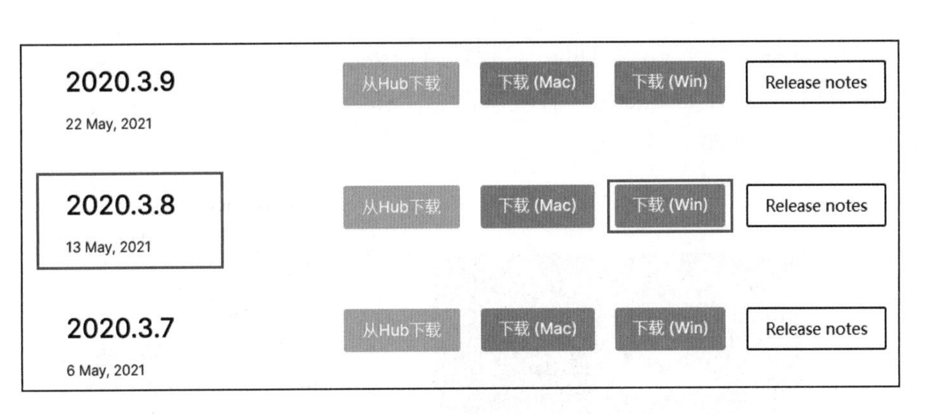

图 10.3 下载 Unity

在浏览器地址栏中输入网址“https://store.steampowered.com/”，按回车键打开 Steam 官网，单击右上角的“安装 Steam”按钮跳转到子页面，在子页面中单击“安装 Steam”按钮下载安装包。

双击下载的安装包进行安装，如果是初次使用该软件，需要先注册 Steam 平台的账号，然后进行登录。登录后打开 Steam 安装商店，搜索“SteamVR”，在搜索结果中选择“SteamVR”下载安装。

Unity 和 SteamVR 都安装好之后，需要新建 Unity 项目，并对虚拟现实开发环境进行配置。打开 Unity 2020.3.8，新建一个空项目，对项目重新命名并选择项目保存位置，设置好后单击“创建”按钮新建项目，如图 10.4 所示。本作品所使用的方法是用 Unity Hub 管理 Unity 各个版本，直接在 Unity Hub 中新建项目。

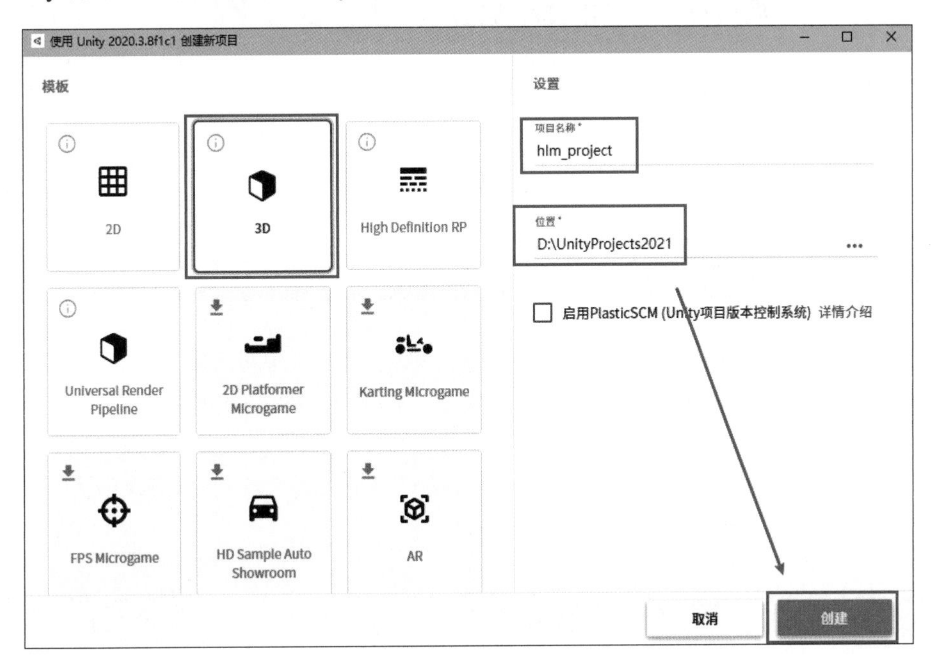

图 10.4 新建 Unity 项目

要在 Unity 引擎中进行虚拟现实工程项目的开发，还需要导入 Unity 资源商店中的插

件包 SteamVR Plugin。在新建的 Unity 工程项目中依次选择 Window → Assets Store 选项，即可在网页中打开 Unity 资源商店，在其中搜索“SteamVR Plugin”，找到该插件并导入新建的 Unity 项目中，如图 10.5 所示。

图 10.5　导入 SteamVR Plugin

通过上述步骤即可配置好 Unity 中的虚拟现实开发环境。

10.3　家谱树的制作

本节将针对本作品中第一种沉浸式可视化方法——家谱树模块的设计与制作，分别从数据获取、视觉映射、三维视图实现、交互技术实现四个方面展开说明。

10.3.1　数据获取

家谱树模块中使用的数据是通过手动筛选获取的。通过在网络上搜集资料查询到《红楼梦》中贾氏家族的关系网，并将贾氏家族关系存储为 JSON 格式的数据文件。图 10.6 所示为贾氏部分家族关系，通过嵌套数组将家族中的父代和子代联系起来。该数据文件中每个对象都有两个属性，分别是 name 和 children，name 属性中存放家族中人物的名字，children 属性中存放该人物的子代信息。

10.3.2　视觉映射

本作品设计的沉浸式家谱树可视化方法，是用一棵向上生长的盆栽来隐喻《红楼梦》中贾氏的家族关系，如图 10.7 所示。

```
{
    "name": "贾氏",
    "children": [
        {
            "name": "贾演",
            "children": [
                {
                    "name": "贾代化",
                    "children": [
                        {
                            "name": "贾敷"
                        },
                        {
                            "name": "贾敬",
                            "children": [
                                {
                                    "name": "贾珍",
                                    "children": [
                                        {
                                            "name": "贾蓉"
                                        }
                                    ]
                                },
                                {
                                    "name": "贾惜春"
                                }
                            ]
                        }
                    ]
                }
            ]
```

图 10.6 JSON 格式数据文件中存储的贾氏家族关系

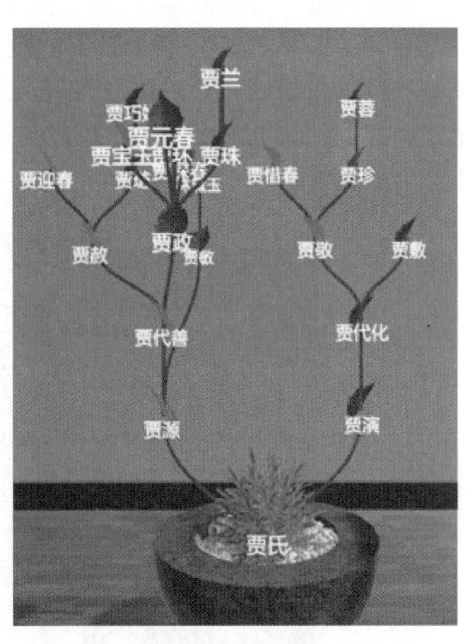

图 10.7 家谱树

在家谱树的可视化方法中每个人物用一片树叶表示，如图 10.8(a) 所示，并且会在树叶下方显示该角色的名字；家族中父代和子代的关系用三次贝塞尔曲线连接，如图 10.8(b) 所示。本作品给连线设置了特殊的贴图使其更加逼真；贾氏家族的根节点用一株青草来表示，更形象直观地展示贾氏家族的起源。

(a) 每个人物节点用树叶表示

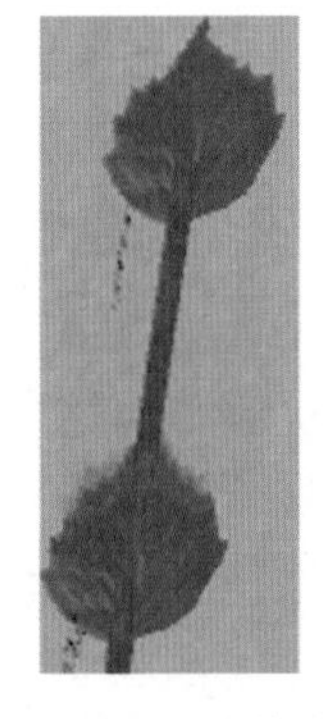

(b) 父代和子代的连线

图 10.8 家谱树中人物节点及连线图例

10.3.3 三维视图实现

本作品设计的沉浸式人物关系可视化方法都是基于 Unity 和 HTC VIVE 设计并开发完

成的。本节主要介绍家谱树三维视图的实现方式。

场景搭建

1. 划分场景区域并准备好所需素材

在具体设计每一种可视化方法之前，需要先在 Unity 中搭建好场景，并对场景的空间进行划分，提前规定好每种可视化方法所属的区域范围。本作品参照了曹雪芹故居的设计风格进行场景搭建，并对该场景进行了区域划分。图 10.9 所示为本作品所搭建场景的俯瞰图。其中，区域①用于人物轨迹图的展示；区域②用于人物关系网络的展示；区域③用于家谱树的展示。

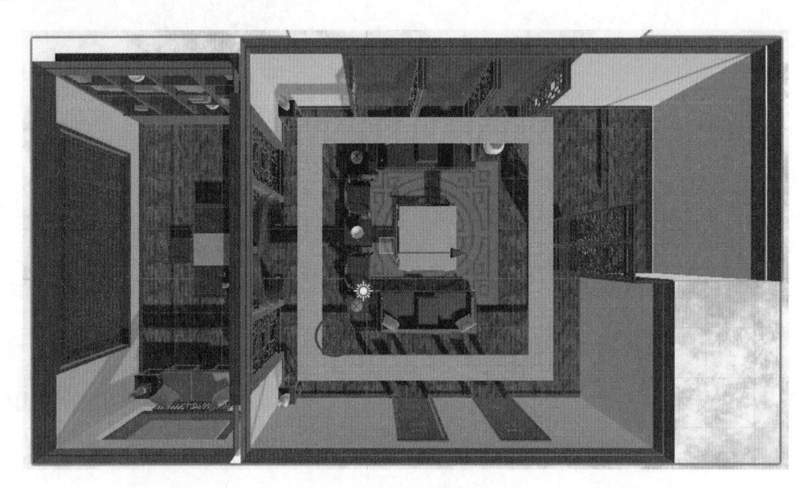

图 10.9　场景俯瞰图分区

划分好场景区域后，还需要准备家谱树中所需要的模型和贴图等素材。家谱树的三维可视化视图中的树叶、青草、花盆等素材需要先在 3DS MAX 中制作完成，并导出为 Unity 引擎方便读取的 FBX 格式。由于家谱树中父代和子代的连线是用 Unity 中的 LineRenderer 组件绘制的，因此线条的样式可以通过赋予不同的材质球而改变，所以需要将树木纹理的贴图制作成材质球方便后续使用。

家谱树-实现

2. 确定家谱树中各个节点的位置

本作品中设计了两种家谱树可视化方法：一种方法是读取存储贾氏家族关系的 JSON 文件，将这些数据在 Unity 中实例化为人物节点，再用 LineRenderer 组件画线连接父代和子代；另一种方法是先在场景中设置好贾氏家族中每个人物的位置，并整理好父子关系，再用 LineRenderer 组件画出连线。下面分别对这两种方法进行说明。

1）方法一

因为 Unity 中不能直接读取 JSON 文件，所以需要将 JSON 数据文件转换成 Unity 中能识别的类。复制 JSON 中的数据，在 Visual Studio 中依次选择“编辑”→“选择性粘贴”→“将 JSON 粘贴为类”命令（见图 10.10），即可将 JSON 中的数据转换为 Unity 中能读取的类，粘贴完成后如图 10.11 所示。

在 Unity 的资源商店中下载并导入 JSON .NET For Unity 插件包，如图 10.12 所示。使用该插件可以将 JSON 文件中的字符串转换为 Unity 中的对象类型，这一过程称为反序列化。

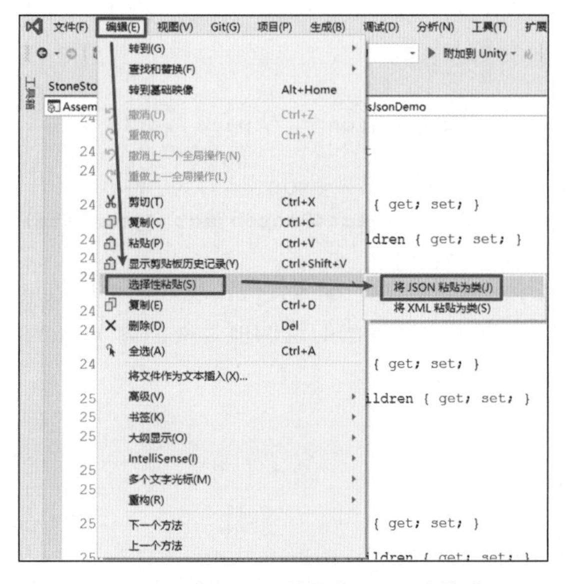

图 10.10　将 JSON 转换为 Unity 中的类

```
2 个引用
public class Rootobject
{
    1 个引用
    public string name { get; set; }
    2 个引用
    public Child[] children { get; set; }
}

1 个引用
public class Child
{
    1 个引用
    public string name { get; set; }
    3 个引用
    public Child1[] children { get; set; }
}

1 个引用
public class Child1
{
    1 个引用
    public string name { get; set; }
    3 个引用
    public Child2[] children { get; set; }
    0 个引用
    public int value { get; set; }
}

1 个引用
public class Child2
{
    1 个引用
    public string name { get; set; }
    0 个引用
    public int value { get; set; }
}
```

图 10.11　Unity 中的类

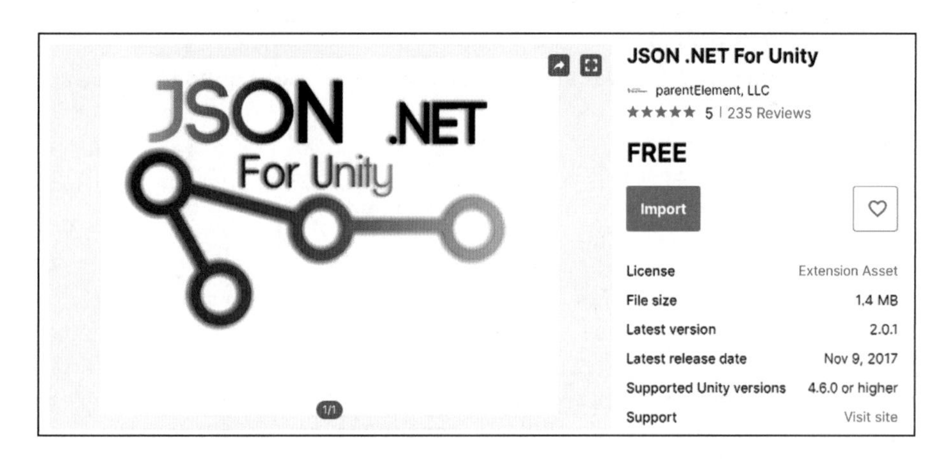

图 10.12　下载 JSON .NET For Unity 插件包

首先在脚本中引用 Newtonsoft.Json 这一类库，如图 10.13 所示。

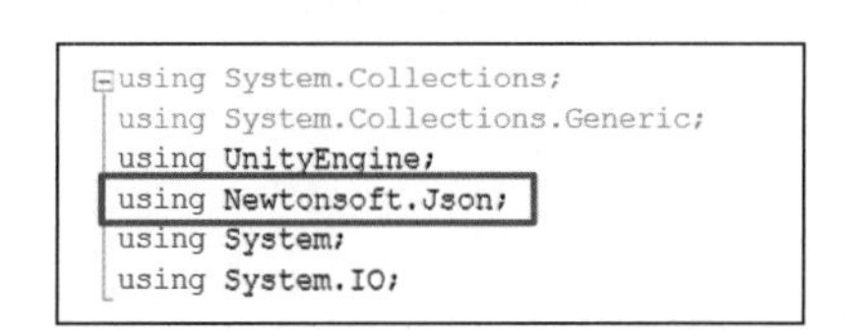

图 10.13　引用 Newtonsoft.Json 类库

在 C# 脚本的 Start 方法中编写如下代码对数据进行反序列化。首先将家族关系数据

文件“StoneStoryFamilyTree.json”的路径存储在 path 变量中；接着通过该路径读取 JSON 文件并存储在 jsonData 这一变量中；最后使用 Newtonsoft.Json 类库中的 JsonConvert.DeserializeObject 这一方法将字符串反序列化为 Unity 中的对象并存储在 mTree 变量中。通过这一方法便可以在 Unity 中读取到贾氏家族的父子关系，方便进行后续操作。具体代码如下：

```
string path = Application.dataPath + "/demo.json"; //path 是 JSON 文件路径
                                                     存为字符串
string jsonData = File.ReadAllText(path); // 读取 JSON 文件存为字符串
Rootobject mTree = JsonConvert.DeserializeObject<Rootobject>(jsonData);
```

接下来根据读取到的父代和子代确定父子节点的位置，编写代码实现根据子代数量确定子代节点的位置功能。自定义 GetPointsPos 方法，该方法的返回值是类型为 Vector3[]，返回子代各个节点的位置存储在数组中。具体代码如下：

```
/// <summary>
/// 以 centerPos 为父节点，获取它的子节点的坐标 []
/// </summary>
/// <param name="centerPos">父节点坐标 </param>
/// <param name="r">以 centerPos 这一父节点为参考，所有子节点在同一平面，该平面的
    半径为 r，r 与层数相关 </param>
/// <param name="count">子节点数量（等分数量）</param>
/// <returns></returns>
    private Vector3[] GetPointsPos(Vector3 centerPos, float r, int
    count) // count>0
    {
        // 该数组存放 count 个子节点的位置
        Vector3[] points = new Vector3[count];
        // 节点数量 >=2 的情况
        if (count >= 2)
        {
            for (int i = 0; i < count; i++)
            {
                points[i].z = r * Mathf.Cos((i + 1) * 360 / count *
                Mathf.PI / 180) + centerPos.z; //360/count 等分角度
                Mathf.PI/180 弧度制
                points[i].x = r * Mathf.Sin((i + 1) * 360 / count *
                Mathf.PI / 180) + centerPos.x;
                points[i].y = centerPos.y + 1;
            }
            return points;
        }
        // 节点数量为 1
        else if (count == 1)
        {
            points[0] = centerPos + new Vector3(0, 1, 0);
            return points;
```

```
        }
        //没有节点
        else
        {
            return null;
        }
    }
```

若想调用此方法需要传入三个参数，分别是 centerPos、r、count。centerPos 指父节点的位置；r 指的是半径，以父节点 centerPos 为参考点，其所有子代节点在同一水平面并处于同一个圆上，如图 10.14 所示，该圆的半径为 r；count 指的是子代的数量。

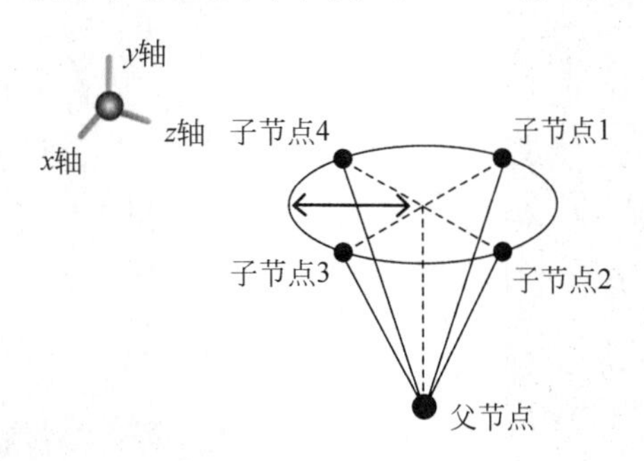

图 10.14 GetPointsPos 方法中父节点和子节点的位置说明

以家族关系中的根节点和第一层子节点为例绘制家谱树，代码如下：

```
//根节点
GameObject rootObj = Instantiate(nodePrefab);
rootObj.name = mTree.name;              //根节点名称
rootObj.transform.position = rootPos; //根节点位置
//第一层子节点位置
Vector3[] childPoints1 = GetPointsPos(rootObj.transform.position,
radius, mTree.children.Length);
//遍历第一层子节点，实例化子节点，确定其位置和父子关系
for (int i = 0; i < childPoints1.Length; i++)
{
    var children1 = mTree.children; //第一层子节点
    GameObject node1 = Instantiate(nodePrefab); //实例化
    node1.name = children1[i].name; //子节点名称
    node1.transform.position = childPoints1[i]; //子节点位置
          // ...
```

代码中首先实例化根节点 rootObj，设置根节点的名称并指定位置；然后调用上文中的 GetPointsPos 方法，获取到第一层子节点的位置并存储在 childPoints1 数组中，childPoints1.Length 即第一层子节点的数量；再用 for 循环遍历第一层子节点，实例化每一个节点，指定节点的名称和位置。用同样的方法，以第一层子节点作为父节点，依次确定第二层子节点的位置，继续在 for 循环中编写类似代码，此处不再赘述。通过这种方法便

可以根据数据确定每一层节点的位置。

2）方法二

由于本作品中所选取的贾氏家族包含的人物数量较少，因此可以直接在 Unity 的场景中提前设置好各个节点的位置。首先，对层级面板中的人物命名，并调整好父子结构，如图 10.15 所示。

然后在 Scene 面板中调整各个节点的位置，调整完毕后的效果如图 10.16 所示。

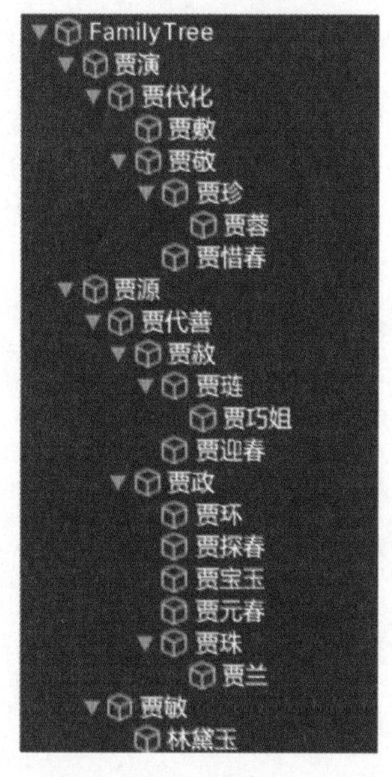

图 10.15　Unity 层级面板中的父子关系

图 10.16　Unity 场景中的父子节点位置

上述两种方法都可以确定好贾氏家族中人物节点的位置，方法一更适合家族关系复杂、数量较多的情况，方法二适合家族结构简单、数量较少的情况。后续将基于方法二绘制父子关系之间的连线。

3. 绘制三次贝塞尔曲线连接父子节点

家谱树中的父子节点用三次贝塞尔曲线连接，为画出三次贝塞尔曲线需要确定四个点，分别是起始点 R_0、目标点 R_3 和两个控制点 R_1、R_2，如图 10.17 所示。家谱树中目前已知每一代节点的位置，将子代的位置作为起始点，父代的位置作为目标点，再根据起点和目标点的位置计算确定出两个控制点 R_1、R_2 的位置，这样就可以画出这条三次贝塞尔曲线。

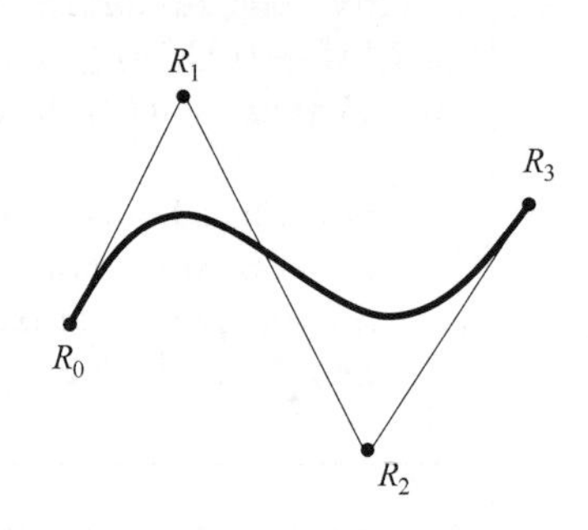

图 10.17　三次贝塞尔曲线

（1）在 Unity 中新建脚本并命名为“NewTree”，在该脚本中编写下面的代码定义一系列变量，方便实现后续功能。

```
public class NewTree : MonoBehaviour
{
    public GameObject fatherPoint;
```

```
    public float lineWidth = 0.1f;
    public Material lineMat;
    private LineRenderer lr;
    public float offset;
    public float xzOffset = 0.1f;
    public float yOffset = 0.5f;
    public int segNum = 15; //切片数量

    public GameObject UICanvas;
    private GameObject uiText;
    private Text ui;
    public Camera vrCamera;

    //存储两个控制点
    private Vector3 ctrlPos1;
    private Vector3 ctrlPos2;
    private Vector3 originPos;
}
```

代码中定义了15个变量：GameObject类型变量fatherPoint，用于存储父节点的游戏物体；浮点型变量lineWidth，用来设置后续绘制三次贝塞尔曲线所用LineRenderer组件中的线宽；Material类型变量lineMat，用于指定三次贝塞尔曲线的材质贴图；浮点型变量offset、xzOffset、yOffset都是后续画线过程中所用到的一些偏移量；整型变量segNum，用于指定所绘制的三次贝塞尔曲线上一共有多少个点（本作品中三次贝塞尔曲线并不是一条平滑的曲线，而是用直线连接这条曲线上若干个距离很近的点组成的一条曲线）；UICanvas、uiText、ui、vrCamera这四个变量用来存放UI相关的内容；ctrlPos1、ctrlPos2、originPos这三个Vector3类型变量用来存放绘制三次贝塞尔曲线所需要的控制点和起始点的位置。

（2）对部分变量进行初始化。在Start函数中编写代码初始化部分变量，暂存节点的初始位置，初始化LineRenderer组件“lr”，初始化UI相关的信息。具体代码如下：

```
void Start()
{
    originPos = gameObject.transform.position; //暂存初始位置，用于
                                                ResetPosition
    this.gameObject.AddComponent<LineRenderer>();
    lr = this.GetComponent<LineRenderer>();
    uiText = Instantiate(UICanvas).transform.GetChild(0).gameObject;
    ui = uiText.GetComponent<Text>();
}
```

（3）在NewTree脚本中编写下面的代码，通过这段代码来确定三次贝塞尔曲线上的两个控制点。以代码中计算第一个控制点的方法ControlPos1为例，该方法中需要输入四个参数，其中pChild指的是子节点的位置，pRoot指的是父节点的位置，offsetXZ和offsetY是偏移量，通过计算最终返回第一个控制点的位置。用同样的方法可计算第二个控制点的

位置。

```
/// <summary>
/// 根据父子节点的坐标计算控制点 1 的坐标
/// </summary>
/// <param name="pChild">子节点</param>
/// <param name="pRoot">父节点</param>
/// <param name="offsetXZ">XZ 面偏移量，建议取值 0.1 左右</param>
/// <param name="offsetY">Y 轴偏移量</param>
/// <returns></returns>
private Vector3 ControlPos1(Vector3 pChild, Vector3 pRoot, float
offsetXZ, float offsetY)
{
    float px1 = (1 + offsetXZ) * (pChild.x - pRoot.x) + pRoot.x;
    float py1 = pRoot.y + (pChild.y - pRoot.y) * offsetY;
    float pz1 = (1 + offsetXZ) * (pChild.z - pRoot.z) + pRoot.z;
    return new Vector3(px1, py1, pz1);
}

/// <summary>
/// 根据父子节点的坐标计算控制点 2 的坐标
/// </summary>
/// <param name="pChild">子节点</param>
/// <param name="pRoot">父节点</param>
/// <param name="offsetXZ">XZ 面偏移量</param>
/// <param name="offsetY">Y 轴偏移量</param>
/// <returns></returns>
private Vector3 ControlPos2(Vector3 pChild, Vector3 pRoot, float
offsetXZ, float offsetY)
{
    float px2 = (1 + offsetXZ) * (pRoot.x - pChild.x) + pChild.x;
    float py2 = pRoot.y + (pChild.y - pRoot.y) * (1 - offsetY);
    float pz2 = (1 + offsetXZ) * (pRoot.z - pChild.z) + pChild.z;
    return new Vector3(px2, py2, pz2);
}
```

（4）在脚本中编写方法 CaculateBezierPoint，根据三次贝塞尔曲线的公式计算曲线上的每一个点的位置，该方法的返回值是单独一个点的位置。具体代码如下：

```
/// <summary>
/// 计算三次贝塞尔曲线上的点
/// </summary>
/// <param name="t">参数（根据切片数量决定）</param>
/// <param name="pStart"></param>
/// <param name="p1"></param>
/// <param name="p2"></param>
/// <param name="pEnd"></param>
/// <returns>Vector3</returns>
private static Vector3 CaculateBezierPoint(float t, Vector3 pStart,
```

```
Vector3 p1, Vector3 p2, Vector3 pEnd)
{
    //三次贝塞尔曲线公式
    Vector3 p = (1 - t) * (1 - t) * (1 - t) * pStart + 3 * p1 * t * (1 -
    t) * (1 - t) + 3 * p2 * t * t * (1 - t) + pEnd * t * t * t;
    return p;
}
```

（5）编写下面的代码，利用 CaculateBezierPoint 方法，编写另一个方法 GetBezierList，根据已知的起始点 startPoint、目标点 endPoint、两个控制点 controlPoint1 和 controlPoint2、点的数量 segmentNum 计算出贝塞尔曲线上的每一个点的位置，并将计算出的所有点存储在数组 path 中，最后返回该数组。通过 GetBezierList 方法得到的数组是为了方便后续用 LineRenderer 画线。

```
/// <summary>
/// 三次贝赛曲线上的所有的点存在数组里
/// </summary>
/// <param name="startPoint">起始点，子节点</param>
/// <param name="controlPoint1">控制点1</param>
/// <param name="controlPoint2">控制点2</param>
/// <param name="endPoint">目标点，父节点</param>
/// <param name="segmentNum">切片（分段）数量</param>
/// <returns>返回贝塞尔曲线上的点 Vector3[]</returns>
private static Vector3[] GetBezierList(Vector3 startPoint, Vector3
controlPoint1, Vector3 controlPoint2, Vector3 endPoint, int segmentNum)
{
    Vector3[] path = new Vector3[segmentNum]; //路径上点的数量为 segmentNum
    for (int i = 1; i <= segmentNum; i++)
    {
        float t = i / (float)segmentNum;
        Vector3 pixel = CaculateBezierPoint(t, startPoint,
        controlPoint1, controlPoint2, endPoint);
        path[i - 1] = pixel;
        //Debug.Log(path[i - 1]);
    }
    return path;
}
```

（6）上述方法都准备好后，在 Update 函数中编写下面的代码，用 LineRenderer 组件绘制三次贝塞尔曲线。首先对 UI 的位置以及 UI 上的文字内容进行设置，指定 LineRenderer 的材质贴图和线宽，根据 ControlPos1 和 ControlPos2 方法计算出两个控制点的位置，接着通过 GetBezierList 方法得到三次贝塞尔曲线上的所有点所在位置的数组，最后通过 LineRenderer 中的 SetPositions 方法将曲线画出来。

```
void Update()
{
```

```
        uiText.transform.position = new Vector3(this.transform.position.x -
        0.02f, this.transform.position.y - 0.03f, this.transform.position.
        z);
        ui.text = this.gameObject.name;
        lr.material = lineMat;
        lr.startWidth = lineWidth;
        lr.endWidth = lineWidth;
        ctrlPos1 = ControlPos1(this.gameObject.transform.position,
        fatherPoint.transform.position, xzOffset, yOffset);
        ctrlPos2 = ControlPos2(this.gameObject.transform.position,
        fatherPoint.transform.position, xzOffset, yOffset);
        Vector3[] bezierPointsArray = GetBezierList(new Vector3(gameObject.
        transform.position.x, gameObject.transform.position.y + 0.028f,
        gameObject.transform.position.z), ctrlPos1, ctrlPos2, fatherPoint.
        transform.position, segNum);
        lr.positionCount = bezierPointsArray.Length;
        lr.SetPositions(bezierPointsArray);
    }
```

（7）NewTree 脚本编写完成后，将该脚本分别挂载到所有人物节点上，并对其中的一些参数进行调整。如图 10.18 所示，以“贾代化”这一节点为例，《红楼梦》中贾代化的父亲是贾演，因此需要把“贾演”这一游戏物体拖曳到 FatherPoint 处，其余的参数说明参照上文内容，此处不再解释。

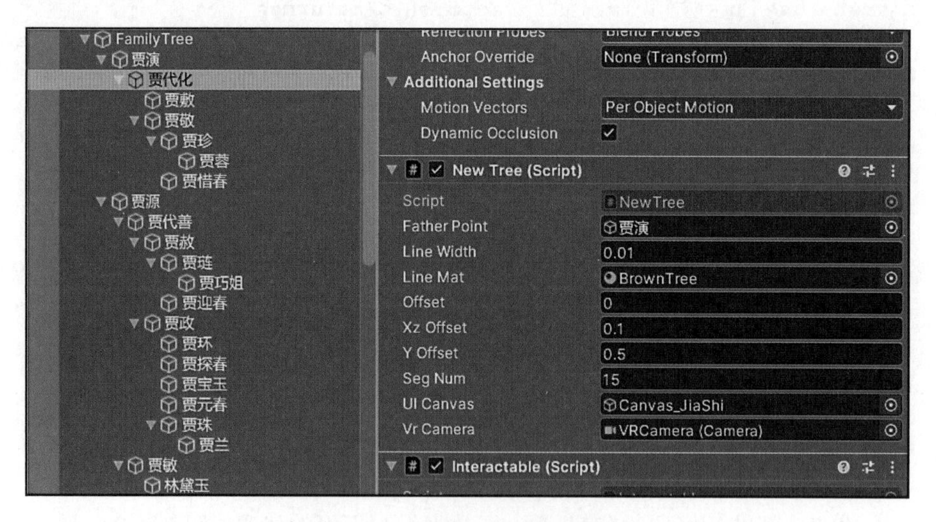

图 10.18　挂载脚本并设置参数

（8）运行 Unity，最终呈现出来的效果如图 10.19 所示。

10.3.4　交互技术实现

家谱树-交互

在家谱树可视化方法中，一共包括三种交互方式：选择节点高亮显示、拖曳节点以及与 UI 的交互，如图 10.20 所示，接下来将分别介绍这三种交互技术的实现方法。

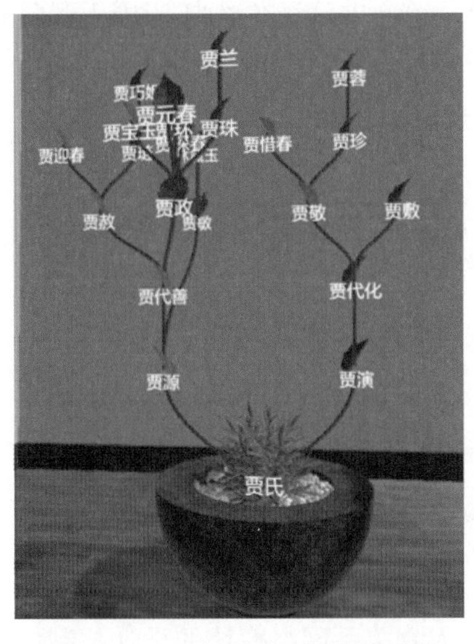

图 10.19 运行后的可视化效果图

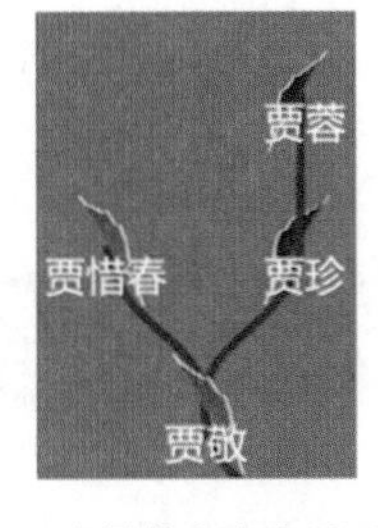

(a) 选择节点高亮显示

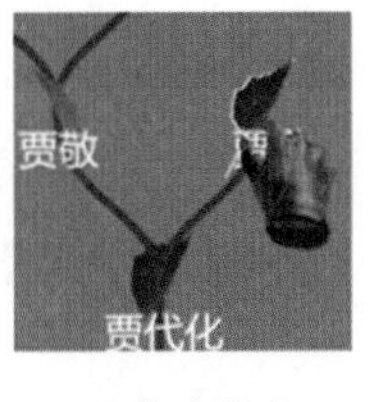

(b) 拖曳节点

(c) 与UI的交互

图 10.20 家谱树可视化方法中的三种交互方式

在前面导入的 SteamVR Plugin 插件中，提供了许多封装好的脚本用于完成各种交互功能，如高亮、选择拾取、投掷、吸附等功能，可以将这些脚本直接挂载到家谱树中的各个人物节点上，以完成节点的选择及高亮效果。

如图 10.21 所示，在 Hierarchy 面板中选择家谱树中的所有人物节点，在 Inspector 面板中搜索并添加 Interactable 和 Throwable 两个脚本，添加 Throwable 脚本后会自动添加 Rigidbody 刚体组件。

运行 Unity，当用手柄触碰某个节点时，该节点及其子节点会高亮显示（见图 10.22）；若按下手柄上的两个抓取按钮，则可以移动所选择的节点。

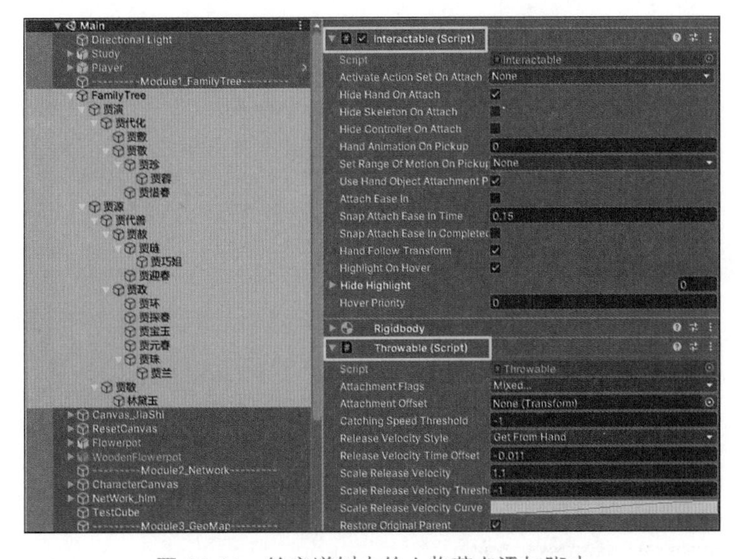

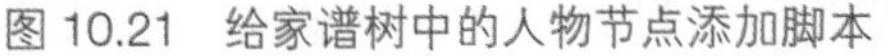
图 10.21 给家谱树中的人物节点添加脚本

图 10.22 运行 Unity 查看效果

当用户对家谱树中的人物节点位置进行移动后，由于经常需要对家谱树进行复位，因而需要在 NewTree 脚本中编写下面的代码实现复位功能。前文中已经在该脚本中记录了该游戏物体的位置，当按下“重置”按钮时，调用 ResetTreePosition 方法即可实现复位功能。

```
// 重置家谱树各个节点的位置
public void ResetTreePosition()
{
    gameObject.transform.position = originPos;
}
```

10.4 人物关系网络

本节将针对本作品中第二种沉浸式可视化方法——人物关系网络模块的设计与制作，分别从数据获取、视觉映射、三维视图实现和交互技术实现四个方面展开说明。

10.4.1 数据获取

人物关系网络是第二种可视化方法，这一模块所使用的数据是通过 Python 对《红楼梦》原文进行统计得出的。使用 PyCharm 新建工程文件,安装数据处理所需要的第三方库，如图 10.23 所示。首先安装 NumPy 扩展包，NumPy 扩展包支持高维数组和矩阵运算，提供了许多数据和矩阵运算的函数。NumPy 扩展包在数组和矩阵方面的运算速度很快，效

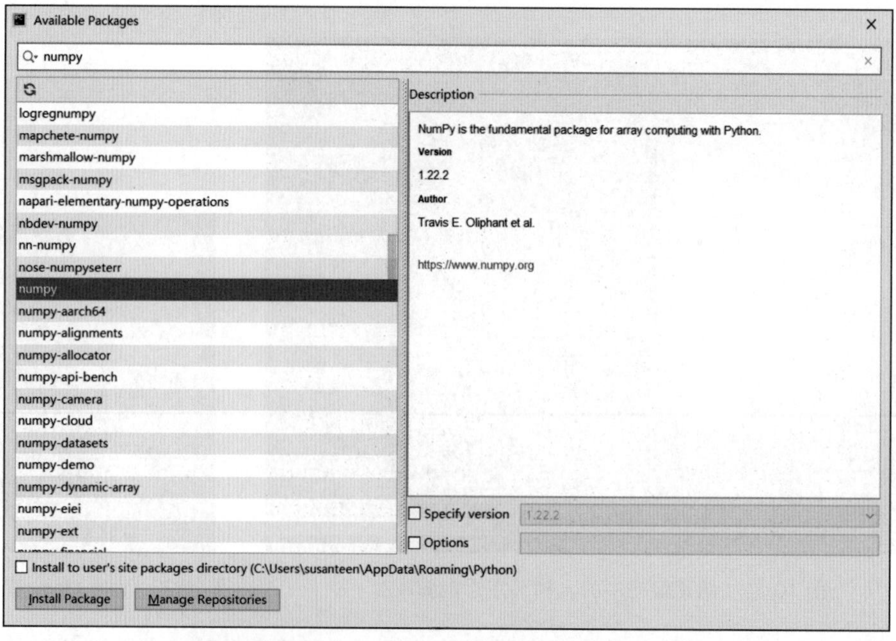

图 10.23 在 PyCharm 中安装第三方库

率很高。然后安装 Pandas，它是基于 NumPy 的一种工具，该工具是为了解决数据分析任务而创建的。Pandas 纳入了大量类库和一些标准的数据模型，提供了高效操作大型数据集所需要的工具和函数，能够方便用户快速便捷地处理数据。

导入第三方库，定义类名，通过初始化函数获取数据路径，使用 Pandas 中的 read_csv 函数读取《红楼梦》原文中每一行数据并存储到 dataframe 结构中。通过 str.contains 函数检测文本中各个回目的关键字，获得每一回目的名字和完整标题名字。使用 to_csv 函数保存初步处理的结果，处理结果的列名映射如表 10.1 所示。

表 10.1 《红楼梦》原文处理列名映射关系表

变 量 名	释 义
chapter_num	回数
up_heading	回目上联
down_heading	回目下联
chapter_id	序数
chapter_name	完整回目
start_chapter_id	开始行
end_chapter_id	结束行
chapter_length	行数
article	具体内容
article_len	每回文字数

处理完原文信息后，还需要根据人物关系的特征及可视化设计需求对人物名字和地点名称进行预处理。本作品中所使用的方法是通过对第三方中文分词库 jieba 添加自定义字典，防止 jieba 分词进行处理时将含有关键信息的词语切开。

在对《红楼梦》原文文本的整体词频统计过程中，为人物、地点的读取方法设计一个 for 循环，得到《红楼梦》中主要人物及其出场频次的统计数据。具体代码如下：

```
# 循环读取并分析
for i in range(120):
    data = chapter_analysis_df["article"][i]
    count = []
    for name in characters_names:
       count.append([name, data.count(name)])
count.sort(key=lambda x: x[1])
# 找出出场次数前 10 的人物
count_main = []
for j in range(-10, 0):
    count_main.append(count[j])
count_main.sort(key=lambda x: x[1], reverse=True)
count_main_df = pd.DataFrame(count_main, columns=["character", show_num"])
count_main_df.to_csv(self.txt_chapter_path+'Chapter{}_Character.csv'.
format(i + 1),
        index=False, encoding='utf_8_sig')
```

本方法对于《红楼梦》中人物名字中类似“贾母”的别称“老太太”、“宝玉”的别称“宝二爷”等没有纳入考虑范围，本方法仅基于简单的人物名称进行统计。图 10.24 所示是对《红楼梦》原文进行分析得出的出场频次前 10 名的人物及其频次统计信息，其中 character 表示出场频次前 10 名的人物，show_num 表示人物出现频次，Excel 表格按照人物出场频次高低从上到下排序。

	A	B	C
1		character	show_num
2	0	宝玉	3992
3	1	凤姐	1745
4	2	贾母	1686
5	3	黛玉	1378
6	4	袭人	1147
7	5	宝钗	1081
8	6	王夫人	1069
9	7	贾政	934
10	8	贾琏	772
11	9	平儿	695

图 10.24　出场频次前 10 名的人物及其频次统计信息

对于《红楼梦》中人物关系亲疏的统计，本作品所使用的方法是构建 Word2vec 模型进行分析。Word2vec 是谷歌公司在 2013 年公开的一款词向量训练工具，作为自然语言处理领域中的统计语言模型之一，它能将一个词语快速表达为词向量形式，词与词之间的映射关系可以通过词向量模型来存储。Python 的第三方库 Gensim 是通用的词向量训练工具的开源软件，使用该工具对用 jieba 分词后存储得到的嵌套列表中的分词结果进行训练就能得到词向量模型。在 PyCharm 中编写训练词向量的代码：

```
# 训练词向量
def train_model(self):
    sentences = self.txt_cut_words_list
    model = w2v.Word2Vec(sentences, vector_size=100, window=5, min_
    count=5, sg=0)
    return model
```

接着找出《红楼梦》原文中出场频次前 10 名的人物，脚本代码如下：

```
# 找出主要人物
def find_main_characters(self):
    with open(self.txt_path, encoding='utf-8') as f:
        data = f.read()
    with open(self.character_path, encoding='utf-8') as f:
        characters_names = [line.strip('\n') for line in f.readlines()]

    count = []
    for name in characters_names:
        count.append([name, data.count(name)])
    count.sort(key=lambda x: x[1])

# 找出出场次数前 10 的人物
    count_main = []
    for i in range(-10, 0):
        count_main.append(count[i])
    count_main.sort(key=lambda x: x[1], reverse=True)
    count_main_df = pd.DataFrame(count_main, columns=["character",
    "show_num"])
    return count_main_df
```

最后统计这 10 名角色的相似度信息，脚本代码如下：

```
def save_similarity(self):
    main_character_list = self.main_characters_df["character"].tolist()
    similarity_list1 = []
    similarity_list2 = []
    similarity_list3 = []
    for i in main_character_list:
        for n in main_character_list:
            similarity_count = self.model.wv.similarity(i, n)
            similarity_list1.append(i)
            similarity_list2.append(n)
            similarity_list3.append(similarity_count)
    similarity_df = pd.DataFrame({'character_1': similarity_list1,
                                  'character_2': similarity_list2,
                                  'similarity': similarity_list3})
    # 去重处理“similarity_df”：删除相同项
    clean_df = similarity_df.drop_duplicates(subset=['similarity'],
    keep='first', inplace=False)
    cleaned_df = clean_df.loc[clean_df['character_1'] != clean_
    df['character_2']]
    cleaned_df = cleaned_df.reset_index(drop=True)
    return cleaned_df
```

通过此种方法得出的人物关系亲疏统计结果如图 10.25 所示，其中 character_1 表示有关系的两人之中的第一个人，图中 character_1 均为“宝玉”；character_2 表示有关系的两人之中的第二人；similarity 表示两个人物之间的相关性，该值越高表示两人的关系越亲密，反之越疏远。

	A	B	C	D
1		character_1	character_2	similarity
2	0	宝玉	凤姐	0.893645
3	1	宝玉	贾母	0.750267
4	2	宝玉	黛玉	0.903886
5	3	宝玉	袭人	0.896432
6	4	宝玉	宝钗	0.862367
7	5	宝玉	王夫人	0.742674
8	6	宝玉	贾政	0.632295
9	7	宝玉	贾琏	0.883491
10	8	宝玉	平儿	0.824018

图 10.25 人物关系亲疏统计结果（以贾宝玉为例）

10.4.2 视觉映射

本作品设计的沉浸式人物关系网络可视化方法如图 10.26 所示，该方法对《红楼梦》中出场频次前 10 名角色之间的网络关系进行了可视化。

图 10.26　人物关系网络可视化方法

在图 10.26 中，一共有 10 个节点球，分别表示前 10 名角色，并用不同颜色区分，这 10 个节点球从左到右代表的人物依次为林黛玉、贾母、王夫人、王熙凤、贾政、贾宝玉、袭人、薛宝钗、平儿、贾琏。在人物关系网络中，不同节点之间用三次贝塞尔曲线连接表示角色之间的关系，某个节点球与其他节点球之间连线的颜色深浅表示关系的亲疏。如图 10.27 所示，以贾宝玉与其他人的关系为例，可以清晰地分辨出贾宝玉和林黛玉的连线颜色最深，即关系最为亲密。

图 10.27　贾宝玉和其他人的关系示例

10.4.3　三维视图实现

人物关系网络-实现

本小节内容将对第二种可视化方法“人物关系网络”的实现进行说明。

在 Unity 中的 Hierarchy 面板中新建一个球体，并将其命名为“Baoyu”，用同样的方法再创建 9 个球体并命名，如图 10.28 所示。

根据图 10.24 所示的人物出场频次数据，按照比例调整这些节点球的大小；在 Scene 窗口中调整这 10 个球体的位置，使它们的中心在同一条直线上；按照图 10.29 所示的颜色在 Unity 中制作 10 个不同颜色的材质球，并将其一一赋给节点球；最后在每个节点球上方添加人物名称的 UI，完成效果如图 10.30 所示。

图 10.28　各节点球的命名方式

#F82529	#89B964
#F3722C	#5FBFA2
#F8961E	#6DB0AE
#F86C25	#7391AB
#F7B926	#4AAAD3

图 10.29　颜色编码

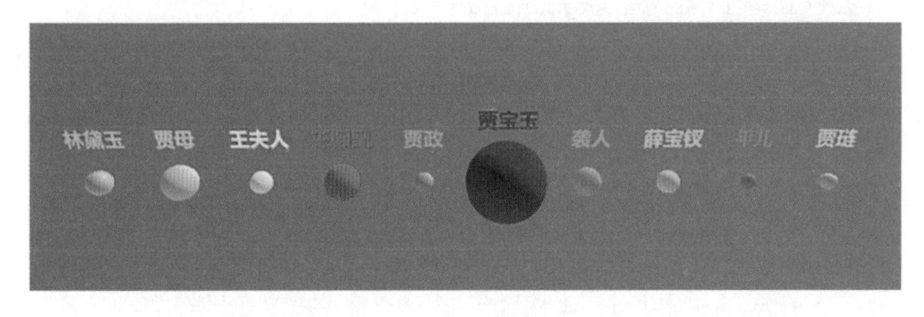

图 10.30　各节点球的完成效果

准备好节点球后开始绘制曲线。人物关系的连线是三次贝塞尔曲线，曲线的绘制方法与家谱树类似。首先新建脚本并命名为“BezierUtils”，在该脚本中编写两个方法，分别是用来计算三次贝塞尔曲线上的对应点的方法 CalculateCubicBezierPoint 和获取贝塞尔曲线上点的数组的方法 GetBeizerList，这两个方法的脚本代码如下：

```
/// <summary>
/// 根据 T 值，计算贝塞尔曲线上相对应的点
/// </summary>
/// <param name="t"> T 值 </param>
/// <param name="p0">起始点 </param>
/// <param name="p1">控制点 </param>
/// <param name="p2">目标点 </param>
/// <returns></returns>根据 T 值计算出来的贝塞尔曲线点
private static Vector3 CalculateCubicBezierPoint(float t, Vector3 p0,
Vector3 p1, Vector3 p2)
{
    float u = 1 - t;
    float tt = t * t;
    float uu = u * u;
    Vector3 p = uu * p0;
    p += 2 * u * t * p1;
    p += tt * p2;
    return p;
}
/// <summary>
/// 获取存储贝塞尔曲线点的数组
/// </summary>
/// <param name="startPoint">起始点 </param>
```

```
/// <param name="controlPoint">控制点</param>
/// <param name="endPoint">目标点</param>
/// <param name="segmentNum">采样点的数量</param>
/// <returns></returns>存储贝塞尔曲线点的数组
public static Vector3[] GetBeizerList(Vector3 startPoint, Vector3
controlPoint, Vector3 endPoint, int segmentNum)
{
    Vector3[] path = new Vector3[segmentNum + 1];
    path[0] = startPoint;
    for (int i = 1; i <= segmentNum; i++)
    {
        float t = i / (float)segmentNum;
        Vector3 pixel = CalculateCubicBezierPoint(t, startPoint,
            controlPoint, endPoint);
        path[i] = pixel;
    }
    return path;
}
```

接着利用BezierUtils脚本中的方法来画线。再建一个脚本并命名为“DrawCurves”，在该脚本中编写绘制曲线的DrawCurve方法，该方法需要调用BezierUtils脚本中的GetBeizerList方法。具体代码如下：

```
/// <summary>
/// 绘制曲线
/// </summary>
private Vector3[] DrawCurve(Vector3 controlPos, int segments)
{
    Vector3[] bezierPoses = BezierUtils.GetBeizerList(startPos.position,
    controlPos, endPos.position, segments);

    lr.positionCount = bezierPoses.Length;
    for (int i = 0; i <= bezierPoses.Length - 1; i++)
    {
        lr.SetPosition(i, bezierPoses[i]);
    }
    return bezierPoses;
}
```

要绘制三次贝塞尔曲线，还需要编写计算控制点的方法。编写下面的代码，根据起点和终点的位置从这两点所在的平面上选择一点作为控制点。

```
/// <summary>
/// 获取控制点
/// </summary>
/// <param name="startPos">起点</param>
/// <param name="endPos">终点</param>
```

```
/// <param name="offset">偏移量 </param>
private Vector3 CalcControlPos(Vector3 startPos, Vector3 endPos, float
offset)
{
    Vector3 dir = endPos - startPos;
    Vector3 otherDir = new Vector3(sinx, cosy, 0.0f);
    Vector3 planeNormal = Vector3.Cross(otherDir, dir);
    Vector3 vertical = Vector3.Cross(dir, planeNormal).normalized;
    Vector3 centerPos = (startPos + endPos) / 2f;
    Vector3 controlPos = centerPos + vertical * offset;
    return controlPos;
}
```

人物关系网络图中的关系连线与家谱树中连线的绘制方式类似，都是通过LineRenderer组件绘制的。在 DrawCurve 脚本的 Awake 方法中编写下面的代码，获取 LineRenderer 组件，再对 LineRenderer 的线宽进行设置。

```
private void Awake()
{
    lr = gameObject.GetComponent<LineRenderer>();
    if (lr == null)
    {
        lr = gameObject.AddComponent<LineRenderer>();
    }
    lr.startWidth = lineWidth;
    lr.endWidth = lineWidth;
    collidersParent = transform.Find("Colliders");
    sinx = Mathf.Sin(degree);
    cosy = Mathf.Cos(degree);
}
```

最后在 Update 方法中编写下面的代码，通过调用 CalcControlPos 方法计算曲线上的点，调用 DrawCurve 方法绘制三次贝塞尔曲线。

```
private void Update()
{
    //只要位置改变就重新绘制曲线
    if (tempStartPos != startPos.position || tempEndPos != endPos.
    position)
    {
        //计算曲线点
        this.controlPos = CalcControlPos(startPos.position, endPos.
        position, offset);
        //绘制曲线
        Vector3[] poses = DrawCurve(this.controlPos, this.segment);
        //添加碰撞器
        AttackCollider(poses, collidersParent, lineWidth);
```

```
            tempStartPos = startPos.position;
            tempEndPos = endPos.position;
        }
    }
```

在 Unity 中新建空物体，并命名为“Baoyu_Fengjie”，添加 LineRenderer 组件，给该游戏物体挂载 DrawCurve 脚本，通过此种方法来绘制贾宝玉和王熙凤两人之间关系的连线。对挂载的 DrawCurve 脚本中的参数进行设置，如图 10.31 所示。需要特别说明的是，Start Pos 表示贾宝玉节点球的位置，End Pos 表示王熙凤节点球的位置。用同样的方法绘制其他人之间关系的连线，设置完成后运行 Unity，得到如图 10.32 所示的可视化效果。

Draw Curves (Script)	
Script	DrawCurves
Start Pos	Baoyu (Transform)
End Pos	Fengjie (Transform)
Offset	1
Line Width	0.01
Degree	0

图 10.31　设置 DrawCurve 脚本中的参数

图 10.32　人物关系网络可视化效果

人物关系网络-交互

10.4.4　交互技术实现

人物关系网络可视化方法中的交互技术主要是筛选，通过筛选可以清晰地分辨出单独一个角色与其他角色的关系。

在上一小节中已经绘制了各个角色之间的关系连线，实际上每一条线都是一个游戏物体，需要对这些线条进行整理后才可进行下一步操作：在 Unity 的 Hierarchy 面板中新建一个空物体并命名为“BaoyuCurves”，以贾宝玉为例，将贾宝玉和其他角色的关系连线整合在一起，作为 BaoyuCurves 的子物体，层级结构如图 10.33 所示。

用同样的方法将其他人物的关系进行整理，整理完后如图 10.34 所示。

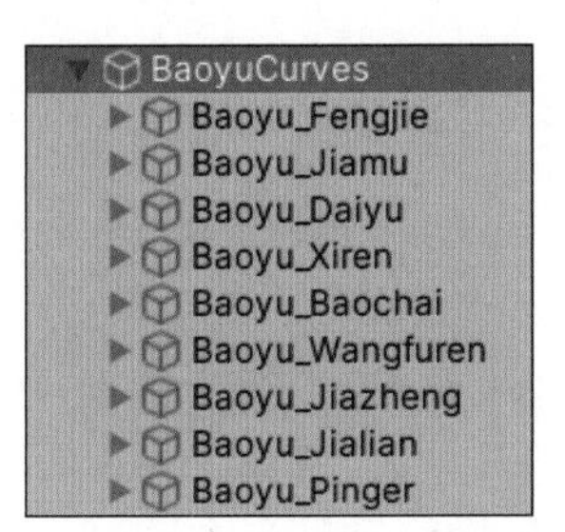

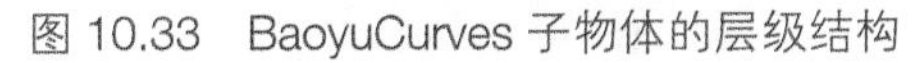
图 10.33 BaoyuCurves 子物体的层级结构

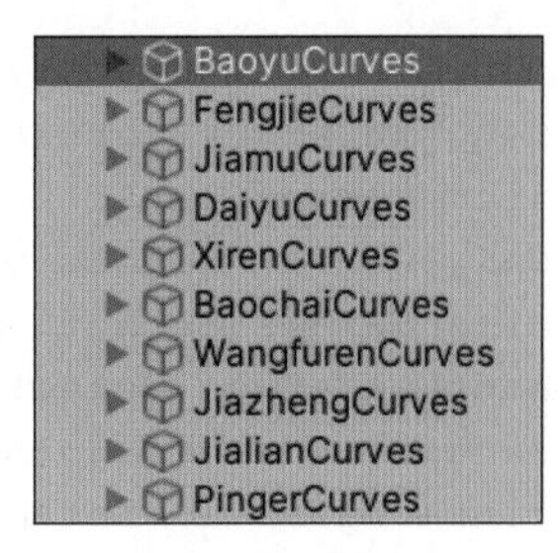

图 10.34 角色关系整理后的层级关系

新建脚本并命名为“NetworkController”，在该脚本中编写代码实现筛选功能。首先定义一系列 GameObject 类型的变量，定义这些变量是为了方便后续给定参数实现交互功能，其中包括人物的 UI 和上面成组的曲线集合。具体代码如下：

```
public class NetworkController : MonoBehaviour
{
    public GameObject baoyuCarves;
    public GameObject fengjieCarves;
    public GameObject jiamuCarves;
    public GameObject daiyuCarves;
    public GameObject xirenCarves;
    public GameObject baochaiCarves;
    public GameObject wangfurenCarves;
    public GameObject jiazhengCarves;
    public GameObject jialianCarves;
    public GameObject pingerCarves;

    public GameObject baoyuImg;
    public GameObject fengjieImg;
    public GameObject jiamuImg;
    public GameObject daiyuImg;
    public GameObject xirenImg;
    public GameObject baochaiImg;
    public GameObject wangfurenImg;
    public GameObject jiazhengImg;
    public GameObject jialianImg;
    public GameObject pingerImg;

    public GameObject ThisCurves;
    public GameObject ThisImage;
}
```

在该脚本中编写两个方法：控制角色线条显示的 GOJFalse 方法和控制 UI 显示的 ImgFalse 方法。具体代码如下：

```
private void GOJFalse()
{
```

```
        baoyuCarves.SetActive(false);
        fengjieCarves.SetActive(false);
        jiamuCarves.SetActive(false);
        daiyuCarves.SetActive(false);
        xirenCarves.SetActive(false);
        baochaiCarves.SetActive(false);
        wangfurenCarves.SetActive(false);
        jiazhengCarves.SetActive(false);
        jialianCarves.SetActive(false);
        pingerCarves.SetActive(false);
    }
    private void ImgFalse()
    {
        baoyuImg.SetActive(false);
        fengjieImg.SetActive(false);
        jiamuImg.SetActive(false);
        daiyuImg.SetActive(false);
        xirenImg.SetActive(false);
        baochaiImg.SetActive(false);
        wangfurenImg.SetActive(false);
        jiazhengImg.SetActive(false);
        jialianImg.SetActive(false);
        pingerImg.SetActive(false);
    }
```

将脚本 NetworkController 分别挂载到场景中的 10 个节点球上，并设置参数，如图 10.35 所示。最后运行 Unity，用手柄触碰不同节点球时，会筛选出该角色与其他角色之间关系的连线，并显示该角色的 UI。图 10.36 中筛选的是薛宝钗与其他人之间的关系。

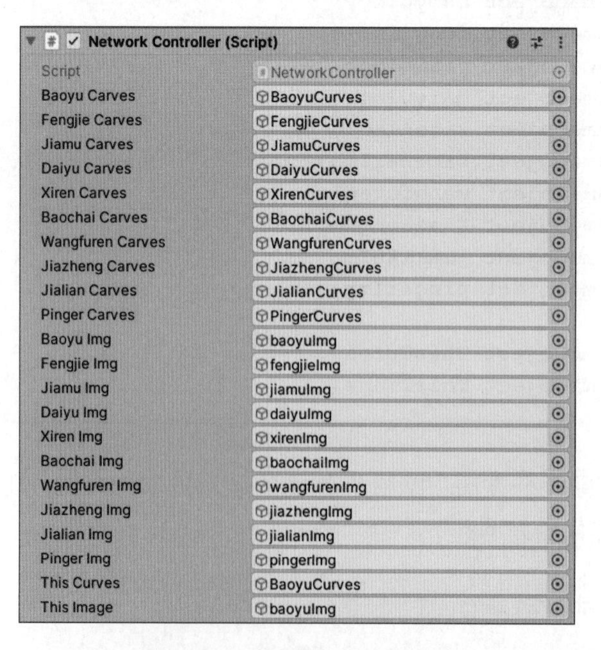

图 10.35　挂载脚本并设置参数

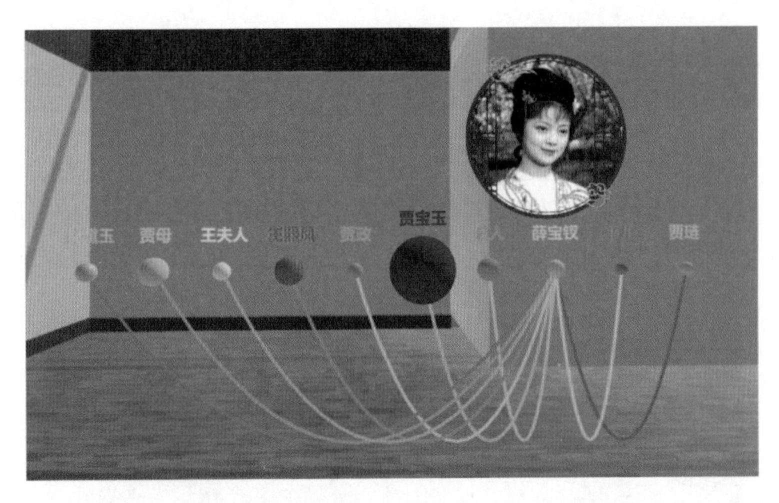

图 10.36　运行 Unity 筛选薛宝钗和其他人之间的关系

10.5　人物轨迹图

本节将针对本作品中第三种沉浸式可视化方法“人物轨迹图”的设计与制作，分别从数据获取、视觉映射、三维视图实现和交互技术实现四个方面展开说明。

10.5.1　数据获取

人物轨迹图是第三种可视化方法，这一模块所使用的数据是手动提取的。本作品中提取了《红楼梦》中第 25、26、27、28 回的人物轨迹信息，将统计的数据存储在 Excel 表格中。具体统计方法如下：通过阅读每一回的原文，对贾宝玉、林黛玉、薛宝钗经过的地点进行统计，只要有一个人物所处的位置发生变化，就记录一次三人的位置信息，未发生位置变化的保持上一次记录时的位置。图 10.37 所示为第 27 回的人物轨迹信息，序号 1 表示所选内容中第一次出现三人的位置信息，此时贾宝玉、林黛玉和薛宝钗都在“怡红院”；下一次出现地理位置信息的时候，林黛玉的位置变为“潇湘馆”，而贾宝玉和薛宝钗的位置未发生变化，因此继续沿用上次的位置信息即“怡红院”。

章节	第27回				
序号	1	2	3	4	5
贾宝玉	怡红院	潇湘馆	潇湘馆	滴翠亭	葬花冢
林黛玉	潇湘馆	潇湘馆	潇湘馆	滴翠亭	葬花冢
薛宝钗	滴翠亭	潇湘馆	滴翠亭	滴翠亭	滴翠亭

图 10.37　第 27 回中的人物轨迹信息

10.5.2　视觉映射

本作品设计的沉浸式人物轨迹图可视化方法如图 10.38 所示，该方法对《红楼梦》中贾宝玉、林黛玉、薛宝钗三人在大观园中的轨迹进行可视化，三人的轨迹是用多条三次贝塞尔曲线连接而成并用不同颜色区分，其中贾宝玉是红色轨迹，林黛玉是粉色轨迹，薛宝钗是紫色轨迹。这三个角色分别用不同颜色的立方体来指示当前位置。

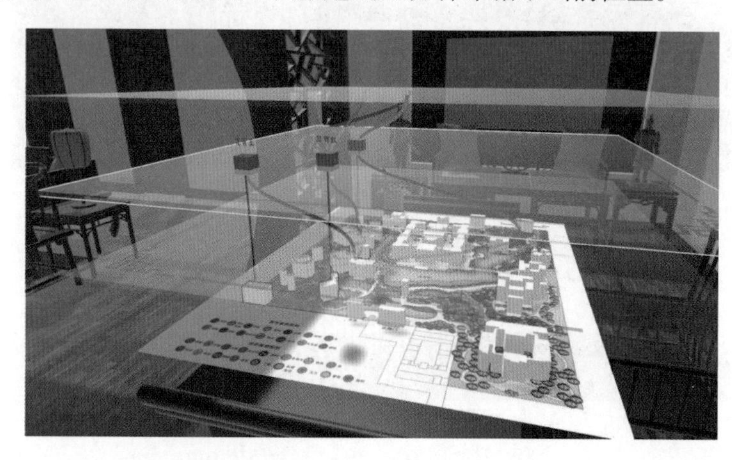

图 10.38　人物轨迹图可视化方法

人物轨迹可视化方法参考 GeoTime 的设计方法（见图 10.39），在该可视化方法中，水平面上的地图用来指示人物的地理位置，时间轴垂直向上。图 10.39 中的水平面上放置了大观园的沙盘模型，在垂直方向上有若干个时间平面，方便筛选特定时间节点下的人物轨迹。当用户选择某一时间平面时，贾宝玉、林黛玉、薛宝钗三人会沿着各自的轨迹匀速移动到所选时间平面的位置，并且该时间下三人所在的地理位置会高亮显示，并各有一条垂直辅助线方便用户辨识当前地理位置。

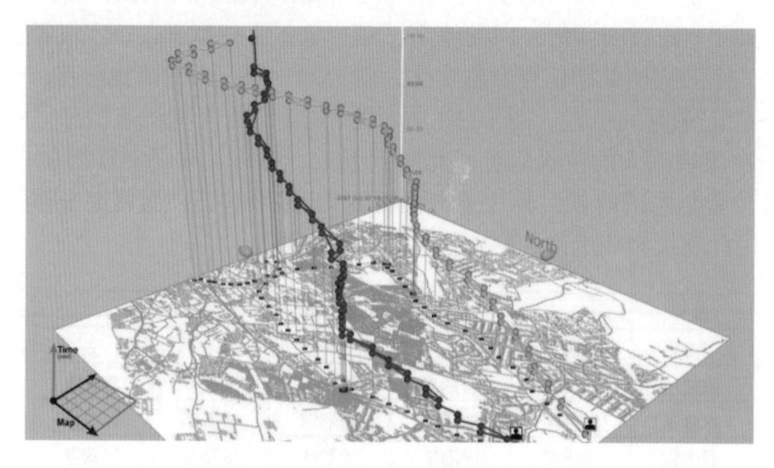

图 10.39　GeoTime 可视化方法

10.5.3 三维视图实现

人物轨迹图-实现

本小节将对第三种可视化方法——人物轨迹图的实现进行说明。

在 Unity 的 Scene 窗口中将大观园地图及若干个时间平面的大小、位置设置好，如图 10.40 所示。新建三个立方体，调整其大小、位置，并赋予不同颜色的材质球，这三个立方体分别表示贾宝玉、林黛玉、薛宝钗，具体颜色设置参照 10.5.2 小节中的视觉映射，再分别在这三个游戏物体上方添加角色名称的 UI。

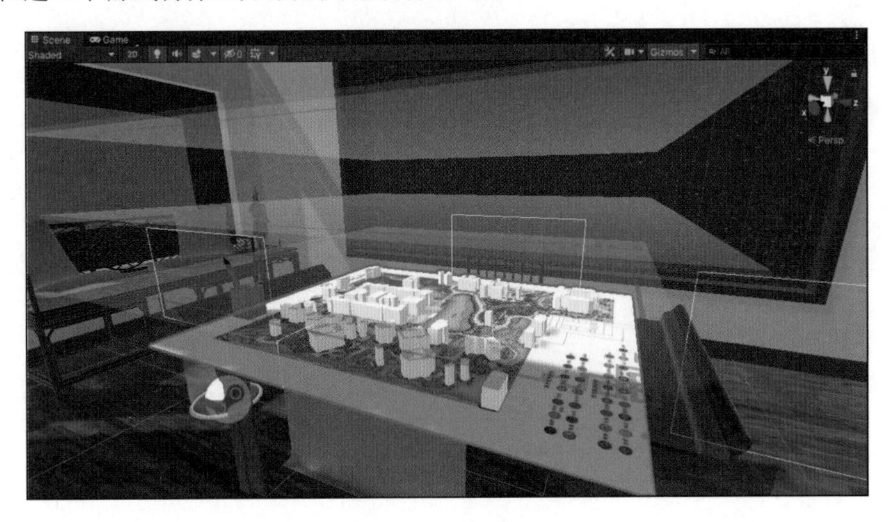

图 10.40　搭建场景

图 10.41 所示是以贾宝玉为例设置的立方体。

图 10.41　以贾宝玉为例设置立方体样式

在 Unity 中新建一个脚本，重命名为“MapController”，在该脚本中定义一系列变量，三个角色地点数组用来存放每一时间节点下角色的位置，三个 List<Vector3> 和 Vector3[] 类型的变量用来存放角色轨迹上的各个点。具体代码如下：

```
public class MapController : MonoBehaviour
{
```

```
    // 三个角色地点数组
    public Transform[] baoTransform;
    public Transform[] daiTransform;
    public Transform[] chaiTransform;

    // 三个角色点的 List
    private List<Vector3> baoList = new List<Vector3>();
    private List<Vector3> daiList = new List<Vector3>();
    private List<Vector3> chaiList = new List<Vector3>();

    // 三个角色的轨迹点的数组
    private Vector3[] baoPos;
    private Vector3[] daiPos;
    private Vector3[] chaiPos;

    // 三个角色控制球
    public GameObject bao;
    public GameObject dai;
    public GameObject chai;

    // 三个角色的轨迹
    private LineRenderer baoLine;
    private LineRenderer daiLine;
    private LineRenderer chaiLine;
}
```

人物轨迹图可视化方法中的轨迹同样是使用三次贝塞尔曲线绘制，参照 10.3.3 小节和 10.4.3 小节中绘制贝塞尔曲线的方法，在 MapController 脚本中编写两个方法：计算三次贝塞尔曲线上各个点的 CaculateBezierPoint 方法，以及将三次贝塞尔曲线上的点存放在数组中的 GetBezierList 方法。具体代码如下：

```
/// <summary>
/// 计算三次贝塞尔曲线上的点
/// </summary>
/// <param name="t">参数（根据切片数量决定）</param>
/// <param name="pStart"></param>
/// <param name="p1"></param>
/// <param name="p2"></param>
/// <param name="pEnd"></param>
/// <returns>Vector3</returns>
private static Vector3 CaculateBezierPoint(float t, Vector3 pStart,
Vector3 p1, Vector3 p2, Vector3 pEnd)
{
    // 三次贝塞尔曲线公式
    Vector3 p = (1 - t) * (1 - t) * (1 - t) * pStart + 3 * p1 * t * (1 -
    t) * (1 - t) + 3 * p2 * t * t * (1 - t) + pEnd * t * t * t;
    return p;
}
```

```
/// <summary>
/// 将三次贝塞尔曲线上所有的点存在数组里
/// </summary>
/// <param name="startPoint">起始点，子节点</param>
/// <param name="controlPoint1">控制点1</param>
/// <param name="controlPoint2">控制点2</param>
/// <param name="endPoint">目标点，父节点</param>
/// <param name="segmentNum">切片（分段）数量</param>
/// <returns>返回贝塞尔曲线上的点Vector3[]</returns>
private static Vector3[] GetBezierList(Vector3 startPoint, Vector3
controlPoint1, Vector3 controlPoint2, Vector3 endPoint, int segmentNum)
{
    Vector3[] path = new Vector3[segmentNum]; // 路径上点的数量为segmentNum
    for (int i = 1; i <= segmentNum; i++)
    {
        float t = i / (float)segmentNum;
        Vector3 pixel = CaculateBezierPoint(t, startPoint, controlPoint1,
        controlPoint2, endPoint);
        path[i - 1] = pixel;
        //Debug.Log(path[i - 1]);
    }
    return path;
}
```

根据上述两个方法再编写绘制曲线的方法，该方法将多条三次贝塞尔曲线上的点汇集成一个整体的数组，这种方法使得用LineRenderer组件画线更方便。具体代码如下：

```
/// <summary>
/// 根据原来posArray中的点画贝塞尔曲线
/// </summary>
/// <param name="posArray"></param>
/// <returns></returns>
private Vector3[] CurvePoints(Vector3[] posArray)
{
    List<Vector3> allPointsList = new List<Vector3>();
    for (int k = 0; k < posArray.Length - 1; k++)
    {
        Vector3[] singleBezierArray = GetBezierList(posArray[k],
              new Vector3(posArray[k].x, posArray[k].y + 0.1f,
              posArray[k].z),
              new Vector3(posArray[k + 1].x, posArray[k + 1].y - 0.1f,
              posArray[k + 1].z), posArray[k + 1], 20);
        for (int P = 0; P < singleBezierArray.Length; P++)
        {
            allPointsList.Add(singleBezierArray[P]);
            Debug.Log("Add a point");
        }
        Debug.Log("DrawCurve");
```

```
        }
        return allPointsList.ToArray();
    }
```

在 MapController 脚本中的 Start 方法中编写绘制三人轨迹的代码。首先用 for 循环为贾宝玉、林黛玉、薛宝钗三人轨迹的 List<Vector3> 类型的变量填入数据，再将 List<Vector3> 类型变量中的数据转换为数组并存放在 Vector3[] 类型的变量中，最后给 LineRenderer 组件指定该数组即可绘制出三人的轨迹。具体代码如下：

```
    void Start()
    {
        // 从下向上依次给经过的地点的 Y 值 +segLength，将新的点填入 List 中
        for (int i = 0; i < baoTransform.Length; i++)
        {
            baoList.Add(new Vector3(baoTransform[i].position.x,
            baoTransform[i].position.y + i * segLength, baoTransform[i].
            position.z));
            daiList.Add(new Vector3(daiTransform[i].position.x,
            daiTransform[i].position.y + i * segLength, daiTransform[i].
            position.z));
            chaiList.Add(new Vector3(chaiTransform[i].position.x,
            chaiTransform[i].position.y + i * segLength, chaiTransform[i].
            position.z));
        }
        baoPos = baoList.ToArray();
        daiPos = daiList.ToArray();
        chaiPos = chaiList.ToArray();
        //Debug.Log("baoPos[1]" + baoPos[1]);
        SetLineWidth();

        baoLine.positionCount = 20 * (baoPos.Length - 1);
        daiLine.positionCount = 20 * (daiPos.Length - 1);
        chaiLine.positionCount = 20 * (chaiPos.Length - 1);

        baoLine.SetPositions(CurvePoints(baoPos));
        daiLine.SetPositions(CurvePoints(daiPos));
        chaiLine.SetPositions(CurvePoints(chaiPos));
        startPos = baoPos[0];
    }
```

运行 Unity，可以观察到如图 10.42 所示的人物轨迹图的可视化结果。

人物轨迹图-交互

10.5.4 交互技术实现

人物轨迹图可视化方法中的交互技术也是通过筛选展示轨迹动画的。通过选择不同时间平面，可以清晰地观察到贾宝玉、林黛玉、薛宝钗三人的运动轨迹，并且在选择某一时

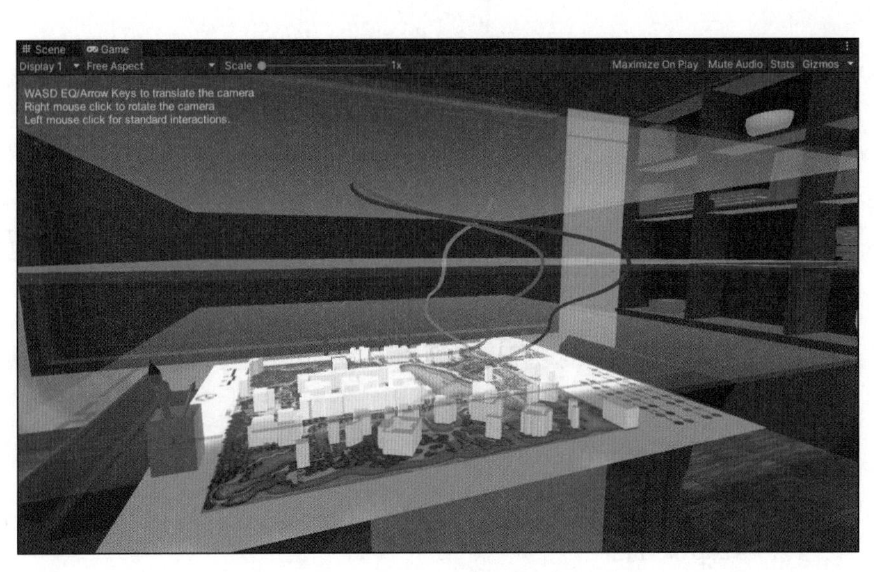

图 10.42　运行 Unity 显示人物轨迹图

间平面时，会在地图上高亮显示角色位置信息并有一条垂直辅助线方便用户辨识。

在 MapController 脚本中编写 MoveBetweenTwoPoints 方法，使得代表贾宝玉的立方体能沿着轨迹运动，具体代码如下：

```
// 在两点之间沿贝塞尔曲线运动
private void MoveBetweenTwoPoints(Vector3 startPoint, Vector3 endPoint)
{
    int startIndex = 0;
    int endIndex = 0;
    for (int m = 0; m < baoLine.positionCount; m++)
    {
        if (Vector3.Distance(startPoint, baoLine.GetPosition(m)) == 0)
        {
            startIndex = m;
            Debug.Log("startindex" + startIndex);
        }
    }
    for (int n = 0; n < baoLine.positionCount; n++)
    {
        if (Vector3.Distance(endPoint, baoLine.GetPosition(n)) == 0)
        {
            endIndex = n;
            Debug.Log("endindex" + endIndex);
        }
    }
    if (bao.transform.position != endPoint)
    {
        moving = true;
    }
    else
```

```
        {
            moving = false;
            step = 0;
            startPos = endPoint;
        }
        if ((step < (endIndex - startIndex) || step < (startIndex -
        endIndex))&& moving)
        {
            timer += Time.deltaTime * speed;
            bao.transform.position = Vector3.Lerp(baoLine.GetPosition
            (startIndex + step), baoLine.GetPosition(startIndex + step + 1),
            timer);
            if (timer >= 1)
            {
                bao.transform.position = baoLine.GetPosition(startIndex +
                step + 1);
                timer = 0f;
                step += 1;
                Debug.Log("step" + step);
            }
        }
    }
```

若要调用该方法，需要传入两个参数，分别是起始点 startPoint 和终点 endPoint。用同样的方法编写 DaiMoveBetweenTwoPoints 和 ChaiMoveBetweenTwoPoints 两个方法，用来实现代表林黛玉和薛宝钗的立方体能沿着各自轨迹运动。

人物轨迹图可视化方法中的高亮显示是通过 Unity 中的插件包完成的，在 Unity 的 AssetsStore 中搜索“Quick Outline”，下载并导入如图 10.43 所示的资源包。

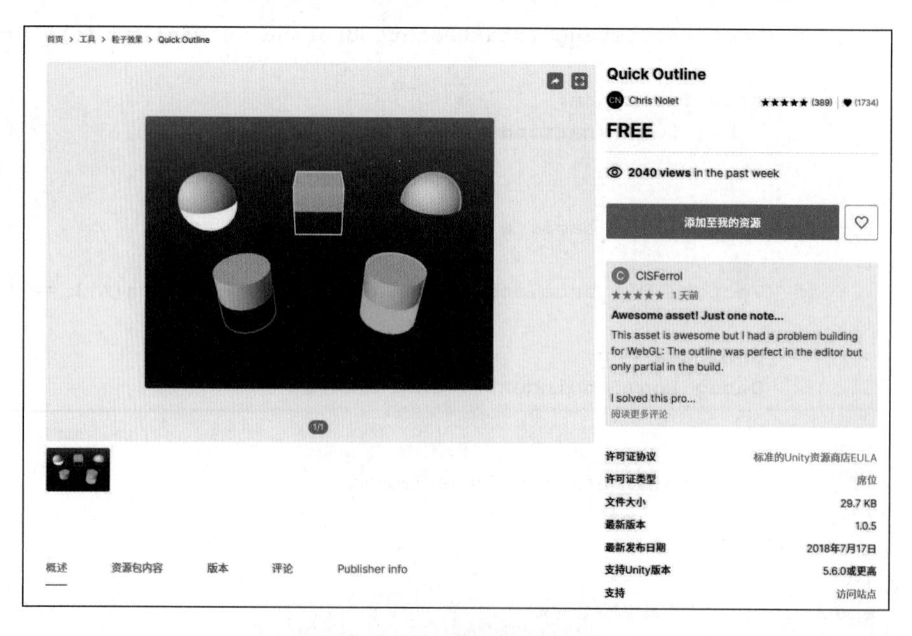

图 10.43　Quick Outline 资源包

给大观园地图沙盘上的每一个建筑物都添加上“Quick Outline”中的 Outline 脚本。图 10.44 所示是以滴翠亭为例，给该游戏物体挂载脚本。最后给大观园中所有建筑物都添加“LineRenderer”组件。

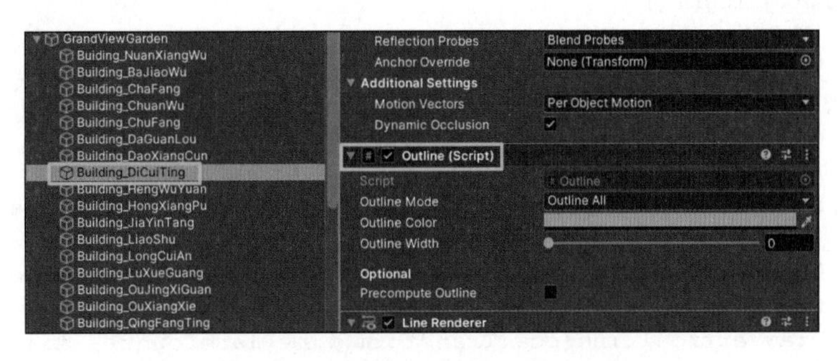

图 10.44 给滴翠亭添加 Outline 脚本

在 MapController 脚本中继续编写下面的代码，实现高亮功能和重置高亮功能。高亮方法 Highlight 是通过获取到指定地点的 Outline 脚本并设置高亮线条的线宽实现的。重置高亮功能的 ResetHighlight 方法是通过将 Outline 脚本中的高亮线条的线宽设置为零实现的。

```
/// <summary>
/// 高亮功能
/// </summary>
/// <param name="hlPlace">地图上需要高亮显示的地点</param>
private void Highlight(Transform hlPlace)
{
    hlPlace.gameObject.GetComponent<Outline>().OutlineWidth = 3f;
}
/// <summary>
/// 重置高亮
/// </summary>
private void ResetHighlight()
{
    for (int j = 0; j < baoTransform.Length; j++)
    {
        baoTransform[j].gameObject.GetComponent<Outline>().OutlineWidth
        = 0f;
        daiTransform[j].gameObject.GetComponent<Outline>().OutlineWidth
        = 0f;
        chaiTransform[j].gameObject.GetComponent<Outline>().OutlineWidth
        = 0f;
        Debug.Log("reset highlight");
    }
}
```

在 MapController 脚本的 Update 方法中编写下面的代码实现所需的交互功能。当选择某一时间平面的时候，会从该平面引出三条垂直辅助线分别指示贾宝玉、林黛玉、薛宝钗三人的位置信息，同时调用 MoveBetweenTwoPoints、DaiMoveBetweenTwoPoints 和 ChaiMoveBetweenTwoPoints 方法，即可实现播放三人的立方体沿对应三条轨迹运动的动画功能。

```
void Update()
{
    ResetHighlight();
    ResetVerticalLine();

    if (!resetHighlight)
    {
        //时间平面：先画垂直线，然后高亮显示，再将三个角色的立方体移动到对应位置
        DrawVerticalLine(baoTransform[timePlaneCount], timePlaneCount,
        0.005f);
        DrawVerticalLine(daiTransform[timePlaneCount], timePlaneCount,
        0.005f);
        DrawVerticalLine(chaiTransform[timePlaneCount], timePlaneCount,
        0.005f);

        Highlight(baoTransform[timePlaneCount]);
        Highlight(daiTransform[timePlaneCount]);
        Highlight(chaiTransform[timePlaneCount]);

        //宝玉、黛玉、宝钗运动轨迹动画
        MoveBetweenTwoPoints(baoPos[0], new Vector3(baoTransform[time
        PlaneCount].position.x, baoTransform[timePlaneCount].position.
        y + timePlaneCount * segLength, baoTransform[timePlaneCount].
        position.z));
        DaiMoveBetweenTwoPoints(daiPos[0], new Vector3(daiTransform[time
        PlaneCount].position.x, daiTransform[timePlaneCount].position.
        y + timePlaneCount * segLength, daiTransform[timePlaneCount].
        position.z));
        ChaiMoveBetweenTwoPoints(chaiPos[0], new Vector3(chaiTransform
        [timePlaneCount].position.x, chaiTransform[timePlaneCount].
        position.y + timePlaneCount * segLength, chaiTransform
        [timePlaneCount].position.z));
    }
}
```

最后运行 Unity，用手柄选择某一时间平面，即可观察到贾宝玉、林黛玉、薛宝钗三人的立方体沿着各自轨迹运动，所选时间节点下三人所在的位置会高亮显示，并各有一条垂直辅助线帮助用户辨识，如图 10.45 所示。

图 10.45　选择某一时间平面观察的交互效果

10.6 本章小结

本章介绍了《红楼一梦，一梦三解》作品中设计的三种沉浸式人物关系可视化方法，这三种方法分别是家谱树、人物关系网络和人物轨迹图。本章首先对《红楼一梦，一梦三解》的开发环境进行说明，然后分别针对这三种可视化方法，从数据获取、视觉映射、三维视图实现以及交互技术实现四个方面进行解释说明。

通过学习本章的案例，读者不仅能理解沉浸式可视化与可视分析作品的设计过程及开发方法，还能直观地看到这类作品的呈现效果。

第 11 章 基于 Three.js 的 WebXR 应用案例介绍

11.1 作品简介

作品介绍

本作品是一个运行于网页端的虚拟现实应用，虚拟场景中导入了一个城堡的三维模型，没有开启 VR 模式时，用户可以使用鼠标对场景进行旋转、缩放等操作；开启 VR 模式后，用户可以通过 VR 眼镜游览场景，并使用 VR 手柄对场景进行交互式操作。

本作品的功能包括：使用 VR 手柄单击立方体 1，改变灯光材质；单击立方体 2，改变场景动画；单击立方体 3，改变场景天空盒；单击立方体 4，启动沉浸式数据可视化与可视分析功能。单击立方体 4 后，用户可以在输入框中输入明文数据，后台将针对用户输入的明文数据进行 SHA256 算法的加密运算，并根据 SHA256 加密过程中 64 次 for 循环所产生的 64 个寄存器 a 中的数值，驱动场景中烟花的绽放，从而实现用户在虚拟现实场景中进行数据可视化的沉浸式展示效果。作品界面如图 11.1 所示。

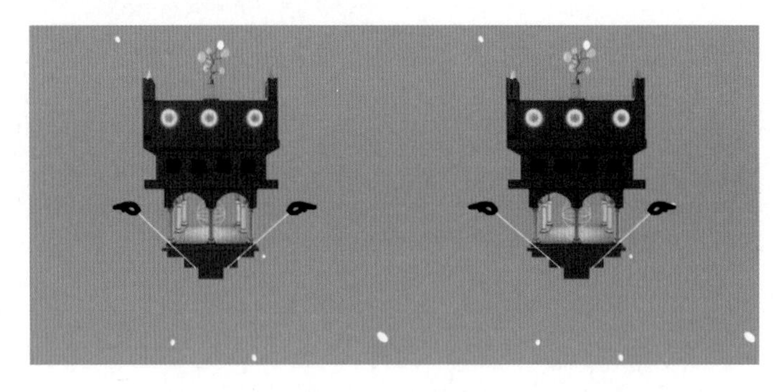

图 11.1　作品界面

11.2 环境配置

本作品是在 Windows 10 环境下进行的应用开发，在开发过程中需要安装 Node.js、VueCli 框架、Three.js 引擎以及 Blender 建模软件。Node.js 用来管理和安装 VueCli 框架，VueCli 框架用来管理项目，Three.js 用来加载和运行三维场景以及构建 WebVR 场景，Blender 建模软件用来创建模型，烘焙材质。

环境搭建

1. Node.js 安装

在基于 Three.js 引擎进行项目开发时，往往都会先安装 Node.js 框架，这样就可以方便地安装和使用 VueCli 框架与 Three.js 引擎。

首先，打开 Node.js 下载页面 (https://nodejs.org/en/download/)，选择对应的计算机环境，这里以 Windows 10 64-bit 为例，单击 Windows Installer(.msi) 后面的 64-bit，下载安装包到本地，如图 11.2 所示。

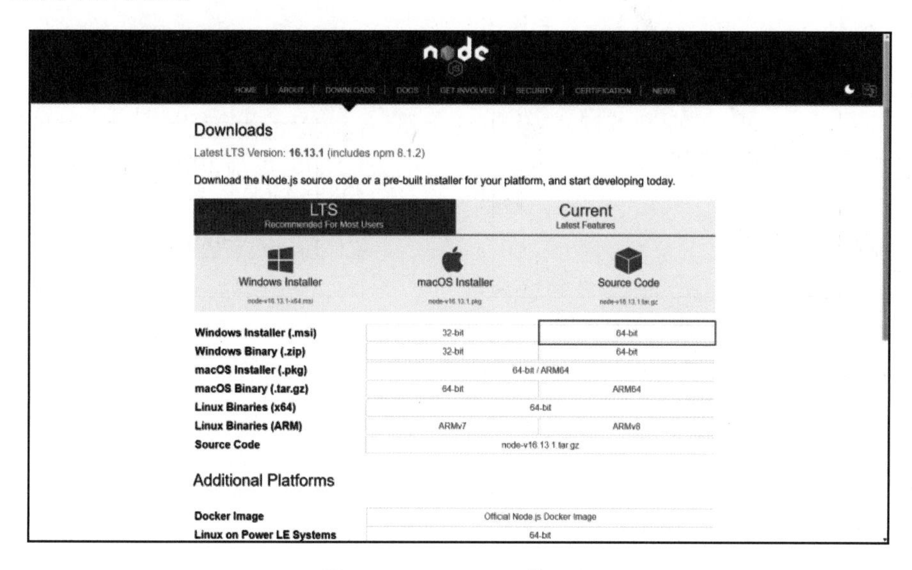

图 11.2　node.js 下载页面

双击打开安装包，按照提示进行安装。在安装过程中，需要选择 Add to PATH 添加到系统环境变量中，如图 11.3 所示。

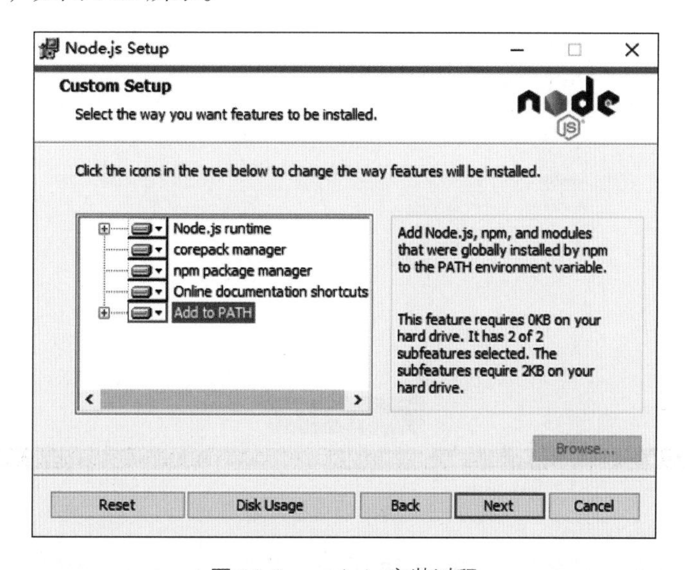

图 11.3　node.js 安装过程

继续单击 Next 按钮直到安装结束。安装结束后，在计算机运行界面输入 cmd 打开命令行并输入 “node -v”,可以查看 node.js 版本,能正确显示 node.js 的版本号,即为安装成功，如图 11.4 所示。

2. VueCli 框架安装

由于本作品的开发需要引入 Three.js 模块以及三维模型、图片，因此可以使用 VueCli 框架进行作品开发的项目管理，VueCli 框架也可用于沉浸式数据可视化与可视分析。

Node.js 安装成功后，在计算机的命令行界面输入 “npm install -g @vue/cli”，按回车键进行安装。安装完成后，运行 “vue -V”，若能够正常查看 VueCli 版本号，即为安装成功，如图 11.5 所示。

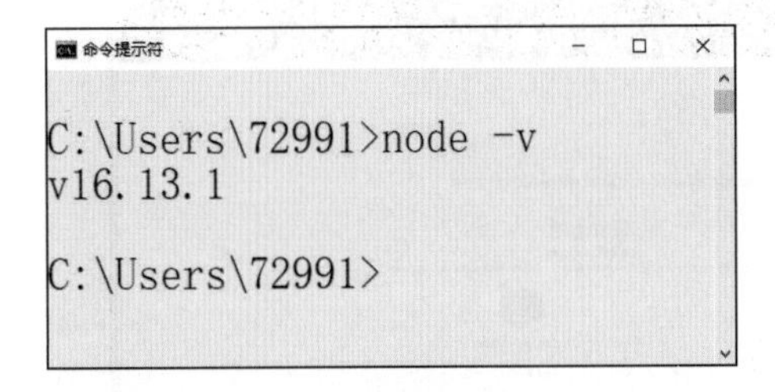

图 11.4　node.js 安装成功后的 DOS 命令窗口显示

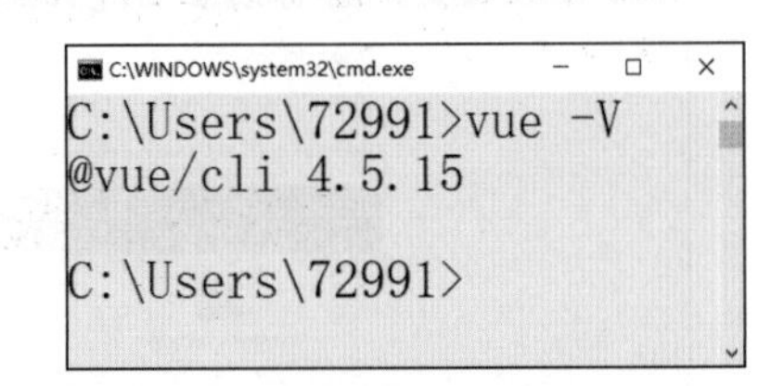

图 11.5　VueCli 框架安装成功后的 DOS 命令窗口显示

3. Three.js 引擎安装

安装完 VueCli 框架后，可以首先创建一个 VueCli 项目，并将 Three.js 引擎模块安装到该项目中，这样就能在项目中引入 Three.js 的相关类库了。

VueCli 项目可以使用命令行创建，也可以使用 UI 界面创建，这里使用 UI 界面创建。在命令行输入 “vue ui”，打开 Vue 项目管理器，如图 11.6 所示。在上方导航栏中可以更改项目创建位置，为了避免出现未知的错误，建议使用英文名称，选择完成后单击 “在此创建新项目” 按钮。

图 11.6　Vue 项目管理器界面

接着设置项目文件夹名称，如图 11.7 所示。其他选项可以根据需求进行选择，完成后单击“下一步”按钮。跳转到预设界面，选择手动配置项目，并单击“下一步”按钮跳转到功能选择界面。

图 11.7　更改文件夹名称

在功能方面，因为本作品只需要基本的路由功能，所以这里只选择 Router，如图 11.8 所示。选择完成后单击“下一步”按钮，跳转到配置界面。由于选择了路由功能，因此 Vue 会询问是否使用 history 模式。Vue 有两种路由模式：hash 和 history，这里选择 hash 模式，即不开启选项，然后单击“创建项目”按钮。

图 11.8　选择项目功能

然后开始创建 Vue 项目，几分钟后就会创建完成。创建完成的项目仪表盘如图 11.9 所示。

项目创建完成后，使用 Visual Studio Code 编辑器打开项目文件夹，在终端命令行输入“npm install three”，即可安装 Three.js 引擎到项目文件中，如图 11.10 所示。

4. Blender 建模软件安装

由于 Three.js 在模型加载方面对 GBL 格式和 GLTF 格式的三维模型支持较为友好，因此本作品的场景中使用基于 Blender 建模软件完成三维模型和贴图资源。

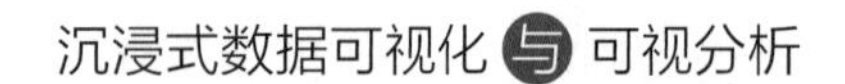

图 11.9　创建项目完成界面

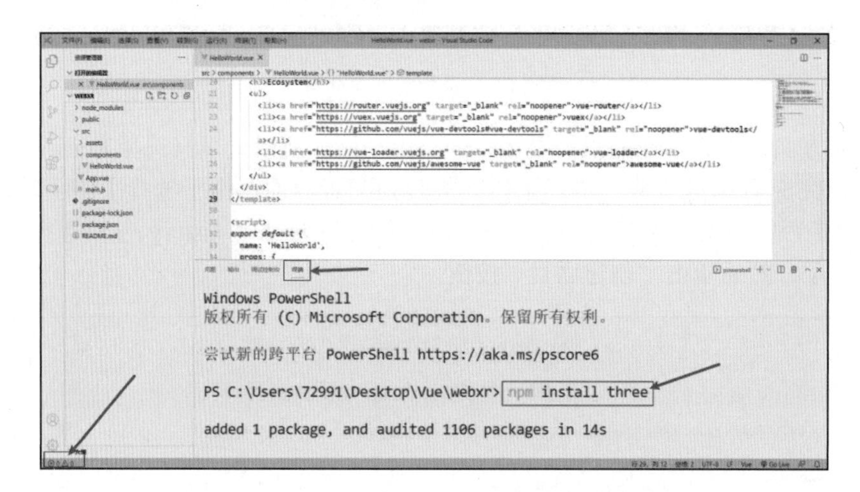

图 11.10　在 Visual Studio Code 编辑器中安装 Three.js

Blender 建模软件完全免费，首先打开 Blender 官方网站 (https://www.blender.org/)，如图 11.11 所示；打开网站后单击 Download Blender 按钮即可跳转至下载页面；在下载页面选择与计算机操作系统对应的版本即可完成下载；下载完成后双击打开，根据安装向导安装即可。

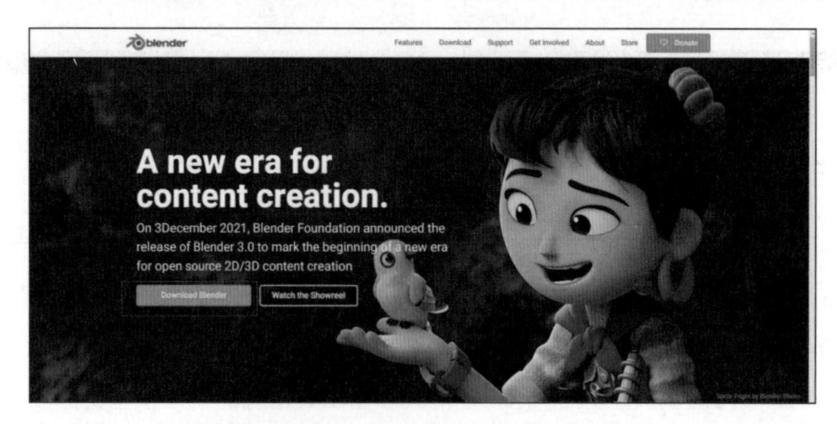

图 11.11　Blender 下载页面

11.3 项目搭建

在 11.2 节中，作品开发所需的环境已经安装并配置完成。本节中将使用 Three.js 来完成项目搭建。本项目在开发过程中使用 VueCli 框架，同时引入 Three.js 包，便于在 VueCli 框架中使用 Three.js 的相关函数及语法，提升项目开发效率。具体的项目搭建过程如下。

（1）在命令行输入“npm run serve”以启动项目，项目将运行 Local 环境和 Network 环境，两个环境都可以打开网页，运行结果如图 11.12 所示。该页面会显示本项目中 VueCli 安装的内容，并提供 Vue 官网的技术文档，单击即可跳转。

图 11.12 Vue 项目启动页面

（2）对项目进行处理。先打开 index.html 文件，在 head 标签内编辑 CSS 代码以清除默认的页边距，方便后期调整视图，代码如下：

```
{
    margin: 0;
    padding: 0;
}
```

（3）编写公共组件。在 Vue 中，App.vue 为根组件，View 下面为页面组件，而 components 文件夹下面为公共组件，组件可以通过 import 函数导入，并且可以多次、在

多个页面中使用。在实际开发过程中，由于一个三维场景可能需要放到多个页面中，因此需要创建一个公共组件来承载 WebVR 场景。

首先，删除 HelloWorld 组件，并创建一个新的组件，命名为 WebXR：在 Home 文件夹中删除 HelloWorld 组件，使用 import 语句导入 WebXR 组件，并调整根组件。由于作品只需要一个界面，因此不需要 nav 导航，可以将根组件中的样式和标签删除，代码如下：

```
<template>
  <div class="home">
   <WebXR>Hello World</WebXR>
  </div>
</template>
<script>
import WebXR from '@/components/WebXR.vue'
export default {
  name: Home,
  components: {
    WebXR
  }
}
</script>
<template>
  <div>
    <router-view/>
  </div>
</template>
<style>
</style>
```

其次，编写 WebXR 组件中的内容。由于前面已经将 Three.js 包安装到项目文件夹中，这里使用 import 语句导入即可，导入后就可以编写主函数。使用 mounted 函数，可以使函数在页面加载完成后，调用 three 自定义函数。WebXR 组件中的具体代码如下：

```
<template>
  <div>
  </div>
</template>
<script>
  import * as THREE from "three";
  export default {
  name: "HelloWebXR"
  mounted:function(){
    this.three()
  },
  methods:{
  three(){
    console.log(THREE.REVISION)
  },
```

```
  }
  }
</script>
<style scoped>
</style>
```

可以看到，WebXR 组件中的代码分为了三个部分：template 标签部分用来存放 HTML 代码，script 标签部分用来存放 JavaScript 代码，style scoped 标签用来存放 CSS 部分代码。在该标签中编写的 CSS 样式代码只对本组件起作用，不会影响其他组件。

这里使用 console.log(THREE.REVISION) 语句，一方面可以判断 Three.js 是否正确引入，另一方面可以查看具体导入的 Three.js 版本，导入正确时，版本号会在控制台显示，如图 11.13 所示，本作品使用的 Three.js 版本为 r135 版本。

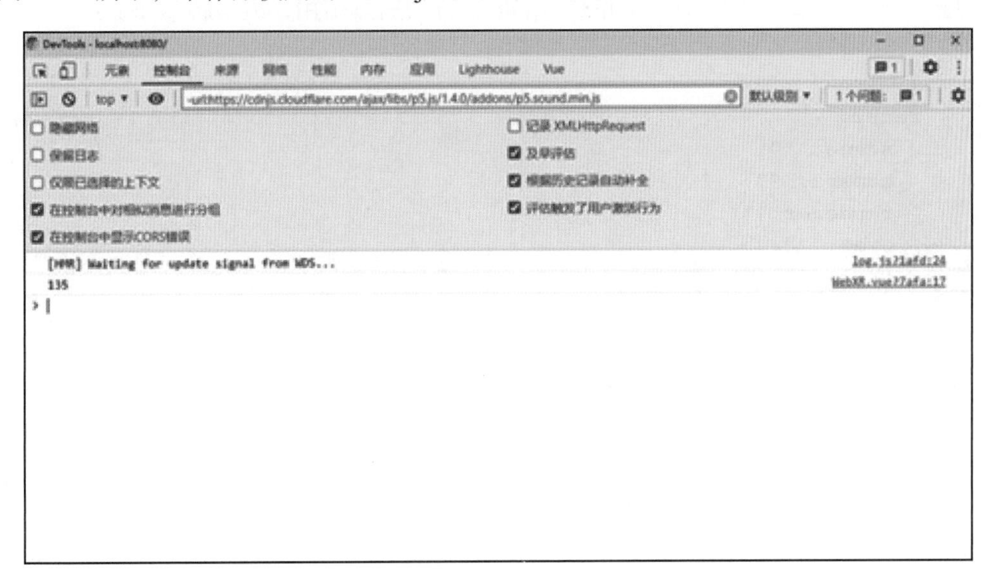

图 11.13　查看 Three.js 版本

至此，本作品开发的项目搭建已经完成，在下一节中，将详细介绍如何使用 Three.js 开发 Web3D。

11.4　Web3D 开发

本作品的 Web3D 开发需要通过鼠标移动实现场景视角转换、通过鼠标滚动实现场景放大 / 缩小，还要实现 GLB 模型的加载以及贴图文件的加载等，因此需要导入 OrbitControls 控制器、DRACOLoader 加载模块、GLTFLoader 加载模块。在使用 npm 安装 Three.js 的过程中，这些模块也被安装在 three 文件夹下，因此使用 import 函数就可以直接导入，具体代码如下：

项目配置以及相关模块引入

```
import * as THREE from "three";
import {VRButton}from "three/examples/jsm/webxr/VRButton.js";
import {XRControllerModelFactory} from "three/examples/jsm/webxr/
XRControllerModelFactory.js";
import {OrbitControls} from "three/examples/jsm/controls/OrbitControls.
js";
import {GLTFLoader} from "three/examples/jsm/loaders/GLTFLoader.js";
```

导入完成后就可以进行开发工作。首先，需要为虚拟场景创建一个相机、一个渲染器、一个坐标轴。由于后期会添加更多函数，因此可以创建名为“three”的函数来加载模型和搭建场景。根据以上需求，这里设置的变量有 scene、camera、render 和 axes，为了测试场景，再添加一个 Cube 作为参考。

这些变量可以放入 data 函数中并设为空值，方便后续引用，编写脚本如下：

```
data() {
    return {
      scene: "",
      camera: "",
      renderer: "",
      axes: "",
      cube: "",
,};};
```

然后，将场景定义等信息写入 three 函数中，为了更接近人眼所看到的形象，本作品使用透视相机 (PerspectiveCamera)，并且调整相机位置，防止与立方体重合，为了方便观察物体位置，可以添加一个坐标轴 (axes) 用来确定位置，具体脚本如下：

```
three(){
//scene
this.scene = new THREE.Scene();
this.scene.background = new THREE.Color(0X808080);
//render
this.render = new THREE.webGLRenderer({antialias:true});
this.render.setSize(window.innerWidth,widow.innerHeight);
//camera
this.camera = new THREE.PerspectiveCamera(
      50,
      window.innerWidth / window.innerHeight,
      0.1,
      10000
);
this.camera.position.set(0, 0, 5);
this.scene.add(this.camera);
//axes
this.axes = new THREE.AxesHelper(30);
this.scene.add(this.axes)
```

```
//mesh
const geometry = new THREE.BoxGeometry();
const material = new THREE.MeshBasicMaterial({color:00FF00})
this.cube = new THREE.Mesh(geometry, material)
this.scene.add(this.cube);
}
```

还需要编写动画函数，使用渲染器对视图进行重复渲染，并给立方体添加旋转操作，这样每次渲染时，立方体都会进行旋转。动画函数的代码如下：

```
animate(){
        this.cube.rotation.x += 0.01;
        this.cube.rotation.y += 0.01;
        requestAnimationFrame(this.animate);
        this.renderer.render(this.scene,this.camera)
}
```

完成上述操作后，将在 mounted 函数中调用 three 函数和 animate 函数，以保证页面加载完成后再调用这两个函数。这样,整个基础场景就搭建完成了,运行结果如图 11.14 所示。

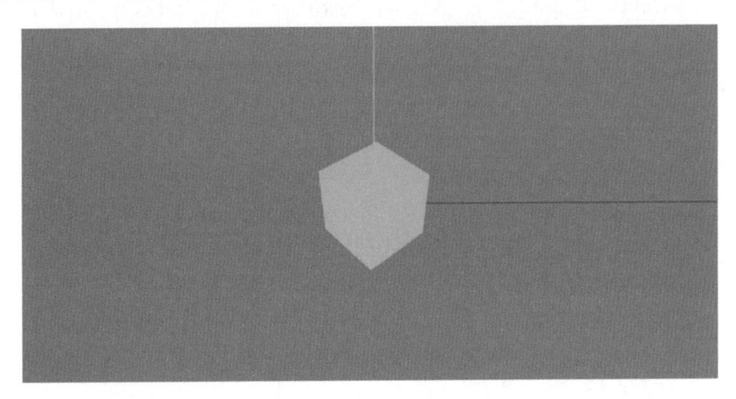

图 11.14　运行结果

由于使用 Three.js 建模过程烦琐，因此可以使用 Blender、3DS MAX、MAYA 等建模软件创建好三维模型后再导入 Three.js。当前版本的 Three.js 对 GLB/GLTF 格式的三维模型文件的支持较好，Blender 可以直接导出 GLB/GLTF 格式文件，3DS MAX 可以通过安装插件导出 GLB/GLTF 文件。本作品使用 Blender 建模软件导出，考虑到性能问题，可以将带有光影信息的烘焙贴图同时导入。

首先，将带有 UV 贴图的三维模型导出，并确保场景没有添加多余的灯光和摄像机。模型确认完整后，需要在 Three.js 项目中加载模型和贴图。这里用到 GLTFLoader.js 模块，该模块在 Three.js 文件夹中，同样可以使用 import 函数引入，之后就可以在项目中使用该模块来加载 GLTF 模型和贴图文件，并将模型添加到场景中。

需要注意的是，Three.js 场景没有长度单位，因此使用 Blender 建模时，也可以将场景单位改为“无”，确保 Blender 中的场景与 Three.js 加载出来的场景保持一致，部分代码

如下：

```
import {GLTFLoader} from "three/examples/jsm/loaders/GLTFLoader.js";
three(){
    this.textureLoader = new THREE.TextureLoader();
    this.gltfLoader = new GLTFLoader();
    this.bakedTexture = this.textureLoader.load("static/glb/new.jpg");
    this.bakedMaterial = new THREE.MeshBasicMaterial({
        map: this.bakedTexture,
    });
    this.bakedTexture.flipY = false;
    this.bakedTexture.encoding = THREE.sRGBEncoding;
    this.gltfLoader.load("static/glb/new.glb", (gltf) => {
    gltf.scene.traverse((child) => {
            child.material = this.bakedMaterial;
    });
    this.scene.add(gltf.scene);
});}
```

本作品中加载的是一个城堡模型，为了能够使场景更加美观，可以通过 Three.js 添加部分粒子特效，并添加到 animation 函数中循环播放，完成后的效果如图 11.15 所示。

图 11.15　加载 GLTF 文件和贴图

11.5　WebXR 开发

目前 WebVR API 已经被 WebXR API 所取代，WebXR API 更加高效、性能更好，并且包含 WebVR 和 WebAR 内容。因此，本节将使用 Three.js 封装的 WebXR API 为场景添加 WebVR 显示，并添加 VR 眼镜和手柄交互式操作。

本作品演示所使用的 VR 外设为 HTC VIVE 头盔和手柄。如果没有 VR 外设，也可以使用 Chrome 商城和 Firefox 商城提供的 WebXR 插件进行开发工作，但是由于目前 PC 端支持 WebXR 的浏览器有限，建议使用 Chrome 和 Edge 浏览器进行浏览。

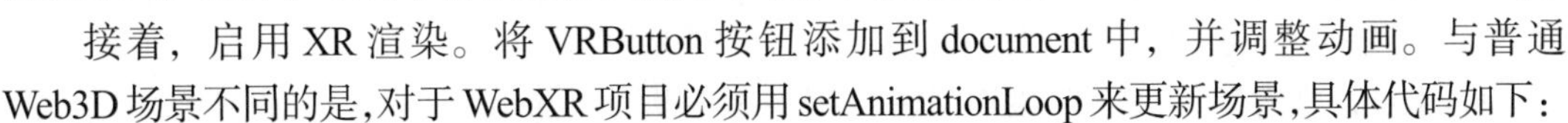

11.5.1 WebVR 场景搭建

场景搭建

首先，引入 VRButton.js 到项目中。VRButton.js 在 Three.js 包中，可以直接使用 import 函数导入。另外，项目中需要添加头盔和手柄，因此需要导入 XRControllerModelFactory。

接着，启用 XR 渲染。将 VRButton 按钮添加到 document 中，并调整动画。与普通 Web3D 场景不同的是，对于 WebXR 项目必须用 setAnimationLoop 来更新场景，具体代码如下：

```
import {VRButton} from "three/examples/jsm/webxr/VRButton.js";
three(){
    this.renderer.setPixelRatio(window.devicePixelRatio);
    this.renderer.setSize(window.innerWidth, window.innerHeight);
    this.renderer.outputEncoding = THREE.sRGBEncoding;
    this.renderer.shadowMap.enabled = true;
    this.renderer.xr.enabled = true;
    this.container.appendChild(this.renderer.domElement);
    document.body.appendChild(VRButton.createButton(this.renderer));
    animate() {
        this.particle.rotation.y -= 0.002;
        this.renderer.setAnimationLoop(this.render);
    },
    render(){
        this.renderer.render(this.scene, this.camera);
    }
}
```

上述代码在页面中添加了一个 VRButton 按钮，由于现在并没有打开 VR 设备，此处显示“VR NOT SUPPORT”。当打开 VR 设备和 SteamVR 时，浏览器会显示“是否允许加载虚拟现实设备”，单击“允许”按钮，并刷新浏览器窗口，当 Button 按钮上的提示信息更改为“ENTER VR”时即为添加成功，如图 11.16 所示。至此，WebVR 场景搭建完毕。

图 11.16　VRButton 提示“ENTER VR”

11.5.2 手柄控制器功能实现

添加交互式操作

虽然 WebVR 场景已搭建完成，但这仅仅是 Three.js 默认创建的 VR 场景，这个场景并不包含手柄控制器，为了使场景能进行交互式操作，需要为场景添加手柄控制器。首先需要获取手柄的索引以区分两只手柄；其次需要动态获取手柄的位置，用来在场景中实时渲染；最后需要获取手柄按下和松开的状态，用来编写单击函数。

同时，需要为每一个手柄添加射线，用来选取物体。通过手柄顶端向物体发射射线，当射线经过物体时，触发经过事件；当射线经过物体并且手柄按下时，触发单击事件。具体操作如下：

```
three(){
        this.controller1 = this.renderer.xr.getController(0);
        this.controller1.addEventListener("selectstart", this.
        onSelectStart);
        this.controller1.addEventListener("selectend", this.
        onSelectEnd);
        this.scene.add(this.controller1);
        this.controller2 = this.renderer.xr.getController(1);
        this.controller2.addEventListener("selectstart", this.
        onSelectStart);
        this.controller2.addEventListener("selectend", this.
        onSelectEnd);
        this.scene.add(this.controller2);
        const controllerModelFactory = new XRControllerModelFactory();
        this.controllerGrip1 = this.renderer.xr.getControllerGrip(0);
        this.controllerGrip1.add(
            controllerModelFactory.createControllerModel( this.
            controllerGrip1)
        );
        this.scene.add(this.controllerGrip1);
        this.controllerGrip2 = this.renderer.xr.getControllerGrip(1);
        this.controllerGrip2.add(
            controllerModelFactory.createControllerModel( this.
            controllerGrip2)
        );
        this.scene.add(this.controllerGrip2);
        const geometry = new THREE.BufferGeometry().setFromPoints([
          new THREE.Vector3(0, 0, 0),
          new THREE.Vector3(0, 0, -1), ]);
        const line = new THREE.Line(geometry);
        line.name = "line";
        line.scale.z = 5;
        this.controller1.add(line.clone());
        this.controller2.add(line.clone());
        this.raycaster = new THREE.Raycaster();}
```

需要注意的是，Three.js 创建的 VR 场景在默认情况下头盔和手柄控制器的位置在原点，而加载的物体默认位置也在原点，因此当单击“ENTER VR”按钮时会出现穿模的情况。为了避免这种情况发生，需要创建一个组对象，并将头盔和手柄控制器放入其中，通过调整组的位置，就能改变头盔和手柄控制器的位置。更改位置后的 VR 视图如图 11.17 所示，具体代码如下：

```
this.user = new THREE.Group();
this.user.position.set(0, 7, 18);
this.scene.add(this.user);
this.user.add(this.camera);
this.user.add(this.controller1);
this.user.add(this.controller2);
this.user.add(this.controllerGrip1);
this.user.add(this.controllerGrip2);
```

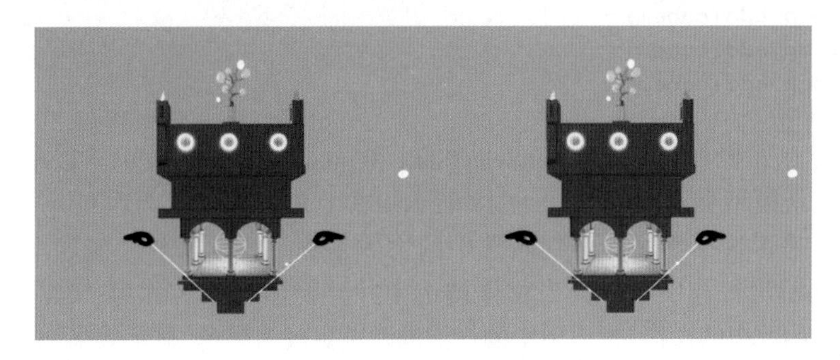

图 11.17　调整后的 VR 视角

接下来，需要处理手柄发出的射线。Three.js 下的射线需要结合矩阵使用，使用射线需要定义射线的起点向量和终点向量，并且需要使用 intersectObjects 函数来获取与射线相交的物体组，根据以上需求编写代码如下：

```
getIntersections(controller){this.tempMatrix.identity().extractRotation
(controller.matrixWorld);
this.raycaster.ray.origin.setFromMatrixPosition(controller.matrixWorld);
this.raycaster.ray.direction.set(0,0,1).applyMatrix4(this.tempMatrix);
return this.raycaster.intersectObjects(this.group.children,false);
```

在完成射线功能的基础上，为实现本作品的人机交互功能，即用户可以通过单击不同立方体来选择不同功能，如灯光材质、背景动画等，需要先创建几个立方体对象，分别命名为 cube1、cube2、cube3，并将这些对象添加到 Group 中，同时将立方体的位置设置到场景外围。在单击各个立方体时，便可以使用 if 语句判断当前单击的立方体名称，根据单击的立方体添加交互式操作。创建立方体的代码如下：

```
this.group = new THREE.Group();
this.scene.add(this.group);
```

```
const geometry2 = new THREE.BoxGeometry();
const material2 = new THREE.MeshStandardMaterial({
  color: 0xffffff,
  roughness: 0.7,
  metalness: 0.0,
});
const cube1 = new THREE.Mesh(geometry2, material2);
const cube2 = new THREE.Mesh(geometry2, material2);
const cube3 = new THREE.Mesh(geometry2, material2);
cube1.position.set(-2, 10.2, 4);
cube1.scale.set(5, 5, 5);
cube2.position.set(0, 10.2, 4);
cube3.position.set(2, 10.2, 4);
cube1.name = "cube1";
cube2.name = "cube2";
cube3.name = "cube3";
this.group.add(cube1);
this.group.add(cube2);
this.group.add(cube3);
```

创建的交互式操作可以放到 onSelectStart 和 onSelectEnd 函数中。以单击立方体开关灯为例，默认模型显示状态如图 11.18 所示，右上角灯泡显示为白色，单击动作执行时，首先判断是否选中物体，再判断选中的物体是哪一个立方体，例如当 onSelectStart 函数执行时判断是否选中物体，当物体被选中并且物体对象名称为“cube1”时，执行 cube1Selection 函数中的操作，将模型中的灯泡的颜色更改为黑色，显示效果如图 11.19 所示。

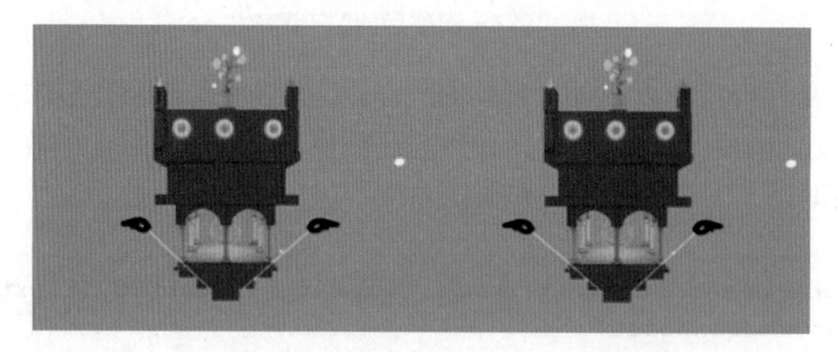

图 11.18　手柄单击方块之前亮灯的效果

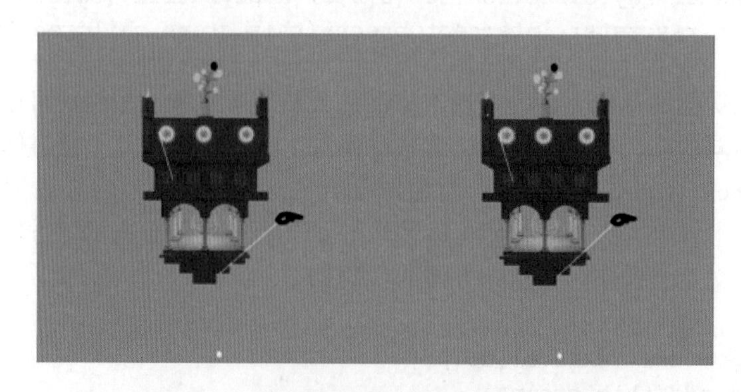

图 11.19　使用手柄单击方块关灯后的效果

再次单击时，将模型中灯的颜色更改为白色，具体代码如下：

```
if(intersections[0].object.name === "cube1") {
    if(this.cube1Selected){
        this.cube1Selected = false;
    }else{
        this.cube1Selected = true;
    }
    this.cube1Selection()
}
cube1Selection(){
      if(this.cube1Selected){
         this.poleLightMaterial=new THREE.MeshBasicMaterial({color:0Xffff
         ff})
         this.poleLightBMesh.material = this.poleLightMaterial;
      }else {
      this.poleLightMaterial  =  new  THREE.MeshBasicMaterial({color:
      0X000000 })
      this.poleLightBMesh.material = this.poleLightMaterial;}},
```

同样，也可以使用 cube2Selection 函数和一个布尔值来动态地为场景添加雪花，这些雪花也可以通过 JSON 数据或 CSV 数据控制。如图 11.20 所示，通过单击第二个立方体，调用 cube2Selection 函数，函数中通过精灵体为场景添加雪花，代码与上述 cube1Selection 函数相似。

图 11.20　通过单击第二个立方体为场景添加雪花

同理，可以使用布尔值以及图片数组来控制天空盒的改变。在 Three.js 中添加天空盒的方式有两种：一种是立方体天空盒，需要将全景照片像展 UV 一样展开，并分为 nx、ny、nz、px、py、pz 六张图片，通过加载六张图片实现全景效果图；另一种为球形天空盒，这种天空盒只需要使用一张图片即可完成。本案例采用球形天空盒，相应代码如下：

```
var material1 = new THREE.MeshBasicMaterial();
var texture1=new var texture1 = new THREE.TextureLoader().load(this.
imgArr[0]);
material1.map = texture1;
```

```
var skyBox = new THREE.Mesh(
     new THREE.SphereBufferGeometry(100, 100, 100),
     material1
);
skyBox.geometry.scale(1, 1, -1);
this.scene.add(skyBox);
```

由于创建天空盒需要加载本地贴图，因此可以定义一个函数用于创建天空盒，并将图片文件路径存放在一个数组中，通过单击第三个立方体控制数字变化，使用变化的数字控制图片文件的地址，便能实现单击第三个立方体以更改天空盒的目的。效果如图 11.21 所示，具体实现代码如下：

```
cube3Selection(event){
      this.scene.remove(skyBox);
      var material1 = new THREE.MeshBasicMaterial();
      var texture1 = new T THREE.TextureLoader().load(this.
      imgArr[event]);
      material1.map = texture1;
      var skyBox = new THREE.Mesh(
        new THREE.SphereBufferGeometry(100, 100, 100),
        material1
      );
      skyBox.geometry.scale(1, 1, -1);
      this.scene.add(skyBox);
},
```

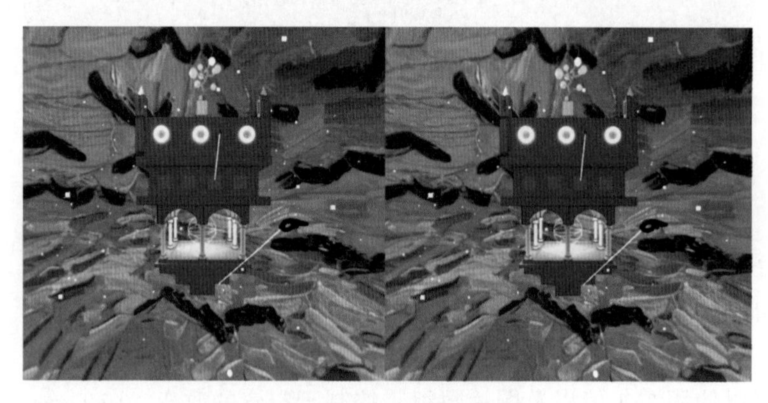

图 11.21　单击第三个立方体更改天空盒

11.5.3　沉浸式数据可视化功能实现

在 WebVR 场景中进行沉浸式数据可视化与可视分析非常方便。以 SHA256 算法为例，SHA256 运算过程中会使用压缩函数对 a,b,⋯,h 这 8 个寄存器中的数据进行更新。这个循环会执行 64 次，因此这个过程可以获得寄存器 a 的 64 个不同的数值，并且在对不同字符串执行 SHA256 运算时，这 64 个数值也完全不同。

鉴于此，在进行数据可视化设计时，可以对这 64 个数值进行处理，并存储到两个数组 listX 和 listY 中，分别用于定义 VR 场景中生成物体的初始位置 *X*、*Y* 坐标值。通过添加立方体触发事件生成物体，如单击立方体后触发物体生成的事件。初始位置 *X*、*Y* 坐标值由 SHA256 加密过程中寄存器 a 的值所决定，当 SHA256 的输入不同时，寄存器 a 的值完全不同，因而对应在 WebVR 场景中生成的物体初始位置也完全不同，这就相当于把 SHA256 加密过程中寄存器 a 的变化进行了可视化，并且这种可视化是在 WebVR 环境中实现的，为用户带来了沉浸式观察 SHA256 加密过程的全新体验。具体做法如下。

首先，添加一个立方体到场景中，并为其绑定单击事件。单击立方体后执行自定义函数，具体做法与前三个立方体类似，在此不再赘述。

其次，为了使用户能够键入字符串，需要在场景外添加一个输入框，如图 11.22 所示，并为输入框绑定数据。在 Vue 中，可以使用 v-model 对数据进行双向数据绑定，这样当用户改变输入框中的内容时，绑定的数据 num 也会改变，将绑定的数据 num 传递给 SHA256 加密函数就能得到 listX 和 listY 两个数组的值。

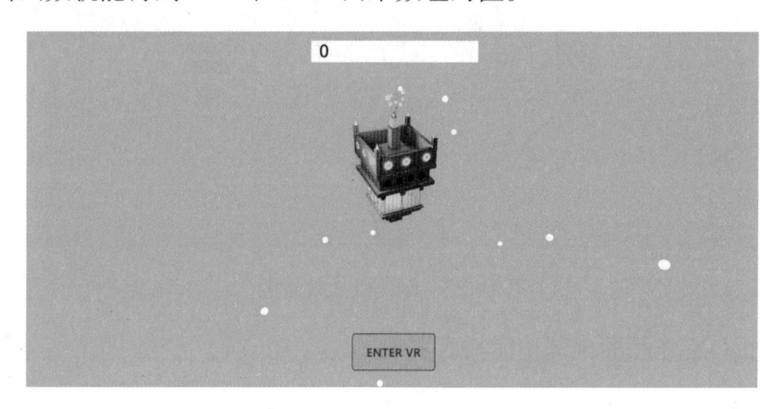

图 11.22　在场景外添加输入框

最后，将 listX 和 listY 中的数据依次取出，并传入创建物体的函数中，用来控制生成物体的初始位置。创建物体方面，本作品使用了大量精灵组成的烟花作为生成物体，因为精灵的特性使其能一直面向摄像机，在 WebVR 场景中容易观察。生成烟花的部分可以使用一个球体的顶点坐标作为每个精灵的位置，再为这些精灵添加绽放和消失动画，并将这些精灵添加到一个组对象中。使用 listX 和 listY 控制生成的组对象的初始位置，可以实现如图 11.23 所示的效果。部分核心代码如下：

```
//Create a group
this.groupFire = new THREE.Group();
this.groupFire.scale.set(0.05,0.05,0.05)
this.groupFire.position.y = 50;
this.groupFire.position.x = (eventX - 10) * 2;
this.groupFire.position.z = (eventZ - 10) * 2;
this.scene.add( this.groupFire );
//Create a group
```

```
var geometry = new THREE.SphereGeometry(500, 32, 16);
var count = geometry.attributes.position.count;
var listsX = [];
var listsY = [];
var listsZ = [];
//Iterate over the sphere vertex coordinates
for(let i=0;i<geometry.attributes.position.array.length; i+=3)
{listsX.push(geometry.attributes.position.array[i])}
for(let i=1;i<geometry.attributes.position.array.length; i+=3)
{listsY.push(geometry.attributes.position.array[i])}
for(let i=2;i<geometry.attributes.position.array.length; i+=3)
{listsZ.push(geometry.attributes.position.array[i])}
```

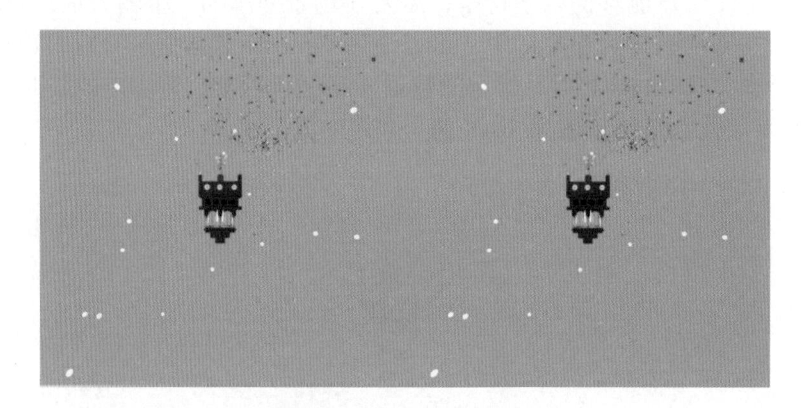

图 11.23　烟花绽放效果图

到这里为止，本作品的全部功能均已实现。

11.6 本章小结

本作品使用 VueCli 管理项目，使用 Three.js 加载 GLTF 格式模型以及烘焙贴图，实现了使用 Three.js 和 WebXR API 对 WebVR 场景的搭建，并对虚拟手柄进行了渲染。另外，本作品还具有四种交互式功能，包括控制场景材质、改变场景动画、切换场景天空盒以及使用 SHA256 算法生成的数据驱动烟花绽放，在 VR 场景中进行数据可视化的沉浸式展示。

本作品可以直接上传到 Web 服务器，用户使用 Edge 或 Chrome 等支持 WebXR 的浏览器，搭配 HTC VIVE 或其他虚拟现实设备，即可访问和体验，方便传输和后期维护。

后期拓展方面，本作品运行于网页端，可以很方便地结合前端 UI 使用，为二维网站添加更多交互式操作，使沉浸式展示商品成为可能。得益于对 JSON 数据和 CSV 数据的良好支持，本作品后期可以结合后端接口数据，为场景添加数据控制，并可以通过数据生成物体、创建动画、改变材质为沉浸式数据可视化与可视分析创造更多可能。